Projetos de Fontes Chaveadas

Teoria e Prática

Luiz Fernando Pereira de Mello

Projetos de Fontes Chaveadas
Teoria e Prática

1ª Edição

5ª Reimpressão

érica

saraiva EDUCAÇÃO | érica

Av. das Nações Unidas, 7221, 1º Andar, Setor B
Pinheiros – São Paulo – SP – CEP: 05425-902

SAC
0800-0117875
De 2ª a 6ª, das 8h00 às 18h00
www.editorasaraiva.com.br/contato

Diretora executiva Flávia Alves Bravin
Diretora editorial Renata Pascual Müller
Gerente editorial Rita de Cássia S. Puoço
Editora de aquisições Rosana Ap. Alves dos Santos
Editoras Paula Hercy Cardoso Craveiro
Silvia Campos Ferreira
Assistente editorial Rafael Henrique Lima Fulanetti
Produtores editoriais Camilla Felix Cianelli Chaves
Laudemir Marinho dos Santos
Serviços editoriais Juliana Bojczuk Fermino
Kelli Priscila Pinto
Marília Cordeiro

Revisão Carla de Oliveira Morais
Marlene Teresa S. Alves
Diagramação Adriana Aguiar Santoro
Luana Dantas de Oliveira
Rosana Ap. A. dos Santos
Capa Maurício S. de França
Impressão e acabamento

DADOS INTERNACIONAIS DE CATALOGAÇÃO NA PUBLICAÇÃO (CIP)
CÂMARA BRASILEIRA DO LIVRO, SP, BRASIL

Mello, Luiz Fernando Pereira de
Projetos de fontes chaveadas: teoria e prática / Luiz Fernando Pereira de Mello. -- São Paulo: Érica, 2011.

Bibliografia
ISBN 978-85-365-0337-0

1. Eletrônica de potência 2. Fontes chaveadas I. Título.

11-00352 CDD-621.317

Índices para catálogo sistemático:
1. Fontes chaveadas : Engenharia elétrica 621.317

1ª edição
5ª tiragem: 2019

CO 7181 CL 640275 CAE 572255

Fabricantes

Produto: **MATLAB 7.0 ou superior com "Control System Toolbox"**

Fabricante: MathWorks

Site: http://www.mathworks.com/

Distribuidor no Brasil:

OpenCADD Advanced Technology

Avenida Brigadeiro Faria Lima, 1931 Cj. 152 - 15º andar

CEP 01452-001 - São Paulo - SP

Fone: (11) 3816 7864

Fax: (11) 3816 7864

E-mail: info.vendas@opencadd.com.br

Site: http://www.opencadd.com.br

Produto: **PSIM Demo Version 9.0 ou superior**

Fabricante: Powersim Inc.

Site: http://www.powersimtech.com

Requisitos de Hardware e de Software

PC

- ✓ **Sistema Operacional:** Windows XP Service Pack 3, Windows XP x64 Edition Service Pack 2, Windows Server 2003 R2 Service Pack 2, Windows Vista Service Pack 1 ou 2, Windows Server 2008 Service Pack 2 ou R2, Windows 7
- ✓ **Processador:** qualquer processador Intel ou AMD x86; apoio conjunto de instruções SSE2
- ✓ **Espaço em disco:** 1 GB para MATLAB apenas, 3-4 GB para instalação típica
- ✓ **Memória RAM:** 1024 MB (pelo menos 2048 MB recomendado)
- ✓ MATLAB 7.0 ou superior de 32 ou 64 bits com "Control System Toolbox" (para instalação do software, leia o tutorial de instalação da MathWorks)
- ✓ PSIM 9.0 (versão demo) ou superior (roda no Microsoft Windows XP/Vista em computadores pessoais. Memória RAM: mínimo requerido de 128 MB); a versão demo desse software pode ser obtida em http://www.powersimtech.com

Macintosh

- ✓ MATLAB 7.0 ou superior de 32 ou 64 bits com "Control System Toolbox" (para instalação do software, leia o tutorial de instalação da MathWorks)
- ✓ **Sistema Operacional:** Mac OS X 10.5.8 (Leopard) ou superior, Mac OS X 10.6.x (Snow Leopard)
- ✓ **Processador:** todos os Macs baseados em Intel com um processador Intel Core 2 ou superior
- ✓ **Espaço em disco:** 1 GB para MATLAB apenas, 3-4 GB para uma instalação típica
- ✓ **Memória RAM:** 1024 MB (pelo menos 2048 MB recomendado)

Dedicatória

Este livro está dedicado a:
Bia e Daniel

Meus pais
Corina (*in memoriam*)
Luiz (*in memoriam*)

"O homem é um sucesso se pula da cama de manhã e vai dormir à noite, e nesse meio tempo faz o que gosta."
Bob Dylan

Agradecimento

A todos que contribuíram para a realização deste livro.

Sumário

Sobre o Autor

Luiz Fernando Pereira de Mello é engenheiro eletrônico, formado pela Universidade Federal do Rio de Janeiro (UFRJ), mestre e doutor em Sistemas de Potência pela Universidade de São Paulo (USP). Publicou duas obras sobre o assunto: 'Projetos de Fontes Chaveadas' e 'Análise e Projeto de Fontes Chaveadas'. Atua, há anos, como engenheiro de projetos, em diversas empresas da área de eletrônica de potência e de microcontroladores e, também, como consultor especializado.

Prefácio

A eletrônica de potência certamente experimentou um dos maiores desenvolvimentos nos últimos 20 anos. O surgimento de componentes que comutam em altas velocidades permitiu o aparecimento de conversores que utilizam frequências cada vez maiores, ocasionando redução de peso e volume. Essas características são altamente desejáveis, já que os equipamentos eletrônicos atuais possuem alto índice de compactação devido ao uso cada vez maior de circuitos integrados dedicados. As necessidades geradas na área da conversão de tensão foram, sem dúvida, o fato que motivou todo esse avanço tecnológico.

O especialista em fontes chaveadas deve possuir uma gama de conhecimentos que abrange:

- ✓ Conversão CC/CC;
- ✓ Modelagem de conversores;
- ✓ Teoria de controle;
- ✓ Transformadores e indutores de potência;
- ✓ Semicondutores;
- ✓ Efeitos térmicos;
- ✓ CAD para simulação.

A conversão CC/CC estuda as várias formas de converter uma tensão em outra, de modo a obtermos a tensão de saída desejada (vamos nos ater à conversão de tensão em todo o livro). Existem várias topologias para conversão de tensão, e cada uma se adapta melhor a determinado projeto. O conhecimento do funcionamento dos vários tipos de conversores facilita a escolha da topologia, pois cada um tem suas características próprias.

O modelamento de conversores é o passo fundamental para conhecermos as características dinâmicas (ou CA) do conversor. Todos os conversores são circuitos não lineares e variantes no tempo devido às chaves, que são representadas pelos transistores e diodos. Os transistores são vistos como chave porque sempre os usamos no corte ou na saturação. Os diodos são normalmente usados como chave passiva porque sua condução depende do estado do circuito. Os transistores são usados como chave ativa, ou seja, o tempo durante o qual estarão conduzindo é controlado pelo circuito de controle. Esse funcionamento da chave fornece a característica não linear dos conversores. Se construirmos um modelo no qual substituímos as chaves (transistores e diodos) por um circuito equivalente linearizado, podemos analisar seu funcionamento e otimizar o circuito de controle.

O circuito de controle é o responsável pela estabilidade da tensão de saída, a qual deve possuir algumas características desejáveis, como regulação, ruído, resposta rápida a transientes e com mínimo overshoot etc. Essas características são conseguidas com o projeto correto do circuito de controle.

O tamanho final do conversor é diretamente dependente do tamanho dos componentes magnéticos e dos capacitores, por isso sua otimização é fundamental para conseguirmos baixo volume. Quanto maior a frequência de chaveamento, menor será o tamanho do transformador e indutor (isso é válido se estamos usando um núcleo cujas perdas em altas frequências são baixas).

Um dos motivos da grande aceitação dos conversores CC/CC é sem dúvida a alta eficiência obtida com relação aos outros métodos de conversão. O fator fundamental para conseguir alta eficiência é o uso de transistores e diodos que possam comutar em alta frequência. Os transistores bipolares específicos para serem usados em chaveamento possuem limitações devido à sua construção e por isso podem ser usados até 100 kHz. Os FETs podem comutar em altíssima frequência, podendo atingir 1 MHz em conversores "normais" e 20 MHz em conversores ressonantes. Estes são os limites atuais conhecidos pelo autor. Os diodos de tecnologia Shottky possuem tempos de recuperação da ordem de alguns nanossegundos ou menos e baixa tensão direta, o que os tornou quase indispensáveis quando a saída é de baixa tensão.

Com o tamanho reduzido da parte de potência e controle, a área de dissipação de calor torna-se cada vez mais um empecilho para a redução de tamanho final dos conversores. A solução é o aumento da eficiência (e custo). O dissipador de calor deve ser dimensionado corretamente para manter o conversor funcionando dentro de suas características.

A simulação para poder verificar o funcionamento do conversor é a cada dia mais utilizada pelos projetistas. O uso de programas que simulam o funcionamento de circuitos eletrônicos, como PSpice e PSIM, fornece uma visão do que se pode esperar do circuito (os simuladores não fazem o projeto para você, apenas mostram o resultado do projeto antes que você o construa).

O que foi dito até agora dá uma visão dos problemas que surgem quando se projeta uma fonte chaveada. Este livro objetiva desenvolver toda a análise necessária para o projeto dos conversores de tensão CC/CC.

O Capítulo 1 apresenta o necessário para o projeto de uma fonte chaveada. Mostramos o que é uma fonte chaveada e o que é preciso conhecer para realizar um bom projeto.

O Capítulo 2 mostra com detalhes como funciona a conversão CC/CC e como dimensionar os componentes com relação às características CC.

O Capítulo 3 analisa os conversores do ponto de vista CA, ou seja, mostra sua função de transferência para poder calcular o circuito de controle. Será visto também como funcionam os moduladores PWM.

O Capítulo 4 verifica dois tipos de realimentação que melhoram as características CA dos conversores, obtidas no Capítulo 3. São elas: feed-forward de tensão de entrada e realimentação de corrente.

O Capítulo 5 estuda os circuitos de compensação que podem ser usados para estabilidade dos conversores CC/CC. Com a ajuda do MATLAB, mostra como projetar o circuito de compensação em frequência para alguns conversores. Com o simulador PSIM (específico para eletrônica de potência) comprovamos o funcionamento dos conversores com seu circuito de realimentação.

O Apêndice A traz um resumo do funcionamento de transistores e diodos quando submetidos à condição pulsada.

O Apêndice B ensina como calcular os transformadores e indutores para fontes chaveadas.

Este livro pode ser considerado como primeiro passo para estudos de conversores CC/CC.

Capítulo

Básico de Conversão CC/CC

1

1.1 Definições Gerais

Podemos definir os conversores CC/CC como circuitos que transformam uma tensão em outra. Uma outra definição mais generalizada foi dada em [1] e se refere à conversão CC/CC como um processamento de potência, fazendo analogia com o processamento de sinais, bastante conhecida em engenharia eletrônica. No processamento de potência, tanto o sinal de entrada como de saída são "potência". A potência na entrada pode ser fornecida por uma fonte de tensão ou corrente e a potência na saída pode ser entregue como corrente ou tensão. O tipo de potência pode ser CC (contínua) ou CA (alternada) tanto na entrada como na saída. Vemos que é necessário um sinal que controle esse processo. O circuito de processamento de potência e o sinal de controle fornecem a característica de funcionamento do conversor.

Existem inúmeros circuitos que podem realizar uma conversão CC/CC. São conhecidos vários métodos de síntese de circuitos e todos levam a um conjunto de conversores construídos com o menor número de componentes possível. Temos seis conversores que podem ser considerados como básicos, ou seja, a maioria dos conversores usados normalmente pode ser derivada desses circuitos. Esses conversores possuem duas chaves, com uma chave ativa (o transistor) e uma chave passiva (o diodo). Esses conversores são Buck, Boost, Buck-Boost, CUK, SEPIC e ZETA, que podem ser vistos na Figura 1.1.

O transistor funciona sempre na região de corte (sem conduzir corrente) ou na região de saturação (transistor conduzindo com mínima tensão de saturação). Controlando a corrente de base (transistor bipolar) ou tensão de gate (FET), podemos manter o transistor conduzindo o tempo que for necessário.

Só temos controle sobre o transistor, pois a condução do diodo depende de fatores do circuito, que veremos mais tarde. Assim, para que tenhamos um conversor que mantenha a tensão de saída constante, é preciso que um sinal de controle da saturação do transistor seja gerado por um circuito externo ao conversor. Esse circuito de controle deve gerar todas as informações necessárias, tais como frequência de chaveamento, tensão de referência estabilizada e circuito de compensação em frequência.

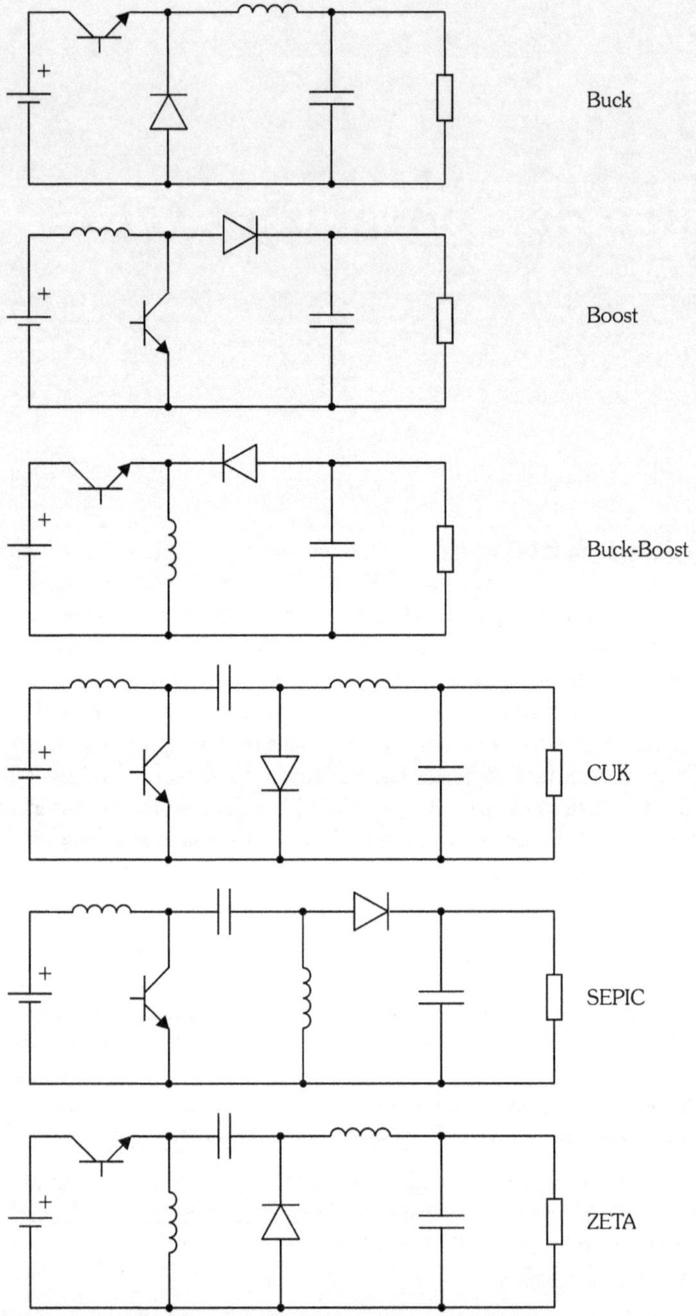

Figura 1.1 - Circuito de conversores com duas chaves (um transistor e um diodo).

Vamos ver como funciona o conversor BOOST, Figura 1.1. Para simplificar e facilitar o entendimento, vamos supor estado estável, ou seja, a tensão no capacitor é constante e a corrente de saída também. O transistor está sendo posto na saturação e no corte a uma frequência Fs, de modo que ora o transistor conduz, ora o diodo conduz. Quando o transistor conduz, o indutor está diretamente ligado à tensão de entrada e supondo-se que a tensão de saída seja maior que a tensão de entrada (um fato real no conversor BOOST), o diodo estará inversamente polarizado e a tensão no capacitor fornecerá a corrente para a carga (resistor). Quando o transistor corta, o diodo conduz e o indutor fornece corrente para a saída (resistor e capacitor). Essa corrente deve ser tal que reponha as cargas perdidas pelo capacitor no instante anterior e supra a corrente no resistor.

1.2 Controle

O sinal de controle é fundamental para o funcionamento do circuito de conversão. O princípio de funcionamento de um conversor baseia-se na comutação de chaves (transistores e diodos) que permitem a transferência de pulsos de tensão ou corrente de uma parte do circuito à outra. Esses pulsos estão, na verdade, transferindo energia da entrada para a saída, e o modo como se transfere essa energia depende tanto do circuito de processamento de potência, como do circuito que controla essa transferência. O elemento que transfere essa energia é normalmente um indutor ou um capacitor.

Os circuitos de controle podem ser de frequência fixa ou variável. Nos circuitos com frequência fixa, o único controle possível é através do tempo em que o transistor permanece conduzindo (na saturação). Quando o transistor entra no corte, o diodo conduz até que o transistor volte a conduzir. O transistor entra em condução sempre a intervalos de tempo constantes (frequência de chaveamento), mas a largura do pulso durante a condução é que permite o controle de potência em um conversor. Esse método de controle é um dos mais utilizados pelos circuitos integrados que controlam fontes chaveadas e é conhecido por Modulação por Largura de Pulso (PWM - Pulse Width Modulation). Neste livro, vamos considerar que sempre usamos PWM no controle dos conversores CC/CC.

Se a frequência for variável e chamando o período de condução do transistor de Ton e o período de condução do diodo de Toff, podemos ter três tipos de controle:

- ✓ Ton fixo, Toff variável
- ✓ Ton variável, Toff fixo
- ✓ Ton variável, Toff variável

Os conversores controlados por uma das três maneiras citadas são difíceis de projetar, pois normalmente possuem características particulares de cada circuito, no entanto são largamente usados, pois levam a simplificações nos circuitos de controle, que os tornam "de baixo custo".

Uma outra maneira de controlar conversores com frequência variável é por meio da variação do tempo morto, que é o intervalo de tempo durante o qual nem o transistor nem o diodo estão conduzindo. Quando um conversor possui funcionamento com tempo morto, dizemos que funciona no modo descontínuo de corrente. Os conversores que funcionam com PWM também podem operar no modo descontínuo de corrente.

1.3 Um Processador de Potência

Para que um conversor tenha alguma utilidade, é necessário que a sua saída seja controlada de maneira a atender às especificações. Por exemplo, se quisermos uma tensão de 5 volts regulada na saída e a tensão de entrada pode variar de 100 a 200 volts, tanto o conversor quanto o circuito de controle devem ser capazes de processar essas informações e fornecer um sinal de controle que atenda às especificações. O conversor passa a se chamar regulador CC\CC, pois faz parte de um conjunto composto de conversor, driver, modulador e comparador de erro. A função do modulador e comparador de erro é gerar o sinal de controle para o conversor.

A única forma de controlar um conversor com frequência constante é variando a largura do pulso de condução do transistor. Sendo assim, esse sinal deve ser do tipo capaz de acionar um FET ou um transistor bipolar, de maneira a colocá-lo na saturação e no corte com frequência e largura de pulso definidas por esse circuito de controle. Obviamente, esse sinal deve ser independente do tipo de transistor ou elemento de comutação usado como chave. Vamos, então, definir um sinal d(t) da seguinte forma:

$$d(t)=\begin{cases} 1 \text{ se } kTs < t < (k+d_k)\,Ts \\ 0 \text{ se } (k+d_k)Ts < t < (k+1)\,Ts \end{cases} \qquad \text{Eq. 1.1}$$

Com a Figura 1.2 podemos compreender melhor o sinal d(t).

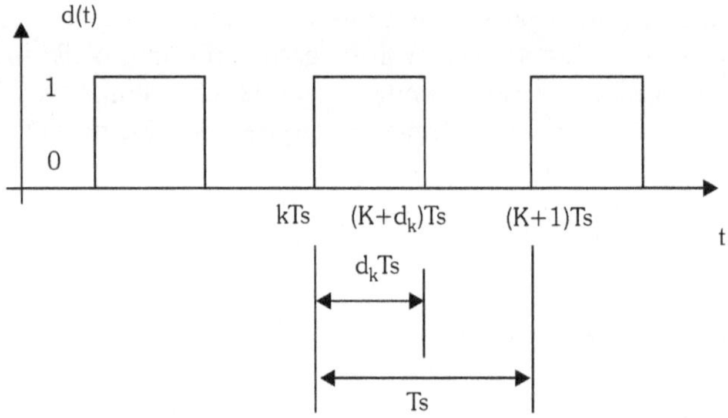

Figura 1.2 - Sinal d(t).

Podemos verificar que d_k é o valor que determina a largura de pulso para cada período k e é definido por:

$$d_k = \frac{Ton}{Ton + Toff} = \frac{Ton}{Ts} \qquad \text{Eq. 1.2}$$

Sendo Ton o tempo em que d(t) possui valor 1 e Toff o tempo em que d(t) possui valor 0. Pela Equação 1.2 notamos dois fatos importantes: primeiramente, que d_k deve ser maior que 0 (zero) e menor que 1 e segundo, d_k pode ser visto como um sinal discreto no tempo, ou seja, para cada intervalo k (com duração Ts) d_k possui um valor que pode ser diferente a cada período k.

Na Figura 1.3 vemos um processador de potência que consta de um circuito de conversão (que pode ser qualquer circuito da Figura 1.1 ou outro circuito derivado), um driver que adapta o sinal d(t) às condições do transistor utilizado e o sinal d(t).

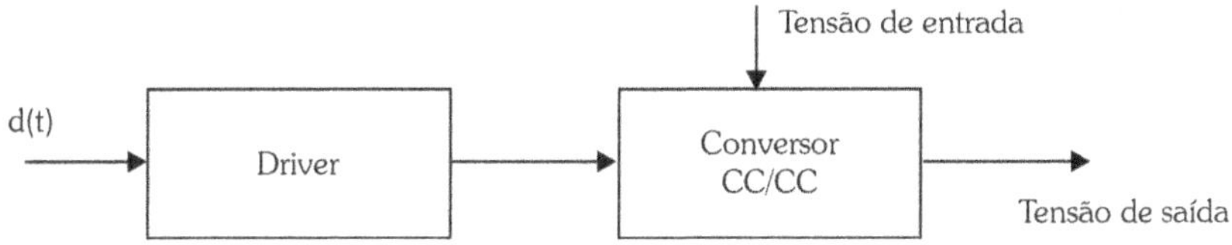

Figura 1.3 - Um processador de potência.

Para que possamos chamar esse circuito de uma fonte chaveada, é necessário que algum circuito gere o sinal d(t). Esse sinal é gerado por um modulador PWM que é acionado por um sinal de controle que vem do circuito de compensação (comparador de erro). Esse circuito é que mantém a tensão de saída estável, mesmo com variações na tensão de entrada e corrente de saída. Na Figura 1.4 vemos o diagrama em blocos de uma fonte chaveada.

A tensão de referência serve como comparação com a tensão de saída de modo que o circuito de compensação deve enviar um sinal Vc(t) para o modulador PWM, que gera d(t) que vai ao conversor. O ciclo se fecha de maneira que a cada período o circuito de compensação tenta corrigir o valor de d_k, de modo a manter o valor da tensão de saída constante (se Vref for constante).

Esse esquema representa uma realimentação da tensão de saída. No caso, o que queremos controlar é a tensão de saída de um conversor.

Pela Figura 1.4 notamos que existem basicamente quatro tipos de circuitos que devemos analisar: os conversores CC/CC, os drivers, o modulador PWM e os circuitos de compensação.

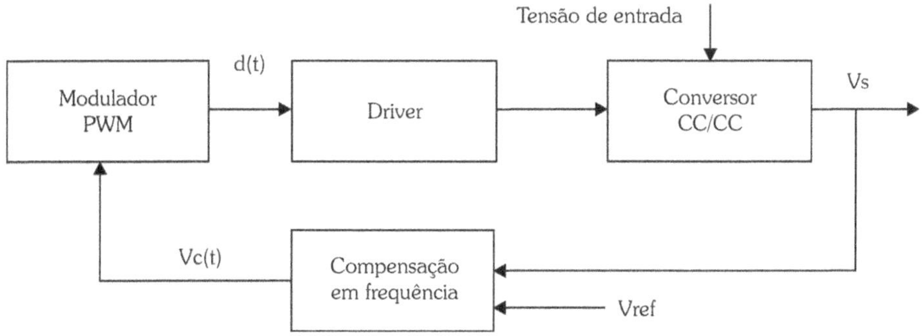

Figura 1.4 - Diagrama em blocos de uma fonte chaveada.

Nos Capítulos 2 e 3 vamos analisar o conversor CC/CC com relação às características CC e CA e os circuitos moduladores PWM. Para análise CA é usado um modelo de circuito que substitui as chaves (transistor e diodos) e que permite conhecer a posição do ganho, polos e zeros de um conversor. No Capítulo 4 são vistos os circuitos para otimização da compensação em frequência, tais como feed-forward e realimentação de corrente. O Capítulo 5 ensina a calcular a compensação em frequência de um conversor com a ajuda das ferramentas de controle do MATLAB.

Capítulo

2

Conversores CC/CC

Este capítulo mostra com detalhes como funcionam os conversores CC/CC. A análise que segue é conhecida como análise em regime estático e serve para dimensionar os componentes do circuito, tais como capacitores, indutores, transformadores, transistores, diodos etc.

Os conversores Buck, Boost e Buck-Boost são os circuitos mais simples que podemos obter para a conversão de tensão CC/CC. Seus circuitos são formados por duas chaves, um capacitor e um indutor. As chaves são compostas por um diodo e um transistor. O transistor é a chave ativa, pois podemos controlar seu tempo de condução e corte, e o diodo é a chave passiva, porque seu tempo de condução e corte é definido pela condição de operação do conversor.

Os outros três conversores, CUK, SEPIC e ZETA, são formados também por duas chaves, mas possuem dois capacitores e dois indutores. São também os circuitos mais simples que podemos obter com esses componentes.

Existem outros circuitos que, na verdade, são derivações desses circuitos. Um exemplo é o conversor Forward que nada mais é que o conversor Buck com transformador isolador de tensão. Outro exemplo é o conversor meia ponte (half-bridge), que é bastante conhecido por ser a topologia utilizada para a maioria das fontes de computadores (PC).

Neste capítulo vamos ver como funcionam esses conversores. A análise em regime estático supõe que o conversor está funcionando no estado estável, ou seja, a chave ativa comuta com frequência e largura de pulso constantes e não existe nenhuma variação na tensão de entrada e corrente de saída. Com isso, podemos supor que uma tensão na saída do conversor deve ser, também, constante. Essa tensão na saída possui uma ondulação (ruído) decorrente da comutação do transistor e diodo que origina uma variação de corrente no indutor. Essa ondulação deve ser muito menor que a tensão de saída, pois todo ruído em fontes de tensão é prejudicial ao funcionamento de circuitos que são por elas alimentados. A suposição de ondulação muito menor que a tensão de saída também é importante para a análise CA, pois estamos interessados no comportamento do circuito, quando faz parte de um elo de realimentação.

2.1 Conversão Buck

Esse tipo de conversor é utilizado quando desejamos uma redução da tensão de saída em relação à tensão de entrada. A tensão de saída possui mesma polaridade da tensão de entrada. O ruído gerado para a saída é baixo devido à configuração do circuito L1 C1, que forma um filtro passa-baixa. A tensão de entrada recebe pulsos do transistor (quando conduzindo), sendo assim, o conversor Buck gera alto ruído para a alimentação de entrada. Vemos na Figura 2.1 o circuito e algumas formas de ondas do conversor Buck.

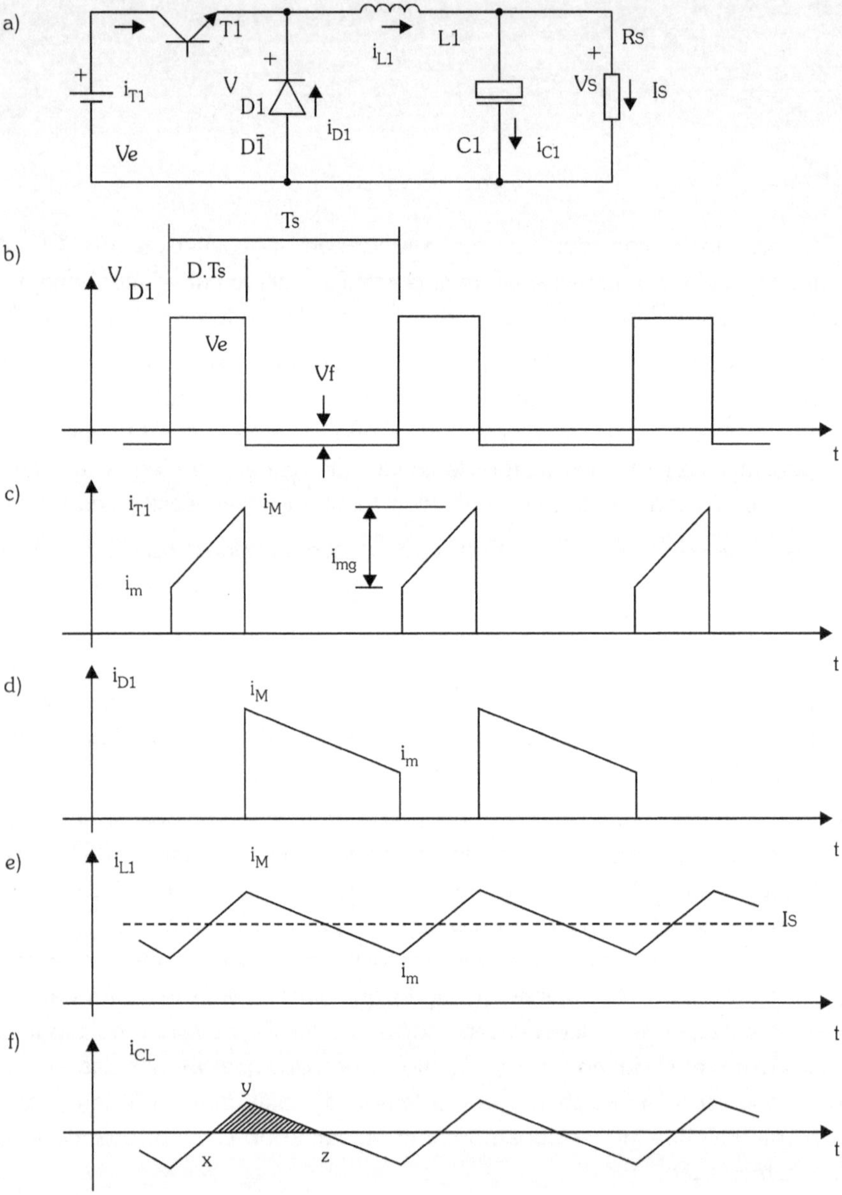

Figura 2.1 - Circuito e formas de ondas de um conversor Buck.

O circuito funciona da seguinte maneira: quando o transistor T1 satura (entra em condução), a tensão de entrada Ve é conectada diretamente ao circuito L1, C1 e Rs. Durante esse período, o diodo está inversamente polarizado, não influenciando no circuito. O transistor permanece conduzindo por um período D.Ts, sendo Ts a frequência de repetição (Fs = 1/Ts) e D define a largura de pulso no regime estático. D varia entre 0 e 1 e, definindo o tempo de condução por Ton, temos:

$$D = \frac{Ton}{Ts} \qquad \text{Eq. 2.1}$$

Quando o transistor corta, o diodo passa à condução e a tensão Ve se desliga do circuito. Na Figura 2.2 vemos os dois estados do circuito.

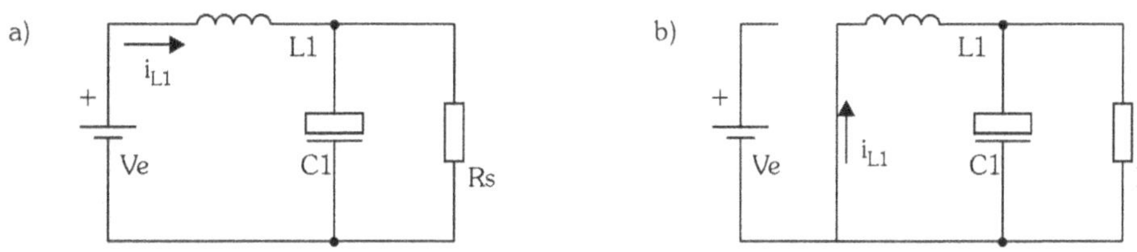

Figura 2.2 - a) Transistor conduzindo e diodo inversamente polarizado, b) Transistor no corte e diodo conduzindo a corrente i_{L1}.

Na Figura 2.2 estamos desprezando a tensão Vce de saturação do transistor e a tensão Vf do diodo. Na prática, só podemos desprezá-las se a tensão Ve for muito maior que a tensão Vce de saturação do transistor e se Vf for muito menor que a tensão de saída Vs. Para os cálculos que seguem vamos levar em consideração essas duas tensões, quando necessário.

A forma de onda da corrente no indutor L1 tem formato triangular e o valor médio dessa corrente é Is, a corrente de saída, Figura 2.1e. Como em um indutor temos que V = L1.di/dt, a tensão no indutor durante o Ton é constante e igual a Ve – Vcesat – Vs. Assim, a corrente i deve ser uma rampa (supondo Vs constante e desprezando variações em Vcesat). Da mesma maneira, durante o Toff a tensão no indutor será –(Vs + Vf) e a rampa terá inclinação negativa. Podemos escrever que:

$$\begin{aligned} i_M - i_m &= \frac{Ve - Vcesat - Vs}{L1} D\ Ts \\ i_m - i_M &= \frac{-(Vs + Vf)}{L1}(1 - D)\ Ts \end{aligned} \qquad \text{Eq. 2.1}$$

Eliminando as correntes i_M e i_m, teremos:

$$Vs = D\ Ve - Vcesat\ D - (1 - D)\ Vf \qquad \text{Eq. 2.2}$$

Se pudermos desprezar Vcesat e Vf, teremos:

$$Vs = D\ Ve \qquad \text{Eq. 2.3}$$

A Equação 2.3 descreve o funcionamento básico do conversor Buck. O circuito de controle ajusta o valor de D de tal forma que a Equação 2.3 permaneça válida (Vs é supostamente constante). Como a Equação 2.3 não depende da corrente de saída, podemos pensar que a corrente não influa no valor da largura de pulso D. Na realidade, tanto Vcesat quanto Vf variam ligeiramente com a corrente de saída Is. Na prática, pequenas alterações na largura de pulso podem ser notadas devido à alteração na corrente de saída.

Vamos supor agora que a corrente Is diminui de valor até que a corrente i_m seja zero. Neste ponto, Is é definida como a corrente mínima do conversor Buck para manter o modo contínuo de corrente. Dizemos que um conversor funciona no modo contínuo de corrente, quando a soma das correntes nas chaves é diferente de zero em todo o período de chaveamento Ts, ou seja, a corrente nas duas chaves não pode ser zero simultaneamente. Isso significa que tanto o transistor quanto o diodo não podem deixar de conduzir em algum instante do período Ts, simultaneamente. Caso as duas chaves deixem de conduzir em algum instante durante Ts, dizemos que o conversor funciona no modo descontínuo de corrente. Na Figura 2.3 vemos o circuito do conversor Buck no instante em que funciona no modo descontínuo de corrente.

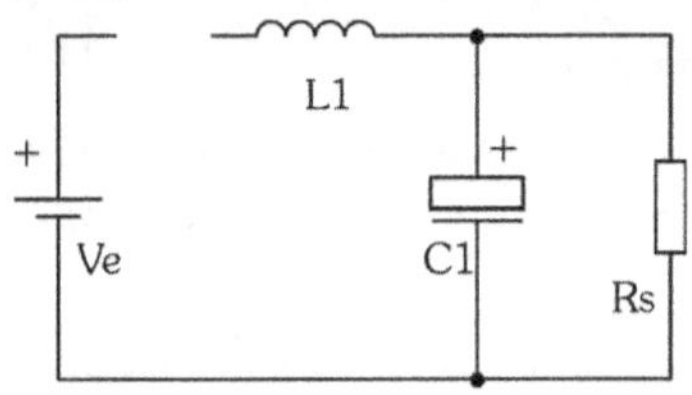

Figura 2.3 - Circuito do conversor Buck durante o período do modo descontínuo de corrente.

Vemos que o transistor e o diodo estão cortados e a corrente em L1 é zero. A corrente mínima de saída para manter o modo contínuo de corrente pode ser calculada da seguinte maneira: fazendo $i_m = 0$ na Equação 2.1 e eliminando Vs, temos:

$$i_M = \frac{D\,(Ve\,(1-D) + (1-D)\,(Vf - Vcesat))}{L1\,Fs} \qquad \text{Eq. 2.4}$$

Como $Is = \frac{i_M + i_m}{2}$ temos:

$$Ismin = \frac{D\,(Ve\,(1-D) + (Vf - Vcesat)\,(1-D))}{2\,L1\,Fs} \qquad \text{Eq. 2.5}$$

Na Equação 2.5, podemos desprezar os termos com Vf – Vcesat, pois essas tensões são de valores aproximadamente iguais. A Equação 2.5 se resume a:

$$Ismin = \frac{D\,(1-D)\,Ve}{2\,L1\,Fs} \qquad \text{Eq. 2.6}$$

Substituindo a Equação 2.3 em 2.6, temos:

$$\text{Ismin} = \frac{(1-D)\,Vs}{2\,L1\,Fs} \qquad \text{Eq. 2.7}$$

Como Vs, L1 e Fs são constantes, o valor da corrente mínima varia com a largura de pulso D. A largura de pulso varia com variações na tensão de entrada. Para mantermos o conversor sempre no modo contínuo, devemos escolher o caso limite que será obtido quando D for máximo, ou seja, o valor de D usado na Equação 2.7 deve ser o calculado para tensão Ve mínima e a corrente de saída nunca pode ser menor do que Ismin.

Exemplo 2.1

Qual a variação da largura de pulso necessária para regular uma fonte do tipo Buck funcionando no modo contínuo de corrente e cuja tensão de entrada pode variar de 10 até 20 volts e a tensão de saída desejada é de 5 volts?

Sendo a frequência de chaveamento de 20 kHz, calcule a indutância necessária para manter uma corrente mínima para o modo contínuo de corrente em 1 ampere. Suponha Vf = 0,6 volts e Vcesat = 0,8 volts.

Solução

Resolvendo a Equação 2.2, temos:

para Ve = 20 volts encontramos D = 0,2828

para Ve = 10 volts encontramos D = 0,5714

Se desprezarmos Vf e Vcesat, encontraremos:

D = 0,25 e D = 0,5 respectivamente

Pela Equação 2.7 podemos calcular o valor do indutor. Vamos usar:

D = 0,5714 e Ve = 10

L1 = 53,57 uH (uH = micro-henries = 10^{-6} henries)

Se usarmos D = 0,5, teremos L1 = 62,5 uH

Notamos que a variação entre o valor correto de D e o valor aproximado é de 11,5%, o que não é desprezível neste caso.

Em uma fonte de tensão, é desejável que a tensão de saída permaneça constante independentemente de variações na tensão de entrada ou variações de corrente na saída. No Exemplo 2.1, vemos que o circuito de controle deve ser capaz de variar a largura de pulso entre 0.2828 e 0.5714, conforme o valor da tensão de entrada. Variações na corrente de saída não influem no controle, mas se a corrente de saída coloca o conversor funcionando no modo descontínuo, a largura de pulso começa a variar também com a corrente de saída, como veremos a seguir.

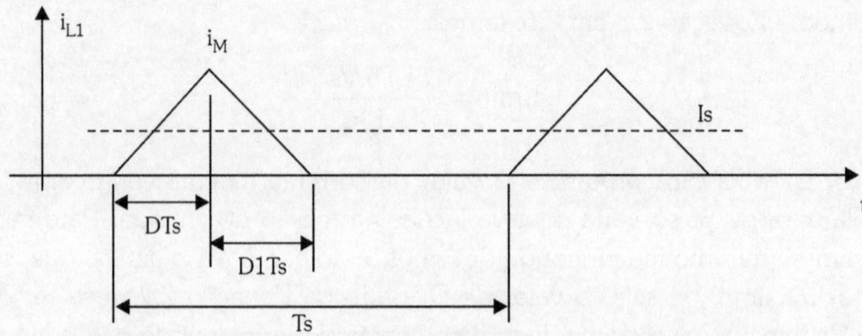

Figura 2.4 - Forma de onda de corrente do indutor L1 em um conversor Buck no modo descontínuo de corrente.

Em um conversor Buck funcionando no modo descontínuo de corrente, a corrente de saída é igual ao valor médio da corrente no indutor e assim, podemos escrever que (D ocorre durante a condução do transistor e D1 ocorre durante a condução do diodo):

$$Is = D\frac{i_M}{2} + D1\frac{i_M}{2} \qquad \text{Eq. 2.8}$$

Utilizando as Equações 2.1 e 2.8, fazendo $i_m = 0$ e desprezando Vf e Vcesat, encontramos:

$$D = \sqrt{\frac{2\ Vs\ Is\ L1\ Fs}{Ve\ (Ve - Vs)}} \qquad \text{Eq. 2.9}$$

Se substituirmos os valores calculados no Exemplo 2.1, para o caso simplificado (desprezando Vf e Vcesat) encontraremos D = 0,25 (é o limite entre modos descontínuo e contínuo de corrente).

A Equação 2.9 pode ser reescrita de outra maneira de modo a obtermos a relação entre Vs/Ve. Depois de um pouco de álgebra encontramos:

$$Vs = \frac{2Ve}{1 + \sqrt{1 + \frac{8\ L1\ Fs}{Rs\,D^2}}} \qquad \text{Eq. 2.10}$$

Pela Equação 2.10 podemos notar que a largura de pulso D passou a variar com Rs e com Ve (sendo Rs = Vs/Is). Como Vs é considerada fixa, Rs representa a corrente de saída. Esta Equação só é válida para o conversor Buck funcionando no modo descontínuo de corrente. O valor de pico da corrente i_M pode ser calculado por:

$$i_M = \sqrt{\frac{2\ Vs\ Is\ (Ve - Vs)}{Ve\ L1\ Fs}} \qquad \text{Eq. 2.11}$$

O tempo de condução do diodo pode ser calculado por D1Ts, sendo:

$$D1 = \sqrt{\frac{2\,(Ve - Vs)\,Is\,L1\,Fs}{Ve\,Vs}} \qquad \text{Eq. 2.12}$$

As duas equações anteriores são derivadas das Equações 2.1 e 2.8.

O capacitor C1 em paralelo com a carga Rs serve para diminuir a ondulação causada pela componente alternada da corrente do indutor L1. No modo contínuo, a quantidade de carga suprida para o capacitor pode ser calculada pela área do triângulo XYZ da Figura 2.1f.

A carga é dada por:

$$\Delta Q = \frac{1}{2}\frac{Ts}{2}\frac{i_M - i_m}{2} \qquad \text{Eq. 2.13}$$

A variação de tensão em um capacitor está relacionada à carga que ele adquire por:

$$\Delta Vc = \frac{\Delta Q}{C1}$$

Eliminando $i_M - i_m$ da Equação 2.13, encontramos:

$$\Delta Vc = \frac{D\,(1 - D)\,Ve}{8\ L1\ C1\ Fs^2} \qquad \text{Eq. 2.14}$$

O capacitor pode ser calculado pela Equação 2.14, bastando definir a ondulação desejada. Valores muito baixos para a ondulação ocasionam valores de capacitância elevados e quanto maior a frequência de chaveamento, menor será o valor do capacitor.

No modo descontínuo, a Equação 2.14 permanece válida se levarmos em conta que no limite entre modo contínuo e descontínuo, teremos a pior condição para ondulação no capacitor no modo descontínuo, e a Equação 2.14 é correta neste limite.

Devemos lembrar também que todo capacitor possui uma resistência série que faz a ondulação medida e a calculada parecerem diferentes. Para levar em conta o valor da resistência série do capacitor na ondulação, basta multiplicar a variação de corrente ($i_M - i_m$) pelo valor da resistência série.

Para especificar o transistor e o diodo em um conversor Buck, devemos notar que as tensões e correntes envolvidas são facilmente determinadas. Para a tensão máxima do transistor pode ser visto que:

$$Vcemax > Vemax + Vf \qquad \text{Eq. 2.15}$$

e a tensão máxima reversa no diodo é:

$$Vrr > Vemax - Vcesat \qquad \text{Eq. 2.16}$$

a corrente máxima RMS no diodo é: (use i_M e i_m dados pela Equação 2.1)

$$I_{RMS} = \sqrt{\frac{\left(i_M^2 + i_M\,i_m + i_m^2\right)(1 - D)}{3}} \qquad \text{Eq. 2.17}$$

No caso de corrente descontínua, faça $i_m = 0$.

A corrente média no diodo é: (use Is máximo)

$$I_{D1_{avg}} = D1\ Is \qquad \text{Eq. 2.18}$$

a corrente máxima RMS no transistor é:

$$I_{RMS} = \sqrt{\frac{\left(i_M{}^2 + i_M\ i_m + i_m{}^2\right) D}{3}} \qquad \text{Eq. 2.19}$$

e a corrente média é:

$$ITAVG = D\ Is \qquad \text{Eq. 2.20}$$

Os componentes que são usados como chave possuem outros parâmetros que devem ser levados em consideração e que se referem à velocidade com que podem funcionar como chaves. Em transistores, os fabricantes fornecem o *Crossover Time* que é o tempo que o transistor leva na transição entre conduzindo e cortado para cargas indutivas. Esse tempo limita a frequência máxima que pode ser usada por um transistor quando comutando cargas indutivas. A potência perdida no transistor durante o crossover time, t_c, é dada por:

$$Pp = \frac{1}{2} i_M Vcemax \frac{t_c}{Ts} \qquad \text{Eq. 2.21}$$

Estamos supondo que a corrente i_M é constante durante a variação da tensão do transistor entre saturação e corte. A potência perdida no chaveamento pode se somar à potência perdida por condução durante o Ton. Essa potência perdida total não deve exceder a capacidade de dissipação do transistor. Se for necessário, devemos colocar um dissipador de calor para manter a temperatura da junção dentro dos limites especificados pelo fabricante.

Agora já estamos em condições de calcular e especificar todos os componentes de um conversor Buck.

2.1.1 Conversão Forward

O conversor Forward nada mais é que o conversor Buck com isolação entre tensão de entrada Ve e tensão de saída Vs. O transformador TR1 realiza essa isolação e permite que a relação entre espiras seja usada para ajustar as larguras de pulso mínima e máxima entre valores desejados. O esquema elétrico e algumas formas de onda do circuito podem ser vistos na Figura 2.5.

O circuito funciona da seguinte maneira: quando o transistor T1 satura, a tensão de entrada Ve é colocada entre os terminais de entrada do transformador TR1. Este é o enrolamento primário do transformador e possui N1 espiras. O enrolamento secundário possui N3 espiras e nesse instante, a tensão que aparece em seus terminais é dada pela relação de espiras n entre primário e secundário. Assim temos:

$$n = \frac{N1}{N3} \qquad \text{Eq. 2.22}$$

$$V3 = \frac{Ve}{n} - Vf \qquad \text{Eq. 2.23}$$

Devido à mesma fase dos enrolamentos N1 e N3, o pulso resultante no secundário é positivo, como mostrado na Figura 2.5d. Sendo a tensão de saída Vs, a tensão nos terminais do indutor L1 é Ve/n – Vf – Vs. Pelo transformador passa a corrente que vem do indutor L1 e mais a corrente de magnetização do primário do transformador. Essa corrente de magnetização se deve à indutância do enrolamento primário do transformador. Vamos chamar essa indutância de Lp. A corrente de magnetização no fim do pulso de largura D é dada por:

$$i_{mg} = \frac{D\ Ve}{Lp\ Fs} \qquad \text{Eq. 2.24}$$

Quando o transistor corta, a corrente em L1 força a condução de D3 e a corrente de magnetização de Lp faz com que a polaridade da tensão no enrolamento primário se inverta. O enrolamento N2 entra em ação limitando a tensão do transformador. Devido à inversão de fase do enrolamento N2, o diodo D1 conduz a corrente de magnetização, que chamaremos agora de corrente de desmagnetização, durante a condução de D1. Se os enrolamentos N1 e N2 possuírem o mesmo número de espiras, a tensão no enrolamento primário do transformador será limitada a Ve e o tempo de desmagnetização será igual ao da magnetização, ou seja, D Ts. Com isso, a largura de pulso máxima será de D = 0,5.

A desmagnetização deve ocorrer até o fim do período Ts, pois caso o transformador não se desmagnetize totalmente, pode ocorrer saturação do material magnético. Se não pudermos usar a limitação da largura de pulso em 0,5, podemos relacionar a largura de pulso D com N1 e N2 da seguinte forma: a corrente de magnetização representa a energia armazenada no núcleo durante o Ton. Se chamarmos de Dx a largura de pulso durante a desmagnetização, teremos:

$$\frac{1}{2} Lp\ i_{mg}^2 = \frac{1}{2} Ldesm\ i_{dmg}^2$$

$$i_{mg} = \frac{D\ Ve}{Lp\ Fs}$$

$$i_{dmg} = \frac{Dx\ Ve}{Ldesm\ Fs}$$

Eliminando as correntes:

$$\frac{D^2}{D_x^2} = \frac{Lp}{Ldesm}$$

Como $\quad Lp = \alpha\ N1^2$ e $Ldesm = \alpha\ N2^2$

$$\frac{D}{Dx} = \frac{N1}{N2}$$

No pior caso $\quad Dx = 1 - D$

$$\frac{N2}{N1}D = 1 - D$$

$$Dmax = \frac{N1}{N1 + N2} \qquad \text{Eq. 2.25}$$

A Equação 2.25 confirma que se N1 = N2, teremos Dmax = 0,5.

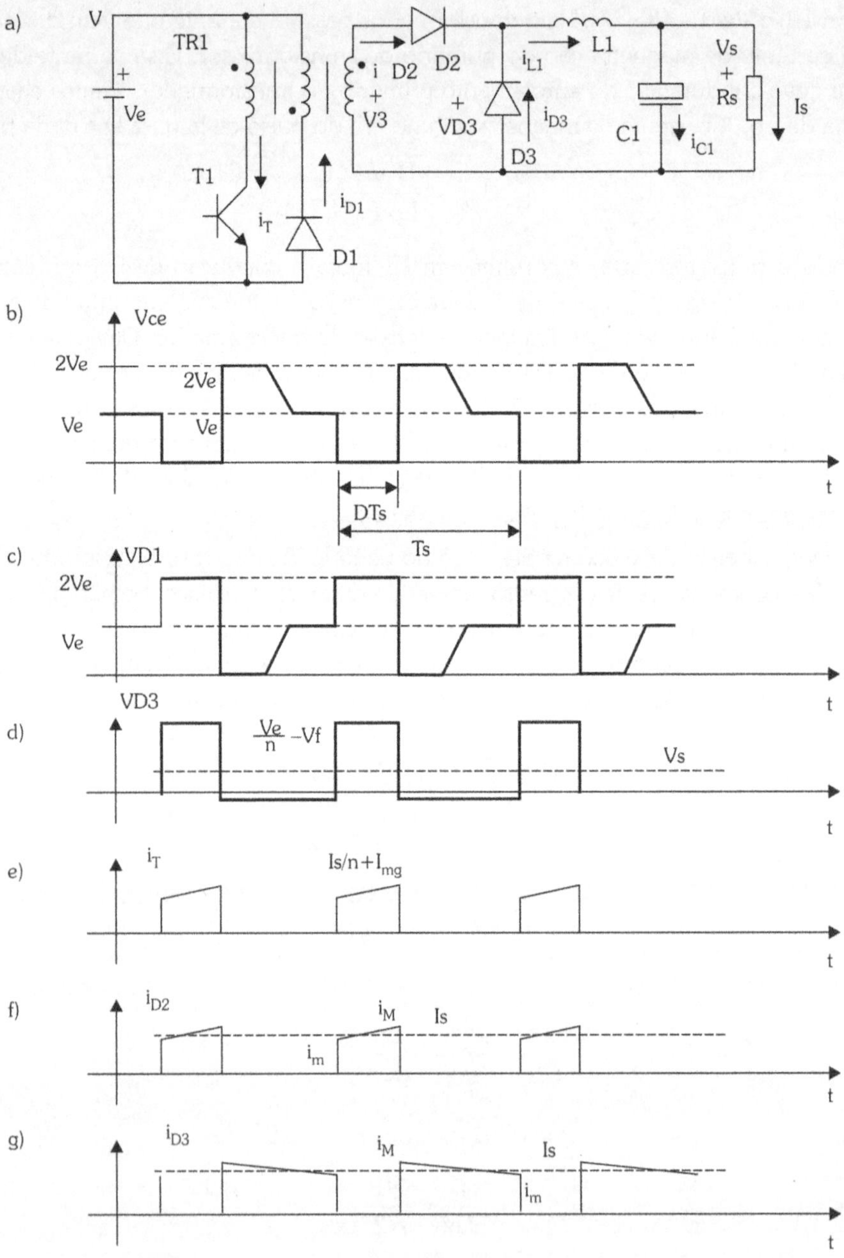

Figura 2.5 - Esquema do conversor Forward e suas formas de onda características.

A relação de espiras entre N1 e N3 é normalmente usada para reduzir a tensão no secundário e manter uma largura de pulso no máximo em 0,5. Vamos calcular a relação entre Vs e Ve. Aplicando a relação V = L di/dt no indutor L1 durante Ton e Toff, teremos:

$$\frac{Ve}{n} - Vf - Vs = L1\frac{i_M - i_m}{DTs}$$
$$Vs + Vf = L1\frac{i_M - i_m}{(1-D)Ts} \qquad \text{Eq. 2.26}$$

Eliminando $i_M - i_m$, temos

$$Vs = \frac{D\,Ve}{n} - Vf \qquad \text{Eq. 2.27}$$

Da mesma maneira como no conversor Buck, o conversor Forward também pode funcionar no modo descontínuo de corrente. Fazendo $i_m = 0$ nas Equações 2.26 e lembrando que no modo descontínuo:

$$Is = D\frac{i_M}{2} + D1\frac{i_M}{2} \qquad \text{Eq. 2.28}$$

Teremos (desprezando Vf):

$$D = \sqrt{\frac{2\,n\,Is\,L1\,Fs\,Vs}{Ve\left(\frac{Ve}{n} - Vs\right)}} \qquad \text{Eq. 2.29}$$

A largura de pulso D, no modo descontínuo, varia com a corrente de saída Is e com a tensão de entrada Ve. A corrente de pico i_M e a largura de pulso D1 da condução do diodo D3 podem ser calculadas por:

$$i_M = D\frac{Vs + Vf}{L1\;Fs}\left(-1 + \sqrt{1 + \frac{8\;L1\;Fs\;Is}{(Vs + Vf)\;D^2}}\right) \qquad \text{Eq. 2.30}$$

$$D1 = \frac{L1\;Fs\;i_M}{Vs + Vf} \qquad \text{Eq. 2.31}$$

A corrente limite entre o modo contínuo e descontínuo pode ser calculada por:

$$Ismin = \frac{D\;(1-D)\;Ve}{2n\;L1\;Fs} \qquad \text{Eq. 2.32}$$

O capacitor de saída C1 deve ser calculado pela Equação 2.14, fazendo a substituição de Ve por Ve/n e obtemos:

$$C1 = \frac{D\;(1-D)\;Ve}{8\;n\;L1\;\Delta Vc\;Fs^2} \qquad \text{Eq. 2.33}$$

Podemos ver que as equações obtidas para o modo descontínuo são, em geral, complicadas, não só para os conversores Buck e Forward, mas também para outros conversores. Devido à variação da largura de pulso com a tensão de entrada e corrente de saída, a faixa de variação, tanto da tensão de entrada quanto a faixa de variação da corrente de saída, estreitam-se (para uma mesma variação da largura de pulso). Vamos verificar isso com um exemplo.

Exemplo 2.2

Calcule L1 e C1 para um conversor Forward funcionando a 20 kHz no modo contínuo de corrente. Suponha largura de pulso máxima menor que 0.5, corrente de saída mínima de 1 ampere e que a tensão de entrada pode variar de 100 até 200 volts e a tensão de saída é de 5 volts.

Se o conversor funcionar no modo descontínuo de 0,1 até 1 ampere, calcule a variação máxima da largura de pulso para Ve = 100 volts. Despreze Vf e use ΔVc = 20 mvolts.

Solução

Usando a Equação 2.27 com Ve = 100 V, Vs = 5 V, V e D = 0,5, teremos:

$$n = 10 \text{ para } Ve = 100 \text{ V e } Dmax = 0{,}5$$

$$Dmin = 0{,}25 \text{ para } Ve = 200 \text{ V}$$

A largura de pulso varia entre 0,25 e 0,5 se o conversor estiver funcionando no modo contínuo de corrente.

A indutância de L1 é calculada pela Equação 2.32, usando

$$Ve = 200 \text{ V}, D = 0{,}25, Fs = 20 \text{ kHz}, Ismin = 1 \text{ ampere}, n = 10,$$

obtemos:

$$L1 = 93{,}75 \text{ uH}$$

O capacitor C1 é calculado pela Equação 2.33 e obtemos:

$$C1 = 625 \text{ uF}$$

No modo descontínuo, a variação de D (a largura de pulso) é dada pela Equação 2.29.

O que calculamos até agora supõe funcionamento no modo contínuo de corrente, ou seja, a corrente de saída deve ser maior que 1 ampere.

Se o conversor funciona no modo descontínuo de corrente, com corrente máxima de 1 ampere e mínima de 0,1 ampere, vamos calcular a largura de pulso necessária para regular o conversor. Já sabemos que para tensão máxima de 200 volts e corrente de saída de 1 ampere temos D = 0,25. Vamos calcular agora para tensão máxima de 200 volts e corrente mínima de 0,1 ampere. Pela Equação 2.29 encontramos:

$$D = 0{,}079$$

Para dimensionarmos o transistor quanto à tensão Vce máxima, devemos verificar se N1 = N2. Se for, a tensão máxima de Vce será igual a 2 Vemax. Sendo N1 ≠ N2, podemos calcular Vcemax por:

$$Vce\max = Ve\max \frac{N1 + N2}{N2} \qquad \text{Eq. 2.34}$$

A corrente de coletor do transistor pode ser vista na Figura 2.5e e é composta pela corrente de L1 quando D2 conduz, mais a corrente de magnetização devido ao indutor Lp do primário do transformador TR1. Usando a Equação 2.26 e lembrando que a corrente no primário do transformador é reduzida pela relação de espiras n, obtemos:

$$i_{TM} = \frac{Is}{n} + \frac{D\left(\frac{Ve}{n} - Vs - Vf\right)}{2n\ L1\ Fs} + \frac{D\ Ve}{Lp\ Fs}$$
$$i_{Tm} = \frac{Is}{n} - \frac{D\left(\frac{Ve}{n} - VS - VF\right)}{2n\ L1\ Fs} \qquad \text{Eq. 2.35}$$

A tensão reversa máxima nos diodos D2 e D3 pode ser calculada por:

$$VD2\max = \frac{N3}{N2} Vemax + Vf$$
$$VD3\max = \frac{N3}{N1} Vemax - Vf \qquad \text{Eq. 2.36}$$

As correntes máxima e mínima no indutor L1 podem ser calculadas pela Equação 2.37 e são derivadas da Equação 2.26.

$$i_M = Is + \frac{D\left(\frac{Ve}{n} - Vs - Vf\right)}{2\ L1\ Fs}$$
$$i_m = Is - \frac{D\left(\frac{Ve}{n} - Vs - Vf\right)}{2\ L1\ Fs} \qquad \text{Eq. 2.37}$$

O valor médio das correntes nos diodos D2 e D3 pode ser calculado por:

$$ID2avg = D\ Is$$
$$ID3avg = (1 - D)\ Is \qquad \text{Eq. 2.38}$$

A corrente RMS no diodo D2 pode ser calculada pela Equação 2.17. Para calcular a corrente RMS no diodo D3, substitua D por 1 – D na Equação 2.17.

O número de espiras do enrolamento primário do transformador é dado por (consulte o Apêndice B):

$$N1 \geq \frac{Dmax\ Vemin}{Ae\ B\ Fs} \qquad \text{Eq. 2.39}$$

$$B = \frac{Vemin}{Vemax} Bmax \qquad \text{Eq. 2.40}$$

Sendo Bmax a densidade de campo magnético máximo no núcleo de ferrite (ou outro material usado) e Ae a área efetiva da perna central do núcleo utilizado, a Equação 2.40 previne a saturação do núcleo quando um transiente de corrente levar a largura de pulso ao valor máximo, estando a tensão de entrada em Vemax. Substituindo 2.40 em 2.39, temos:

$$N1 \geq \frac{Dmax\ Vemax}{Ae\ Bmax\ Fs} \qquad \text{Eq. 2.41}$$

N3 pode ser calculada, agora, pela Equação 2.22. N1 e N3 devem ser números inteiros (N2 também).

Alguns circuitos de controle possuem modos de limitar o valor do pulso máximo em um conversor. Se for usado esse tipo de controle, a Equação 2.39 dá um número de espiras menor, já que podemos usar B = Bmax.

2.1.2 Forward com Dois Transistores

Esse conversor é similar ao Forward já estudado. A inclusão de um transistor (T2) e dos diodos D1 e D4 faz com que não seja necessário o enrolamento de desmagnetização N2. O próprio enrolamento N1 faz a desmagnetização quando os dois transistores entram no corte. A corrente de desmagnetização passa por D1 e D4. Os dois transistores entram na saturação simultaneamente e devem cortar também no mesmo instante. O funcionamento é igual ao do Forward e as equações do Forward podem ser utilizadas sem alterações. Como o enrolamento de desmagnetização e magnetização é o mesmo, isso significa que a largura de pulso máxima é 0.5. Vemos o circuito do conversor Forward com dois transistores na Figura 2.6.

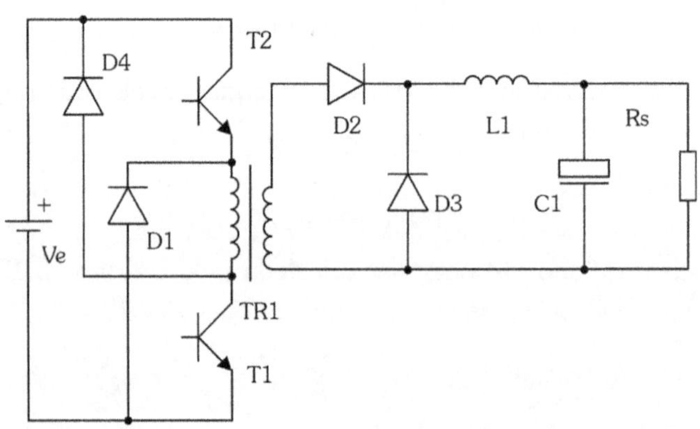

Figura 2.6 - Conversor Forward com dois transistores.

2.1.3 Conversor Push-Pull

O conversor Push-Pull é derivado do Buck e representa uma otimização na utilização do transformador em relação ao conversor Forward. No Forward, o transformador transfere corrente apenas em uma parte do período Ts, sendo a outra parte reservada à desmagnetização do núcleo ($D<0,5$).

No Push-Pull são utilizados os dois quadrantes da curva B-H, ou seja, a magnetização do núcleo e a desmagnetização são usadas para transferência dos pulsos de tensão para o indutor.

O circuito funciona da seguinte maneira (veja a Figura 2.7): quando T2 satura, T1 deve ficar no corte e com tensão Vce = 2Ve, devido à fase dos enrolamentos do primário e por terem números de espiras iguais (N1). Com T2 saturado, a tensão de entrada Ve é colocada em um dos enrolamentos do primário, que pela relação de espiras n (n = N1/N2) coloca um pulso de tensão no secundário e é retificado pelo diodo D1. Quando o transistor T2 corta, T1 e T2 permanecem cortados até que T1 passe à saturação. Durante o corte dos dois transistores, os dois diodos colocam o secundário em curto, pois a corrente do indutor L1 circula pelos dois diodos ao mesmo tempo (cerca de metade da corrente para cada diodo). Isso faz com que a tensão do primário do transformador também seja zero e a tensão Vce dos transistores seja Ve. Terminado esse tempo morto, T1 satura, fazendo agora D2 conduzir a corrente do indutor L1. Os pulsos que aparecem no indutor são vistos na Figura 2.7d. Notamos que existem dois pulsos em um período Ts. Para não existir condução simultânea dos transistores, é necessário que a largura de pulso seja menor que 0.5. A tensão de saída pode ser calculada pelo valor médio dos pulsos na Figura 2.7d e encontramos:

$$Vs = \frac{2DVe}{n} - Vf \qquad \text{Eq. 2.42}$$

O limite entre o modo contínuo e o modo descontínuo de corrente pode ser calculado da mesma maneira como calculado para o conversor Buck e temos:

$$Ismin = \frac{Dmin\ (1 - 2Dmin)\ Vemax}{2\ n\ L1\ Fs} \qquad \text{Eq. 2.43}$$

Com a Equação 2.43 podemos calcular o valor do indutor L1 para uma corrente mínima especificada. As correntes nos transistores e diodos são calculadas da mesma maneira como calculado para o conversor Forward.

A capacitância de saída C1 pode ser calculada por:

$$C1 = \frac{Dmin\ (1 - 2\ Dmin)\ Vemax}{16\ n\ \Delta V_C\ L1\ Fs^2} \qquad \text{Eq. 2.44}$$

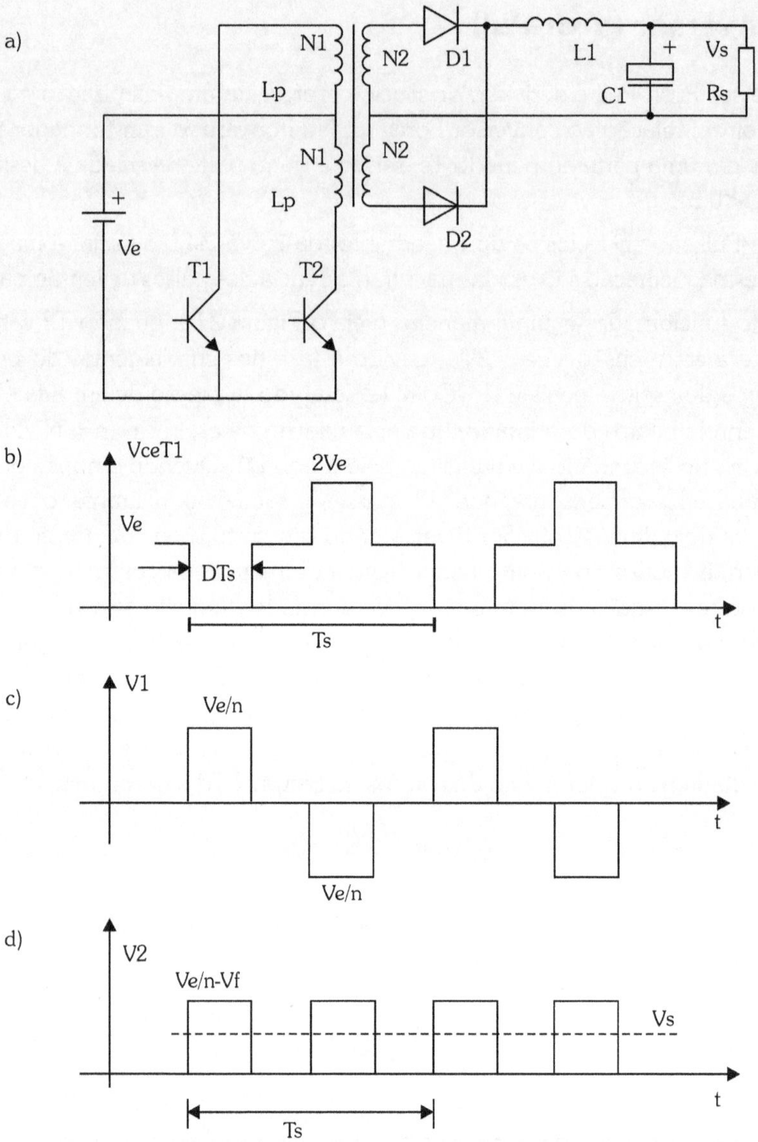

Figura 2.7 - Conversor Push-Pull.

Exemplo 2.3

Calcule o valor do indutor L1 e do capacitor C1 em um conversor Push-Pull, cuja tensão máxima de entrada é 200 volts e a mínima tensão de entrada é 100 volts. A tensão de saída é de 5 volts e a corrente mínima é de 1 ampere e comuta a uma frequência de 20 kHz. Despreze Vcesat e suponha Vf = 0,5 volts e ΔVc = 20 mvolts.

Solução

Como a largura de pulso máxima é 0,5, vamos usar a Equação 2.42 para calcular n e Dmin.

$$n = 18{,}1818 \text{ e } Dmin = 0{,}25$$

Pela Equação 2.43 calculamos L1 e encontramos:

$$L1 = 51{,}56 \text{ uH}$$

Repare que esse valor de L1 é aproximadamente a metade do valor encontrado para o conversor Forward.

O capacitor C1 é calculado pela Equação 2.44 e encontramos:

$$C1 = 312{,}5 \text{ uF}$$

Este valor de capacitância também é aproximadamente a metade do valor encontrado para o Forward.

No conversor Push-Pull, a desmagnetização do transformador é realizada pela comutação alternada de cada transistor. Durante a condução de T2, a corrente de magnetização flui pelo enrolamento ligado a T2. Quando os dois transistores estão cortados, a energia armazenada no núcleo devido à corrente de magnetização permanece constante (desprezando as perdas resistivas). Quando o transistor T1 satura, a corrente de desmagnetização passa por T1 e o enrolamento ligado a T1. Portanto, cada ciclo de condução dos transistores serve para magnetizar e desmagnetizar o núcleo do transformador. Se essa desmagnetização não for completa, o transformador pode entrar na saturação (do núcleo de ferrite). Isso é muito comum em conversores Push-Pull devido a desbalanceamentos no tempo de armazenamento de transistores bipolares. Esse desbalanceamento faz com que existam períodos ligeiramente diferentes de condução de cada transistor. Circuitos de controle com realimentação de corrente podem evitar esse desbalanceamento.

A excursão da densidade de campo magnético B pode ser o dobro para o transformador do conversor Push-Pull. Isso se deve a que o campo B pode variar no primeiro e no terceiro quadrantes da curva B-H. Sendo assim, o número de espiras do primário pode ser calculado por:

$$N1 \geq \frac{Dmax\ Vemax}{2\ Ae\ Bmax\ Fs} \qquad \text{Eq. 2.45}$$

Comparando com a Equação 2.41, vemos que o número de espiras do primário do transformador Push-Pull é a metade do número de espiras do primário do conversor Forward (mas teremos dois enrolamentos).

O dimensionamento dos diodos e transistores é similar ao feito para o conversor Forward.

2.1.4 Conversor Meia Ponte

A tensão de Vce máxima para os transistores de um conversor Push-Pull precisa ser duas vezes maior que a tensão máxima de entrada. Isso é um inconveniente se a tensão for retificada de uma rede de 220 Vca. Para esses casos é necessário transistores com tensão Vce máxima de 800 volts. Outro problema do conversor Push-Pull é a possibilidade de desbalanceamento de corrente magnetizante do transformador. O conversor meia ponte mantém a tensão Vce dos transistores no mesmo valor da tensão de entrada Ve e o problema do desbalanceamento do transformador é resolvido pelo capacitor em série com o transformador, pois sua tensão fica ajustada de modo a manter o produto D Vce constante para qualquer período.

O circuito e algumas formas de ondas podem ser vistos na Figura 2.8. Estamos supondo que não haja desbalanceamentos, ou seja, os tempos de armazenamento são idênticos nos dois transistores.

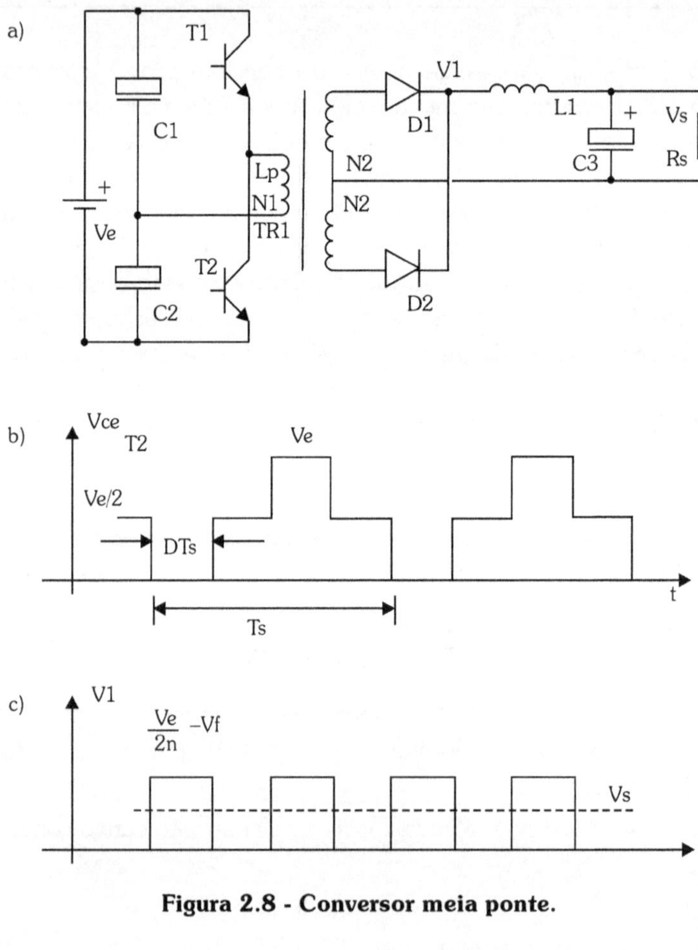

Figura 2.8 - Conversor meia ponte.

Podemos notar a semelhança da parte de retificação e filtragem com o circuito Push-Pull. Quando um transistor satura, o outro estará cortado, nunca existindo condução simultânea dos dois transistores. Logo, o ângulo de condução máxima será também de 0,5.

A tensão nos capacitores C1 e C2 é igual à metade da tensão de entrada se os períodos de condução dos dois transistores forem iguais. Pelos capacitores C1 e C2 passa a corrente de chaveamento do transformador. O valor dos capacitores deve ser tal que não ocasione perdas de tensão devido à descarga do capacitor pela corrente do primário do transformador. Os dois capacitores em série permitem usar um dobrador de tensão com diodos e assim obter tensão 110 Vca ou 220 Vca com uma chave seletora de tensão (como nas fontes de PC). O circuito equivalente pode ser visto na Figura 2.9. Supondo que a forma de onda de corrente seja retangular, a corrente no primário durante a condução de qualquer dos dois transistores é:

$$i_C = Is/n \qquad \text{Eq. 2.46}$$

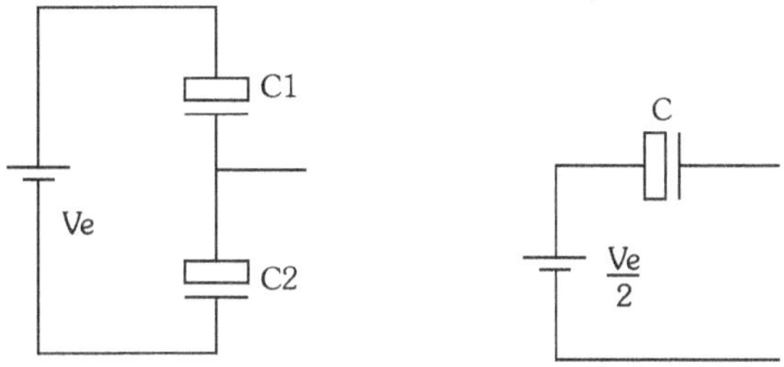

Figura 2.9 - Circuito equivalente dos capacitores de entrada em um conversor meia ponte.

Supondo uma variação máxima de tensão no capacitor devido à corrente ip de 5% da tensão Ve/2 e levando em consideração a largura de pulso máxima de 0.5, temos:

$$i_p = C\frac{\Delta Vc}{\Delta T}$$

$$i_p = \frac{Is}{n}$$

$$\Delta Vc = 5\% \text{ de } \frac{Ve}{2} \;\therefore\; \Delta Vc = \frac{Ve}{40}$$

$$\Delta T = \frac{Ts}{2}$$

Como C = 2 C1 = 2 C2 temos

$$C1 = C2 = \frac{10\ Is}{n\ Ve\ Fs} \qquad \text{Eq. 2.47}$$

A corrente RMS em cada capacitor é dada por:

$$ICRMS = \frac{Is}{2\,n}\sqrt{2\ Dmax} \qquad \text{Eq. 2.48}$$

A tensão de saída pode ser calculada pelo valor médio dos pulsos em V1 (veja a Figura 2.8c) e obtemos:

$$Vs = \frac{D\ Ve}{n} - Vf \qquad \text{Eq. 2.49}$$

Quando a tensão de entrada é alternada, C1 e C2 são os capacitores de filtragem da rede e normalmente são de valor mais elevado do que o calculado pela Equação 2.47. A solução é introduzir um capacitor em série com o primário do transformador com o valor calculado anteriormente.

A corrente mínima para manter o modo contínuo de corrente pode ser calculada por:

$$Ismin = \frac{D\ (1-D)\ Ve}{4\ n\ L1\ Fs} \qquad \text{Eq. 2.50}$$

O número de espiras no primário do transformador pode ser calculado por:

$$Np \geq \frac{Dmax\ \ Vemax}{4\ Ae\ \ Bmax\ \ Fs} \qquad \text{Eq. 2.51}$$

O dimensionamento dos transistores e diodos é similar ao realizado para o Forward e lembramos que a tensão máxima nos transistores para o circuito meia ponte é Vemax.

Esse conversor é largamente utilizado na indústria para alimentação de computadores pessoais.

2.1.5 Conversor Ponte Completa

Com o circuito meia ponte conseguimos obter tensão Vce nos transistores, equivalente à tensão máxima de entrada Ve, no entanto a corrente de coletor é, praticamente, o dobro da obtida com Push-Pull. Isso se deve à tensão do transformador, que é a metade da tensão de entrada Ve. O conversor ponte completa permite obter tanto baixa tensão quanto baixa corrente nos transistores.

A desvantagem do circuito ponte completa é a utilização de quatro transistores, o que encarece o projeto. Normalmente esse circuito só é usado para conversores com potência de saída muito alta (>1000 watts).

Os circuitos de retificação e filtragem de saída são iguais ao Push-Pull e meia ponte, o que fornece funcionamento semelhante aos dois igual ao conversor Buck. Na Figura 2.10 vemos o seu circuito e algumas formas de ondas.

Como já dissemos, o chaveamento do transformador é realizado por quatro transistores (T1, T2, T3 e T4), que transferem a tensão de entrada para o secundário do transformador e cuja relação de espiras e largura de pulsos definem a tensão de saída Vs. Quando T1 e T4 saturam, T2 e T3 devem permanecer cortados. Existe um tempo morto no qual todos os transistores permanecem cortados e posteriormente T2 e T3 conduzem, terminando um período de chaveamento Ts. Durante o tempo morto, a tensão nos enrolamentos do transformador é zero (os dois diodos estão conduzindo corrente). A magnetização e a desmagnetização acontecem a cada período Ts com a condução de cada par de transistores. Existe a possibilidade de desbalanceamento do transformador e o meio de compensar os descasamentos entre transistores é colocar um capacitor em série com o primário do transformador.

As equações para cálculo de Vs, L1 e C1 são idênticas às do conversor Push-Pull, não sendo, portanto, necessário repeti-las neste caso.

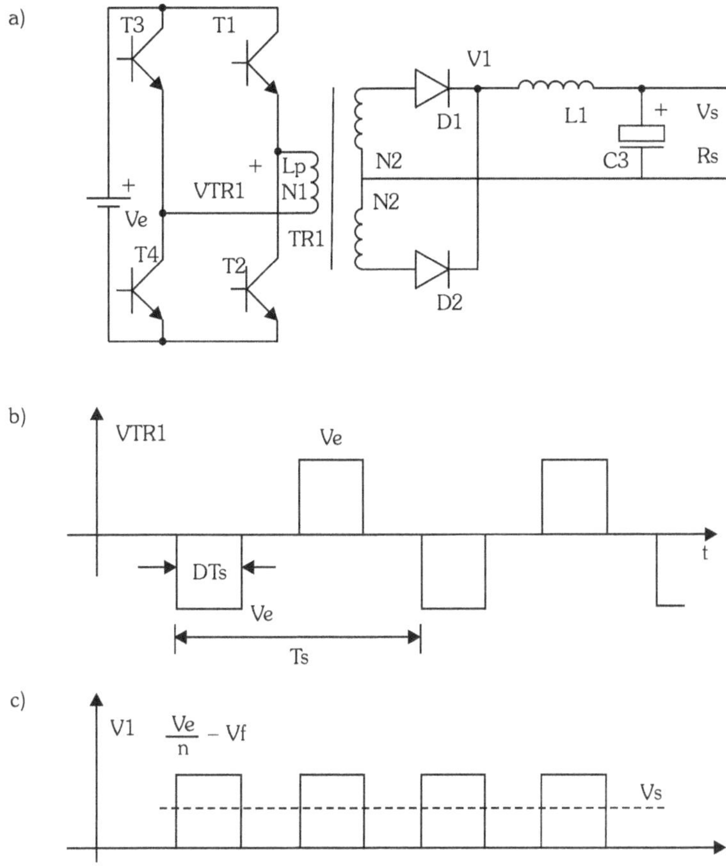

Figura 2.10 - Conversor ponte completa.

2.2 Conversor Boost

Esse tipo de conversor é usado quando se deseja uma tensão de saída maior que a tensão de entrada. A tensão de saída possui mesma polaridade que a tensão de entrada. O ruído gerado para a saída é alto, pois pulsos de corrente são fornecidos a cada período Ts para o capacitor de saída C1. O ruído gerado para a entrada é baixo porque o indutor L1, diretamente ligado na tensão de entrada, mantém a variação de corrente de entrada sem pulsos. Vemos na Figura 2.11 o circuito e algumas formas de ondas do conversor Boost.

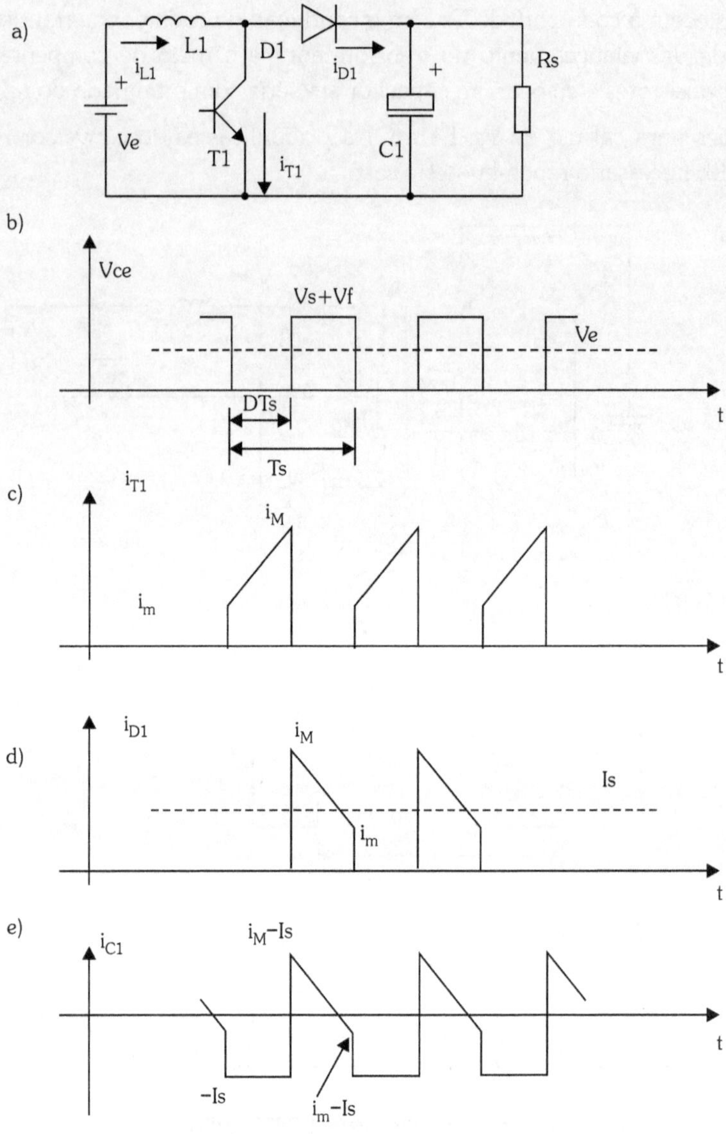

Figura 2.11 - Conversor Boost.

O circuito funciona da seguinte maneira: quando o transistor T1 satura, uma corrente circula pelo indutor L1. Essa corrente representa a energia que deve ser entregue à carga Rs. Neste momento, o diodo fica inversamente polarizado, não fornecendo corrente à carga. Quando o transistor corta, o diodo D1 conduz a corrente do indutor L1 e assim, a energia armazenada no indutor é transferida para a carga Rs e ao capacitor C1. Essa corrente deve ser capaz de repor a carga perdida pelo capacitor durante a condução do transistor e manter a corrente Is na saída. Durante a condução do transistor, o capacitor fornece a corrente à carga Rs e deve manter a tensão de saída sem grandes variações; caso contrário, a ondulação de tensão na saída será alta.

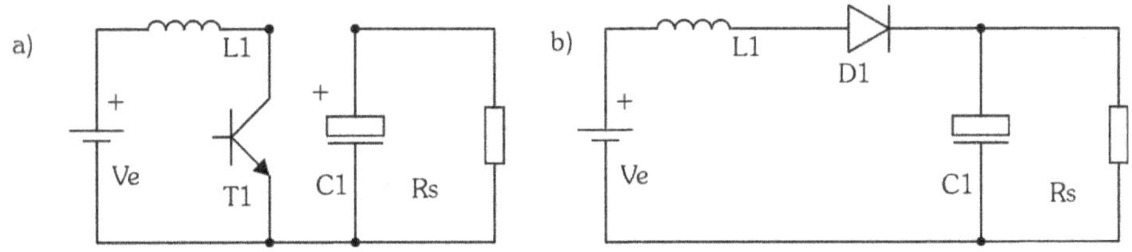

Figura 2.12 - Conversor Boost
a) condução do transistor, b) condução do diodo.

Quando o transistor T1 satura, a tensão de entrada é colocada diretamente nos terminais do indutor L1 e durante o corte, a tensão em L1 é a diferença entre a tensão de saída Vs e a tensão de entrada. Sendo assim, com o conversor funcionando no modo contínuo de corrente, podemos escrever que:

$$Ve = L1\frac{i_M - i_m}{DTs}$$
$$Vs - Ve = L1\frac{i_M - i_m}{(1-D)Ts} \qquad \text{Eq. 2.52}$$

Eliminando as correntes na Equação 2.52, temos:

$$Vs = \frac{Ve}{1-D} \qquad \text{Eq. 2.53}$$

A largura de pulso deve variar conforme a Equação 2.53 para que a tensão de saída se mantenha regulada contra variações em Ve. Mais uma vez notamos que no modo contínuo de corrente, a tensão de saída independe da corrente de saída Is. A corrente de saída é igual ao valor médio da corrente que passa por D1, pois o capacitor não dissipa potência e temos:

$$Is = \frac{(1-D)(i_M + i_m)}{2} \qquad \text{Eq. 2.54}$$

Resolvendo 2.52 e 2.54 para as correntes, temos

$$i_M = \frac{Is}{1-D} + \frac{D\,Ve}{2\,L1\,Fs}$$
$$i_m = \frac{Is}{1-D} - \frac{D\,Ve}{2\,L1\,Fs} \qquad \text{Eq. 2.55}$$

O limite entre modo contínuo e modo descontínuo pode ser calculado fazendo i_m igual a zero e Is = Ismin na Equação 2.55 e encontramos:

$$Ismin = \frac{D\,(1-D)\,Ve}{2\,L1\,Fs} \qquad \text{Eq. 2.56}$$

O valor do capacitor de saída pode ser calculado pela carga perdida pelo capacitor durante a condução do transistor e é dada por:

$$\Delta Q = D\ Ts\ Is$$

$$\Delta Vc = \frac{\Delta Q}{C1} \qquad \text{Eq. 2.57}$$

$$C1 \geq \frac{DIs}{\Delta Vc\ Fs} \qquad \text{Eq. 2.58}$$

A Equação 2.58 permite calcular o valor da capacitância necessária para manter a ondulação ΔVc dentro de limites especificados.

Para calcular a tensão de saída com o conversor funcionando no modo descontínuo, vamos fazer i_m igual a zero nas Equações 2.52 e 2.54 e substituindo 1-D por D1 (já que no modo descontínuo existe um tempo morto onde nem o transistor nem o diodo estarão conduzindo) e eliminando D1 e i_M e como Vs = Is.Rs, obtemos:

$$Vs^2 - Ve\,Vs - \frac{D^2\ Ve^2\ Rs}{2\ L1\ Fs} = 0$$

Resolvendo para Vs:

$$Vs = \frac{Ve}{2}\left(1 + \sqrt{1 + \frac{2D^2\ Rs}{L1\ Fs}}\right) \qquad \text{Eq. 2.59}$$

Podemos calcular também os valores de D e D1 por (utilize as mesmas Equações 2.52 e 2.54):

$$D = \frac{1}{Ve}\sqrt{2\ L1\ Fs\ Is\ (Vs - Ve)}$$

$$D1 = \frac{2\ L1\ Fs\ Is}{D\ Ve} \qquad \text{Eq. 2.60}$$

Pela Equação 2.59 vemos mais uma vez a variação da tensão de saída Vs com a tensão de entrada Ve e com a corrente de saída Is (Rs). A largura de pulso D deve variar de modo a compensar essas variações, se quisermos tensão constante na saída.

O dimensionamento do transistor e diodo quanto à tensão pode ser facilmente verificado e temos Vcemax = Vs+Vf e a tensão reversa máxima no diodo é Vrrmax = Vs. As correntes no transistor e diodos são calculadas por meio de i_m e i_M conforme a Equação 2.55.

Exemplo 2.4

Calcule os componentes do conversor da Figura 2.11a, supondo funcionamento no modo descontínuo de corrente. São dados:

Fs = 20 kHz	Vs = 24 volts	Ismax = 2 amperes
Ismin = 0.2 amperes	Vemax = 15 volts	Vemin = 9 volts
Vf = 0,5 Volts	Vcesat = 0	

Solução

Vamos, inicialmente, definir a largura de pulso para o modo descontínuo. A largura de pulso é máxima quando a corrente de saída for máxima e a tensão de entrada for mínima. Não podemos usar a Equação 2.59 porque não conhecemos o valor de L1. Sabemos que no limite entre o modo contínuo e o modo descontínuo a corrente $i_m = 0$, e o tempo morto deve ser também zero quando Ve for mínima. Aplicando a Equação 2.53 para Ve = 9 V e Vs = 24 V, temos (Vf = 0,5):

$$Dmax = 0{,}63265$$

Agora podemos utilizar a Equação 2.49 para calcular L1 e encontramos:

$$L1 = 26{,}016 \text{ uH}$$

A largura de pulso mínima pode ser calculada para Ve = 15 V e Is = 0,2 amperes (Rs = Vs/Is) e encontramos:

$$Dmin = 0{,}0929$$

O capacitor pode ser calculado pela Equação 2.48 e temos:

$$C1 = 3163 \text{ uF}$$

Observação: Não estamos preocupados com o valor comercial dos componentes.

2.3 Conversor Buck-Boost

Esse conversor inverte a polaridade da tensão de saída em relação à da tensão de entrada e permite tanto tensões de saída menor quanto maior que a tensão de entrada (em módulo). O ruído gerado tanto para a saída quanto para a entrada são altos devido à forma pulsante das correntes na tensão de entrada e capacitor de saída. Na Figura 2.13, podemos ver seu circuito e algumas formas de ondas.

O conversor funciona da seguinte maneira: vamos desprezar Vf e Vcesat para simplificação das equações, e vamos supor estado estável de corrente na saída e tensão de entrada. Durante a condução do transistor, o diodo fica inversamente polarizado, portanto não conduz corrente. Neste instante, a tensão aplicada ao indutor é igual à tensão de entrada Ve.

Supondo que durante o período de condução do transistor a variação de corrente no indutor seja $i_M - i_m$ e a largura de pulso seja D, teremos:

$$Ve = L1 \frac{i_M - i_m}{D\ Ts} \qquad \text{Eq. 2.61}$$

Quando o transistor entra no corte, o diodo passa à condução da corrente do indutor e a tensão no indutor é agora a tensão de saída Vs e podemos escrever:

$$Vs = L1 \frac{i_M - i_m}{(1 - D)\ Ts} \qquad \text{Eq. 2.62}$$

Nas Equações 2.61 e 2.62, estamos supondo que o conversor funciona no modo contínuo de corrente. Eliminando as correntes dessas duas equações, temos:

$$Vs = \frac{D}{1 - D} Ve \qquad \text{Eq. 2.63}$$

Pela Equação 2.63 vemos que, mais uma vez, no modo contínuo a tensão de saída Vs não depende da corrente de saída Is. A tensão Vs é negativa e já foi levada em consideração no cálculo da Equação 2.63. Podemos notar, também, que a tensão Vs pode ser maior que Ve se a largura de pulso D for maior que 0,5.

A corrente fornecida pelo indutor à carga é igual à corrente média que passa pelo diodo, assim:

$$Is = \frac{1}{Ts} \int_0^{Ts} i_{D1}(t)dt$$

e obtemos

$$Is = \frac{(1 - D)(i_M + i_m)}{2} \qquad \text{Eq. 2.64}$$

Com as Equações 2.61, 2.62 e 2.64 podemos calcular as correntes e obtemos:

$$i_M = \frac{Is}{1 - D} + \frac{D\ Ve}{2\ L1\ Fs}$$

$$i_m = \frac{Is}{1 - D} - \frac{D\ Ve}{2\ L1\ Fs} \qquad \text{Eq. 2.65}$$

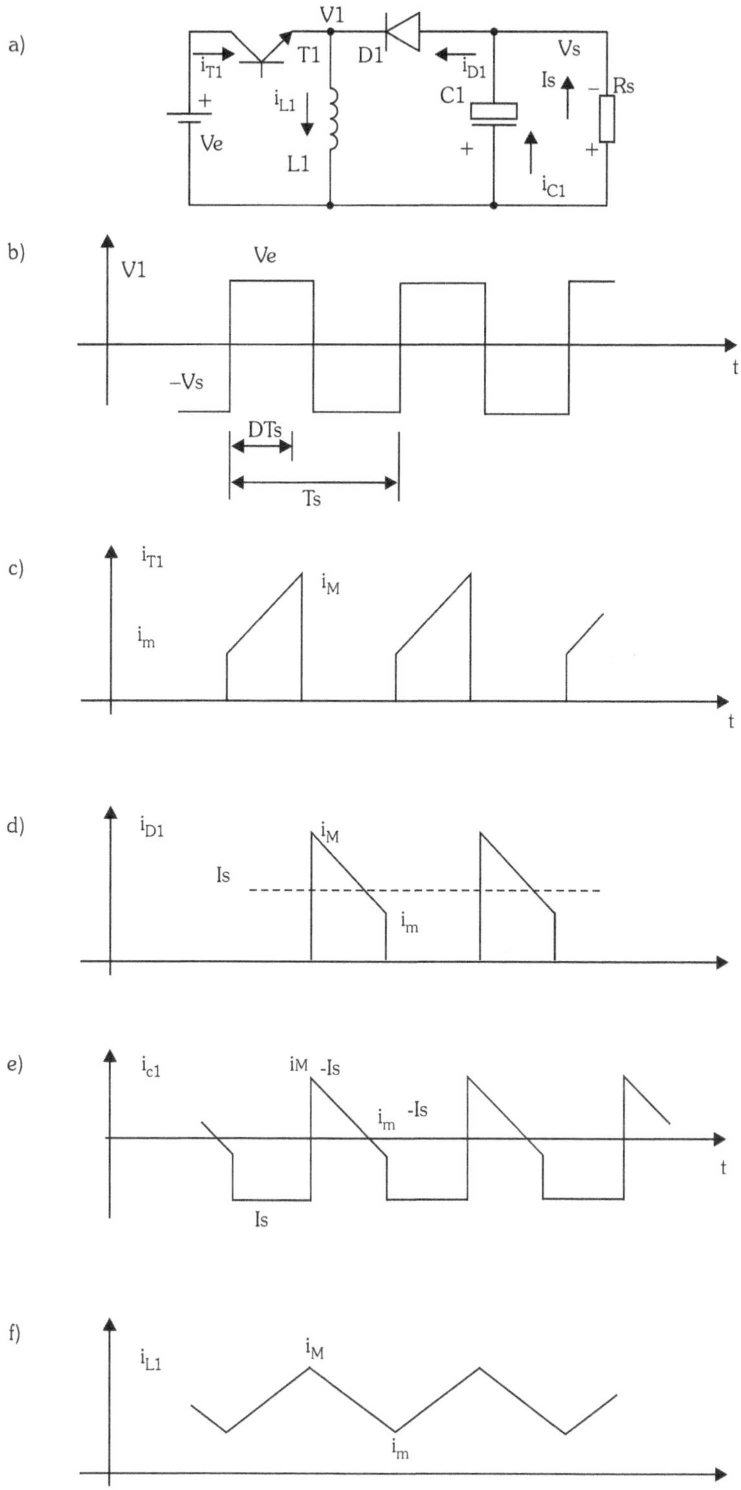

Figura 2.13 - Conversor Buck-Boost.

Com essas correntes podemos dimensionar o transistor e o diodo. A tensão máxima no transistor e no diodo é Vemax+Vs.

A corrente mínima para manter o modo contínuo de corrente pode ser calculada fazendo $i_m = 0$ na Equação 2.65 e encontramos:

$$Ismin = \frac{D\ (1-D)\ Ve}{2\ L1\ Fs} \qquad \text{Eq. 2.66}$$

A Equação 2.66 serve para calcular o valor da indutância de L1 para uma dada corrente mínima Ismin. O pior caso é quando a tensão de entrada for máxima.

O princípio de funcionamento do conversor Buck-Boost baseia-se no armazenamento de energia no indutor de tal modo que essa energia mantém a potência de saída para cada ciclo. No modo descontínuo de corrente, devemos notar que o indutor armazena uma energia durante Ton que é entregue totalmente para a saída no período Toff e podemos escrever que:

$$E = \frac{Ps}{Fs} \qquad \text{Eq. 2.67}$$

sendo E = energia armazenada no indutor

Ps = potência de saída (Vs.Is)

Fs = frequência de chaveamento

Durante o período de condução do transistor, o indutor armazena uma energia que é dada por:

$$E = \frac{1}{2} L1\ i_M^2 \qquad \text{Eq. 2.68}$$

Igualando-se as energias nas Equações 2.67 e 2.68, obtemos:

$$i_M = \sqrt{\frac{2\ Ps}{L1\ Fs}} \qquad \text{Eq. 2.69}$$

Eliminando i_M nas Equações 2.61 e 2.69 e lembrando que $i_m = 0$, obtemos:

$$L1 = \frac{D^2 Ve^2}{2\ Ps\ Fs} \qquad \text{Eq. 2.70}$$

Substituindo Ps por Vs^2 / Rs, encontramos:

$$Vs = D\ Ve \sqrt{\frac{Rs}{2\ L1\ Fs}} \qquad \text{Eq. 2.71}$$

A Equação 2.71 mostra a dependência da tensão de saída com a tensão de entrada e a corrente na saída (Rs). Com a Equação 2.70 podemos calcular o indutor L1 usando as condições limites para o modo descontínuo que são Vemin, Dmax e Psmax. No limite entre os modos contínuo e descontínuo, quando a largura de pulso for máxima, a tensão de entrada será mínima. Como nesta condição a corrente $i_m = 0$ e não existe tempo morto, temos:

$$Dmax = \frac{Vs}{Vemin + Vs} \qquad \text{Eq. 2.72}$$

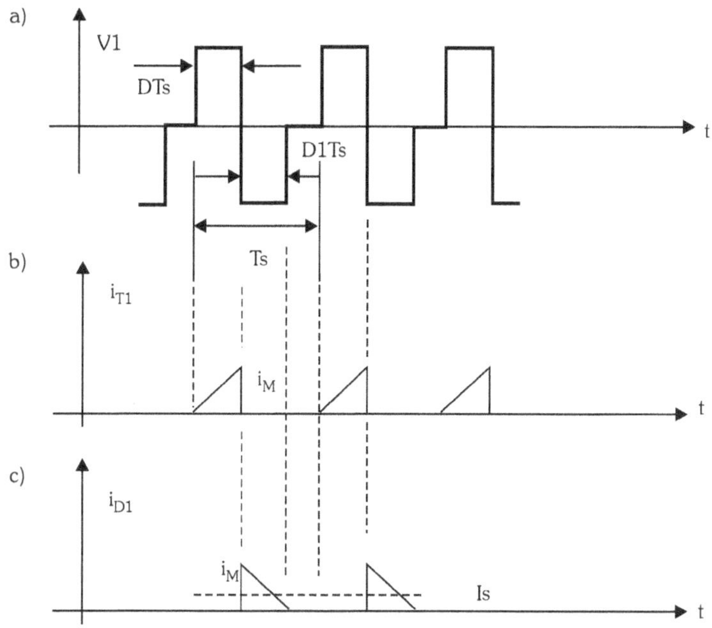

Figura 2.14 - Formas de onda do conversor Buck-Boost no modo descontínuo de corrente.

A largura de pulso de condução do diodo D1.Ts é o tempo em que a corrente no indutor se descarrega (desde i_M) e temos:

$$Vs = L1 \frac{i_M}{D1\ Ts}$$

substituindo i_M pela Equação 2.69

$$D1 = \sqrt{\frac{2\ L1\ Fs}{Rs}} \qquad \text{Eq. 2.73}$$

O cálculo da capacitância de C1 é idêntico ao do capacitor de saída do conversor Boost e é dado pela Equação 2.58 que repetiremos em seguida:

$$C1 \geq \frac{D\ Is}{\Delta Vc\ Fs} \qquad \text{Eq. 2.74}$$

A Equação 2.74 também serve para o modo descontínuo se considerarmos a corrente Is máxima e a largura de pulso D máxima (condição de potência máxima e tensão de entrada mínima sem tempo morto).

Exemplo 2.5

Calcule os componentes do conversor Buck-Boost da Figura 2.13a, sendo dadas as seguintes condições:

Vemax = 15 volts Vemin = 9 volts

Fs = 20 kHz Ismax = 5 amperes

Modo descontínuo de corrente

Vs = 12 volts ΔVc = 20 mvolts

Solução

A largura de pulso máxima é calculada pela Equação 2.72 e obtemos

Dmax = 0.5714

A potência de saída máxima é

Ps = 12.5 = 60 watts

Pela Equação 2.70 calculamos L1 com Ve = 9 V e D = Dmax

L1 = 11,02 uH

O capacitor é calculado por 2.74 e encontramos

C1 = 7142 uF

O pico máximo de corrente no transistor é (Equação 2.69)

i_M = 23,33 amperes

A tensão máxima tanto no diodo quanto no transistor é

Vmax = 50 + 12 = 27 volts

2.3.1 Conversor Flyback

O Flyback é um conversor Buck-Boost com um transformador no lugar do indutor. Na realidade, o transformador funciona como um indutor que possui um enrolamento secundário que pode transferir para a carga na saída, a energia armazenada no núcleo pelo enrolamento primário, durante a condução do transistor. O funcionamento é semelhante ao do conversor Buck-Boost. Para obtermos várias saídas, é só colocarmos outros enrolamentos secundários. Na Figura 2.15, vemos o circuito do conversor Flyback para o modo contínuo de corrente. Note a fase do transformador. Quando o transistor está na saturação, o diodo estará cortado e vice-versa.

Quando o transistor T1 satura, a corrente no indutor do primário do transformador (Lp) aumenta de i_m até i_M com inclinação Ve/Lp. Podemos escrever que:

$$Ve = Lp\frac{i_M - i_m}{D\ Ts} \qquad \text{Eq. 2.75}$$

Quando o transistor entra no corte, a energia armazenada no núcleo do transformador Ep (no instante do corte) é igual à energia entregue na saída (Es) pelo enrolamento secundário do transformador, durante a condução do diodo, assim:

$$Ep = Es$$

Sendo
$$Ep = \frac{1}{2} Lp i_M^2 \qquad \text{Eq. 2.76}$$

$$Es = \frac{1}{2} Ls i_D^2$$

Igualando as equações, obtemos ($Lp/Ls = n^2$ ou $Np/Ns = n$):

$$i_D = n i_m \qquad \text{Eq. 2.77}$$

Estamos supondo eficiência de 100% para facilitar os cálculos.

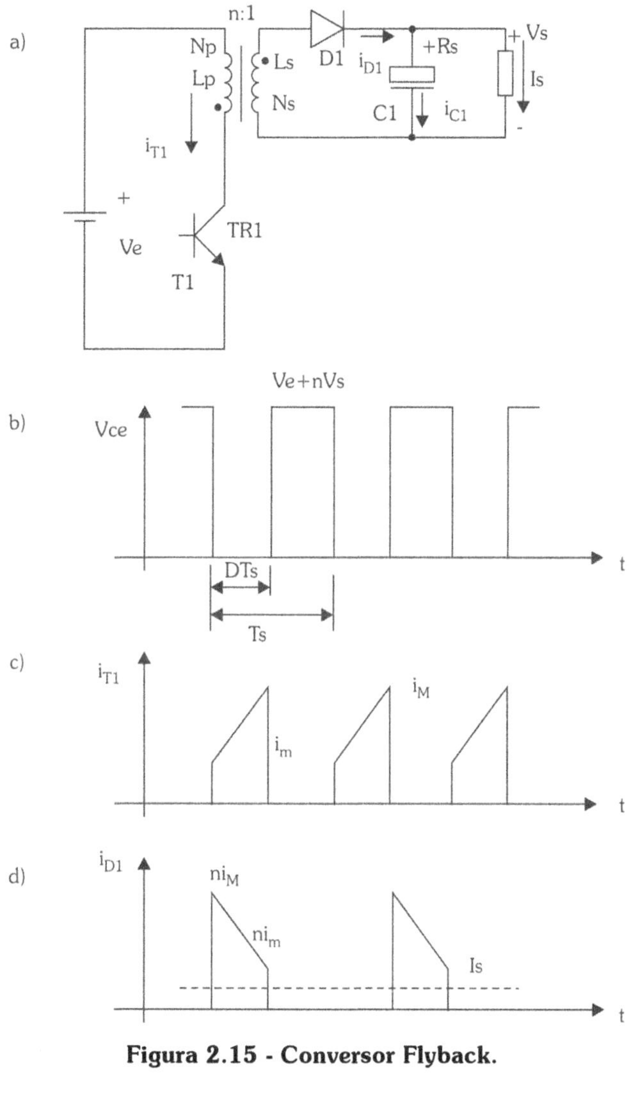

Figura 2.15 - Conversor Flyback.

Durante a condução do diodo, a corrente decresce de n i_M até n i_m com inclinação –Vs/Ls. Sendo assim, podemos escrever que:

$$Vs = Ls\frac{n\,(i_M - i_m)}{(1-D)\,Ts} \qquad \text{Eq. 2.78}$$

Cancelando as correntes nas Equações 2.75 e 2.78, obtemos:

$$Vs = \frac{D\,Ve}{(1-D)\,n} \qquad \text{Eq. 2.79}$$

A relação de espiras n entre primário e secundário serve para adequar a largura de pulso D às variações da tensão de entrada Ve.

A corrente fornecida pelo transformador à carga é igual à corrente média que passa pelo diodo e pode ser calculada por:

$$Is = \frac{n\,(1-D)\,(i_M + i_m)}{2} \qquad \text{Eq. 2.80}$$

Resolvendo as Equações 2.75 e 2.80 para i_m e i_M, temos:

$$\begin{aligned} i_M &= \frac{Is}{n\,(1-D)} + \frac{D\,Ve}{2\,Lp\,Fs} \\ i_m &= \frac{Is}{n\,(1-D)} - \frac{D\,Ve}{2\,Lp\,Fs} \end{aligned} \qquad \text{Eq. 2.81}$$

Com essas equações podemos dimensionar o diodo e o transistor. O limite entre os modos contínuo e descontínuo se dá quando $i_m = 0$, e pela Equação 2.81 obtemos:

$$Ismin = \frac{n\,Dmin\,(1-Dmin)\,Vemax}{2\,Lp\,Fs} \qquad \text{Eq. 2.82}$$

O capacitor C1 pode ser calculado da mesma maneira como no caso do conversor Buck-Boost e somente reescrevemos a equação:

$$C1 \geq \frac{DIs}{\Delta V_C\,Fs} \qquad \text{Eq. 2.83}$$

O conversor Flyback pode funcionar no modo descontínuo de corrente e nesse caso, a energia armazenada no núcleo do transformador é totalmente transferida para a saída, durante um período Ts. No modo descontínuo, temos $i_m = 0$ e sendo D1Ts o intervalo de tempo em que se dá a condução do diodo, temos:

$$Ve = Lp\frac{i_M}{D\,Ts}$$

$$Vs = Ls\frac{n\,i_M}{D1\,Ts} \qquad \text{Eq. 2.84}$$

$$Is = D1\frac{n\,i_M}{2}$$

Eliminando i_M e D1 das Equações 2.84, temos (Vs = Is.Rs):

$$Vs = D\ Ve\sqrt{\frac{Rs}{2\ Lp\ Fs}} \qquad \text{Eq. 2.85}$$

Essa equação pode ser reescrita de uma outra forma para que possamos calcular a indutância Lp, e teremos (Ps = Vs.Is):

$$Lp = \frac{D^2 Ve^2}{2\ Fs\ Ps} \qquad \text{Eq. 2.86}$$

Calculando i_M e D1, obtemos:

$$i_M = \sqrt{\frac{2Ps}{LpFs}}$$

$$D1 = \frac{2Is}{n}\sqrt{\frac{LpFs}{2Ps}} \qquad \text{Eq. 2.87}$$

Quando o conversor Flyback tiver mais de uma saída, as equações permanecem válidas e devemos usar a potência Ps, nas equações anteriores, como a soma das potências das saídas individuais. O ângulo D1 em cada saída será dependente da carga de cada saída. O acoplamento entre os enrolamentos primários deve ser levado em conta para cálculo de D1.

Exemplo 2.6

Calcule um conversor Flyback no modo descontínuo com as seguintes características:

Vemax = 200 volts	Vemin = 100 volts	Vs = 5 volts
Ismax = 5 amperes	Ismin = 0,1 amperes	Dmax = 0,5
Fs = 40 kHz	Vc1 = 20 mvolts	

Solução

Pela Equação 2.86 com D = 0,5, Ve = 100 e Ps = 25 encontramos

Lp = 1,25 mH

Com a Equação 2.83 calculamos o capacitor C1 e

C1 = 31,25 mF

Vemos que esse valor de capacitância é extremamente alto e o procedimento normal é aceitar uma ondulação maior, de modo a diminuir o valor do capacitor, e colocar um circuito LC como filtragem na saída. O parâmetro mais usado para calcular a capacitância de saída é a corrente RMS máxima que o capacitor pode suportar. Na prática pode ser necessário colocar capacitores em paralelo.

A corrente de pico i_M no transistor é $i_M = 1$ ampere

A relação de espiras n pode ser calculada pela Equação 2.79, que é válida no limite entre os modos contínuo e descontínuo, com tempo morto igual a zero e com D = Dmax e Ve = Vemin.

$$n = 20$$

A corrente de pico no diodo é então ($i_{DM} = n\ i_M$)

$$i_{DM} = 20 \text{ ampere}$$

2.3.2 Conversão CUK, ZETA e SEPIC

Até agora vimos conversores com dois elementos de armazenamento de energia. O capacitor, que foi utilizado como filtragem de saída do conversor e o indutor, que é o responsável pela transferência de energia da tensão de entrada para tensão de saída. Agora, vamos ver três tipos de conversores com quatro elementos, sendo dois capacitores e dois indutores. Um dos capacitores será usado como elemento de transferência de energia.

2.4 Conversor CUK

O conversor CUK, assim chamado em homenagem a seu inventor Dr. Slobodan CUK, é a conversão CC/CC que possui melhores características com relação a ruído emitido pelo conversor tanto para a fonte de tensão de entrada quanto para a saída. Nos conversores vistos até agora, existem sempre pulsos de corrente ou na saída ou na entrada do conversor. No caso do Buck, os pulsos de corrente estão na entrada, pois o transistor comuta diretamente a tensão de entrada no indutor. A saída possui baixo ruído devido à característica não pulsante da corrente no indutor. Já no Boost, os pulsos de corrente estão na saída, pois o indutor mantém a corrente de saída mandando pulsos de corrente para o capacitor de saída. O ruído na entrada é baixo devido à corrente contínua do indutor. No CUK, devido aos dois indutores, um na entrada e outro na saída, a ondulação tanto na entrada quanto na saída é baixa, pois as correntes nos indutores são contínuas. Na Figura 2.16 vemos o circuito do conversor CUK e suas formas de onda características.

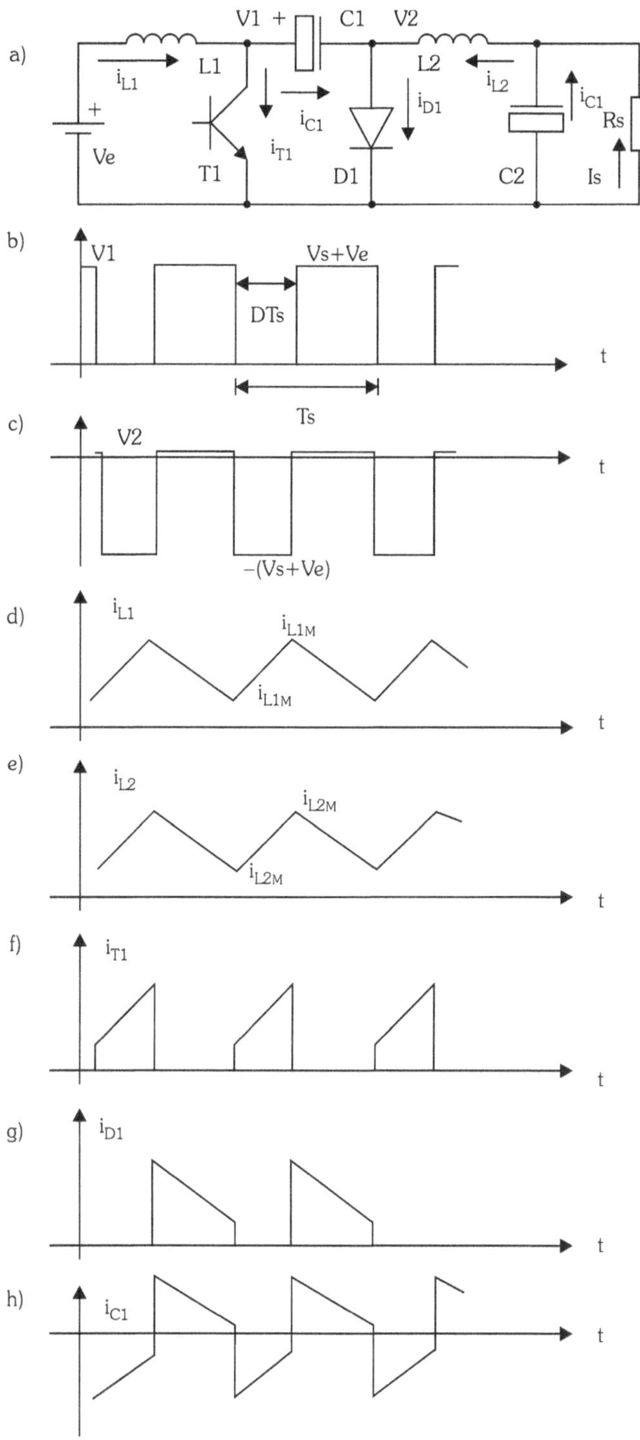

Figura 2.16 a) Esquema elétrico do conversor CUK, b) V1 (Vce), c) V2, d) corrente em L1, e) corrente em L2, f) corrente no transistor, g) corrente no diodo, h) corrente em C1, i_{C1}.

O circuito funciona da seguinte maneira: vamos supor estado estável, ou seja, tanto a tensão de entrada quanto a corrente de saída são constantes. Assim, o capacitor C1 estará carregado com uma tensão que é igual à soma da tensão de saída com a tensão de entrada. Isso pode ser visto mais facilmente se pensarmos que em um indutor o valor médio da tensão é zero. Se substituirmos os indutores por um curto-circuito, veremos então que a tensão no capacitor será Ve+Vs. Essas tensões realmente se somam, pois Vs possui polaridade invertida com relação a Ve. Vamos supor agora que o capacitor C1 é de valor tal que sua tensão não sofre grandes variações durante o período de chaveamento.

Quando o transistor T1 satura, a tensão de C1 é passada para o circuito composto por L2, C2 e Rs. O diodo D1 estará inversamente polarizado, não influindo no circuito, portanto a tensão em L2 será a tensão em C1 menos a tensão de saída Vs, ou seja, Ve. A tensão em L1 será Ve também.

Quando o transistor entra em corte, o diodo D1 passa à condução, pois é o único caminho para as correntes em L1 e L2 (veja o sentido das correntes na Figura 2.16a). Com isso, a tensão em L1 passa a ser a diferença entre a tensão de entrada e a tensão no capacitor C1. A tensão em L2 é igual à tensão de saída (você já deve ter notado que estamos desprezando a queda de tensão no diodo e no transistor para facilitar a análise). Supondo a largura de pulso D durante a condução do transistor, a frequência Fs (= 1/Ts) de chaveamento e tensão Vc1 no capacitor C1, podemos escrever que:

$$D\ Ts\ Ve = (1-D)\ Ts\ (Vc1-Ve) \text{ (para L1)}$$

$$D\ Ts\ (Vc1-Vs) = (1-D)\ Ts\ Vs \text{ (para L2)}$$

Eliminando Vc1, temos:

$$Vs = \frac{D}{1-D} Ve \qquad \text{Eq. 2.88}$$

Eliminando D, temos:

$$Vc1 = Ve + Vs \qquad \text{Eq. 2.89}$$

Na Equação 2.88, não aparece o sinal negativo porque já levamos em consideração a inversão de polaridade da tensão de saída nas equações para L1 e L2.

Nos conversores vistos até agora, o modo descontínuo de corrente começaria quando a corrente no indutor fosse zero. O diodo não conduzia corrente até que começasse novo período. Existiam três momentos distintos, sendo a condução do transistor, a condução do diodo e o instante em que nem o transistor nem o diodo conduziam. No conversor CUK, o modo descontínuo também possui três períodos distintos, mas com uma pequena diferença: quando o transistor e o diodo não estão conduzindo, as correntes nos indutores não são necessariamente iguais a zero (veremos que este é um caso particular). O início do modo descontínuo se dá quando a corrente no diodo e transistor é zero e a soma das correntes nos indutores L1 e L2 também é zero. Vendo a Figura 2.16a, notamos que a corrente no diodo é a soma das correntes nos indutores L1 e L2, e para que sua soma resulte zero, é necessário que uma delas seja de valor negativo.

Vamos chamar de i_{L1} a corrente em L1 e i_{L2} a corrente em L2. Durante a condução de T1, podemos dizer que:

$$Ve = L1\frac{i_{L1M} - i_{L1m}}{DTs}$$
$$Ve = L2\frac{i_{L2M} - i_{L2m}}{DTs} \qquad \text{Eq. 2.90}$$

A tensão em L2 também é igual a Ve, pois como o capacitor C1 está carregado com Ve + Vs, a tensão em L2 fica sendo Ve + Vs − Vs = Ve. Esta é uma característica do conversor CUK, as tensões nos indutores são iguais em qualquer instante. Durante a condução do diodo, a tensão nos indutores é igual a Vs.

Essa característica permite colocar os dois indutores em um mesmo núcleo de ferrite. No limite do modo contínuo, temos $i_{L1_m} = -i_{L2_m} = I$, sendo I o valor da corrente residual ainda por determinar, Figura 2.17. A corrente CC na entrada vamos chamar de Ie e a corrente CC na saída vamos chamar de Is. Podemos relacionar as correntes nos indutores no modo descontínuo com as correntes de entrada e saída por:

$$Ie = \frac{D\,Ve}{2\,L1\,Fs}(D + D1) + I$$
$$Is = \frac{D\,Ve}{2\,L2\,Fs}(D + D1) - I \qquad \text{Eq. 2.91}$$

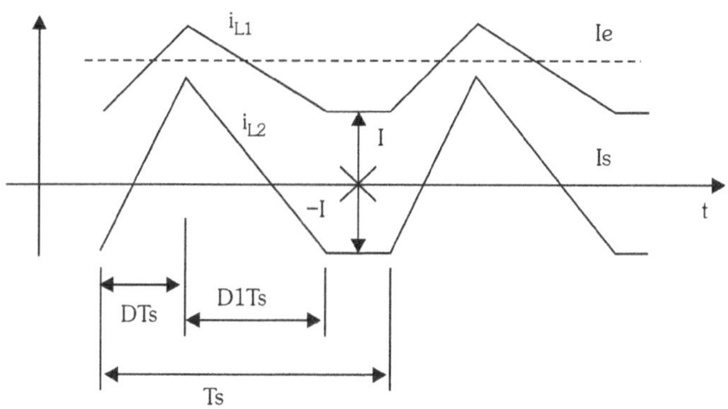

Figura 2.17 - Corrente nos indutores no modo descontínuo de corrente em um conversor CUK.

Para calcular a relação entre Vs e Ve no modo descontínuo, devemos notar que a tensão nos indutores é igual a zero durante o período em que nem o diodo nem o transistor conduzem. Assim, usando a Equação 2.91 e lembrando que Pe = Ps, ou seja, Ve.Ie = Vs.Is, temos:

$$Ie - \frac{D\;Ve}{2\;L1\;Fs}(D + D1) = -Is + \frac{D\;Ve}{2\;L2\;Fs}(D + D1)$$

$$Ie + Is = \frac{D\;Ve}{2\;Fs}\left[\frac{1}{L1} + \frac{1}{L2}\right](D + D1)$$

Fazendo $\frac{1}{Le} = \frac{1}{L1} + \frac{1}{L2}$ temos;

$$Ie + Is = \frac{D\ Ve}{2\ Le\ Fs}(D + D1)$$

Como $Ie = \frac{D}{D1} Is$, eliminando Ie

$$D1 = \frac{2\ Le\ Fs\ Is}{D\ Ve}$$

Substituindo D1 em $Vs = \frac{D}{D1} Ve$ e como $Is = \frac{Vs}{Rs}$

$$Vs = D\ Ve \sqrt{\frac{Rs}{2\ Le\ Fs}} \qquad \text{Eq. 2.92}$$

Le pode ser visto como o indutor equivalente aos dois indutores em paralelo (L1 e L2).

Sendo $i_{L1m} = I$ e $i_{L2m} = -I$ (no limite do modo contínuo) e resolvendo as Equações 2.90 e 2.91 com respeito à I e Is (Is é, no caso, a corrente mínima na saída) e lembrando que Vs.Is = Ve.Ie, temos (supondo eficiência 100%):

$$I = \frac{M\ L1 - L2}{L1 + L2} Ismin$$

$$\text{Sendo } M = \frac{D}{1 - D} \qquad \text{Eq. 2.93}$$

Pela Equação 2.93 podemos ver que as correntes nos indutores só serão zero, no limite do modo descontínuo, se M L1 = L2. Como M depende da tensão de entrada, e esta, normalmente, varia entre dois limites bem definidos para um projeto, I só será zero em um ponto determinado de operação. Resolvendo as equações para Is, temos:

$$Ismin = \frac{D\ (1 - D)\ Ve}{2\ (L1//L2)\ Fs} \qquad \text{Eq. 2.94}$$

A Equação 2.94 permite calcular L1//L2 (L1 em paralelo com L2, ou seja, Le), sendo dada a corrente mínima Ismin. L1 e L2 são normalmente escolhidos de mesmo valor, ou seja, L1 = L2 (isso significa que há liberdade na escolha de L1 ou L2) e devem ser calculados para Ve máximo e D mínimo. Se preferir, pode especificar a corrente I para um certo ponto de operação e com as Equações 2.93 e 2.94, resolvê-las para L1 e L2. As correntes máximas nos indutores são dadas por:

$$i_{L1m} = Ie + \frac{D\ Ve}{2\ L1\ Fs}$$

$$i_{L2m} = Is + \frac{D\ Ve}{2\ L2\ Fs} \qquad \text{Eq. 2.95}$$

As correntes mínimas são dadas por:

$$i_{L1m} = Ie - \frac{D\ Ve}{2\ L1\ Fs}$$

$$i_{L2_m} = Is - \frac{D\ Ve}{2\ L2\ Fs}$$ Eq. 2.96

Como já dissemos, a corrente no diodo é a soma das correntes dos indutores. No transistor, a corrente também é a soma das correntes dos indutores, pois quando está saturado, a corrente que passa pelo capacitor C1 é a mesma do indutor L2. O capacitor C2 de saída pode ser calculado da mesma maneira como se calcula o capacitor de saída em um conversor Buck, Equação 2.14, sendo a tensão Ve substituída por Vc1 = Vs+Ve.

O capacitor C1 deve ser calculado levando-se em conta que, durante a condução do transistor (Ton), por ele passa a corrente de saída e, durante a condução do diodo (Toff), por ele passa a corrente de entrada. Como a sua tensão CC é constante durante o período Ts de chaveamento, a carga no capacitor recebida e transferida é zero. Durante o Ton, C1 fornece a energia para a saída e durante Toff recebe de volta a mesma quantidade de carga. É por isso que conversores como o CUK são conhecidos como tendo transferência capacitiva de energia. A corrente média em C1 é zero, mas a corrente rms é normalmente de valor elevado e deve sempre ser levado em conta na escolha de C1. A corrente rms pode ser calculada por:

$$Ic1ms = \sqrt{Ia + Ib}$$ Eq. 2.97

sendo

$$Ia = \sqrt{\frac{D\ (i_{L1M} - i_{L1m})^2}{3}} + D i_{L1_m}\ i_{L1M}$$

$$Ib = \sqrt{\frac{D\ (i_{L2M} - i_{L2_m})^2}{3}} + D i_{L2_m}\ i_{L2M}$$

O valor de C1 pode ser calculado levando-se em conta sua variação de tensão devido às correntes durante Ton e Toff. A variação de tensão durante Ton é:

$$\Delta Vc1 = Q / C1$$

A carga é dada por:

$$Q = \frac{D\ Is}{Fs}$$

e assim temos:

$$\Delta Vc1 = \frac{D\ Is}{C1\ Fs}$$ Eq. 2.98

A variação de tensão $\Delta Vc1$ deve ser escolhida pelo menos dez vezes menor que a tensão Vc1, para que a suposição inicial de tensão constante em C1 seja verdadeira.

A tensão máxima no transistor é a tensão em Vc1 que é Vs+Ve.

2.4.1 Conversor CUK com Transformador

Os conversores CC/CC são normalmente utilizados com isolação entre tensão de entrada e saída. No conversor CUK, para introduzir um transformador isolador, devemos primeiramente dividir o capacitor C1 em dois, de maneira que possamos colocar um indutor entre esses dois novos capacitores e o ponto comum; veja a Figura 2.18a. Os novos capacitores devem ter o dobro do valor de C1, pois como estão em série, terão o valor de C1 previamente calculado. O novo indutor Lp do transformador deve possuir indutância muito maior que L1 e L2 de modo a não influir em nenhum nível de corrente. Como o valor da tensão média em um indutor é zero, a tensão nos capacitores será igual à tensão de entrada Ve em C1 e tensão de saída Vs em C2; veja a Figura 2.18a. Agora, o indutor pode ser substituído por um transformador, como vemos na Figura 2.18b. A relação de espiras n pode ser calculada pelo valor médio em um dos indutores da seguinte maneira (em um indutor, a tensão média deve ser zero para o equilíbrio CC da corrente): durante o Ton temos D.Ts.Ve (em L1) e durante o Toff temos (1-D).Ts.n.Vs. Sendo o valor médio igual a zero, temos:

$$Vs = \frac{D}{n\,(1-D)}\,Ve \qquad \text{Eq. 2.99}$$

Assim, escolhido um ponto de operação D, Vs e Ve, podemos calcular n. A maneira mais fácil de projetar um conversor CUK com transformador é calculando o conversor sem isolação. Os componentes podem ser refletidos para o secundário do transformador e assim, o cálculo será igual ao do CUK sem transformador; veja a Figura 2.18b. A tensão de saída deve ser feita igual a n.Vs, Equação 2.99.

Na Figura 2.18a e 2.18b, vemos a relação entre os componentes com transformador e sem transformador. Os valores dos componentes refletidos são:

$$\begin{aligned} Vsrefl &= n\,Vs \\ Ce &= 2\,C1 \\ Cs &= 2\,n^2\,C1 \\ Ls &= \frac{L2}{n^2} \end{aligned} \qquad \text{Eq. 2.100}$$

O transformador deve ser calculado levando-se em conta que a densidade do campo magnético B excursiona no 1º e no 3º quadrantes da curva B-H. No conversor CUK, não é necessário impor limitação de largura de pulso para desmagnetização do transformador, como no caso do Forward. Com isso os transformadores podem ser menores. Os capacitores em série com o enrolamento primário e secundário mantém o equilíbrio magnético.

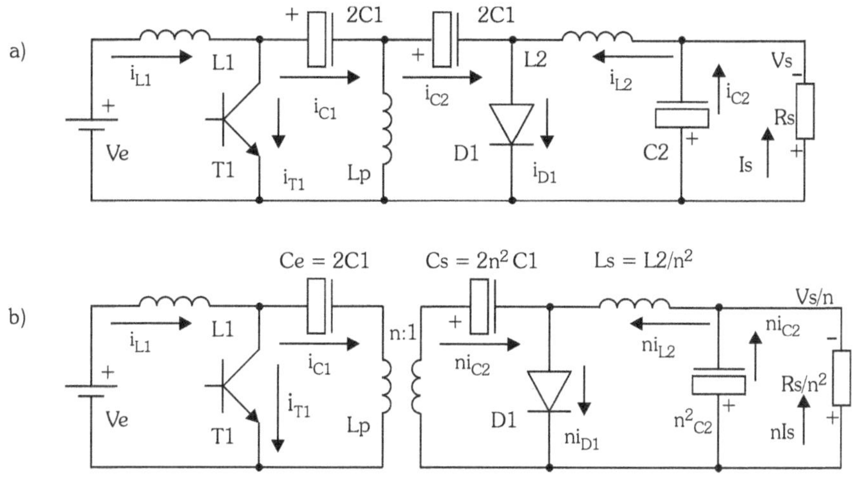

Figura 2.18 - Transformação do conversor CUK para obter isolação entre entrada e saída.

A utilização de um transformador permite obter várias saídas com diferentes níveis de tensão, dependendo apenas da relação de espiras do transformador. Na Figura 2.19, vemos um exemplo com duas saídas. O procedimento deve ser o mesmo; calcular primeiramente o conversor sem isolação e depois fazer as transformações para a relação de espira da saída. Os dois indutores devem ser calculados diretamente conforme a Equação 2.100, utilizando a relação de espira correspondente para cada saída.

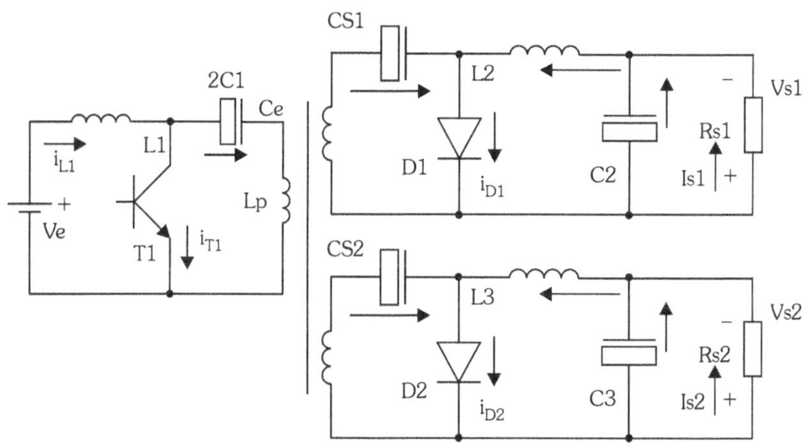

Figura 2.19 - Conversor CUK com mais de uma saída.

Os capacitores devem ser calculados levando-se em consideração que, quando transformados, funcionam como se estivessem em paralelo (no secundário). Mas a capacitância, individualmente, deve ser proporcional à corrente em sua saída.

Exemplo 2.7

Especifique os componentes do conversor da Figura 2.19 supondo que:

Vemax = 60 volts	Vemin = 36 volts	Dmax = 5
Vs1 = 5 volts	Is1max = 5 amperes	Is1min = 0,5 amperes
Vs2 = 15 volts	Is2max = 1 amperes	Is2min = 0,1 amperes
Vf = 0,5 volt	VT = 1 volt	Fs = 100 kHz

Solução

Vamos iniciar com o conversor sem isolação. Para tensão mínima e largura de pulso máxima encontramos a tensão de saída Vs, Equação 2.88.

$$Vs = 36 \text{ volts}$$

A potência total máxima na saída é

$$Ps = P1 + P2 = 5.5 + 15.1 = 40 \text{ watts}$$

A corrente máxima na entrada é (supondo eficiência de 100%)

$$Ie = Ps/Vemin = 1{,}1111 \text{ amperes}$$

A potência mínima na saída é

$$Psmin = 5.0{,}5 + 15.0{,}1 = 4 \text{ watts}$$

A corrente máxima na saída é

$$Ismax = Ps/Vs = 40/36 = 1{,}1111 \text{ amperes}$$

A corrente mínima na saída é

$$Ismin = Psmin/Vs = 0{,}1111 \text{ amperes}$$

A largura de pulso mínima é calculada para Vemax, Equação 2.88, e temos

$$Dmin = 0{,}375$$

Pela Equação 2.94 calculamos L1//L2

$$L1//L2 = 632{,}8 \text{ uH}$$

Supondo os dois indutores iguais, temos

$$L1 = L2 = 1{,}2656 \text{ mH, Figura 2.18a}$$

A tensão máxima em C1 será 60 + 36 = 96 volts.

Vamos supor uma variação de 96/100 = 0,96 volts em C1 e pela Equação 2.98 calculamos C1:

$$C1 = 2{,}77 \text{ uF}$$

Ao dividir C1 para transformação e supondo os dois capacitores iguais, temos Ce = 5,54 uF; veja a Figura 2.18a.

Vamos calcular agora as relações de espiras das duas saídas. Usando a Equação 2.99, temos:

$$n1 = 7{,}2 \quad (36/5 = 7{,}2)$$

$$n2 = 2{,}4 \quad (36/15 = 2{,}4)$$

Os indutores são calculados por (Equação 2.100):

$$L2 = 1265,6/7,2^2 = 24.41 \text{ uH}$$

$$L3 = 1265,6/2,4^2 = 219,7 \text{ uH}$$

Os capacitores Cs1 e Cs2 podem ser calculados por:

$$Cs1 = n1^2 \text{ (P1/Ps) Ce} = 178,2 \text{ uH}$$

$$Cs2 = n2^2 \text{ (P2/Ps) Ce} = 11,88 \text{ uF}$$

Esses capacitores devem ser capazes de conduzir corrente rms da ordem de (Equação 2.97):

ICerms = 1,046 amperes (em Ce)

ICs1rms = 5,002 amperes

ICs2rms = 1 ampere

Esses valores de corrente rms são bem elevados para os valores de capacitância calculados. Notamos também que as correntes rms em cada capacitor são aproximadamente iguais às das correntes CC nas saídas ou entrada à qual está diretamente ligado (para D = 0,5).

Os capacitores C2 e C3 podem ser calculados pela Equação 2.14 e encontramos (para $\Delta Vc = 0,05$):

C2 = 144 uF

C3 = 10 uF

2.5 Conversão ZETA

O circuito do conversor ZETA pode ser visto na Figura 2.20. Nota-se que o transistor está diretamente ligado à entrada, portanto teremos pulsos de corrente para a tensão de entrada (alto ruído). A saída possui L2 conectado diretamente no capacitor de saída, o que significa baixo ruído na saída. Em termos de ruído, o conversor ZETA assemelha-se ao Forward e com a desvantagem de ter mais componentes. Quando se acoplam indutivamente L1 e L2, é possível conseguir ondulação zero na saída e com isso uma certa vantagem sobre o conversor Forward (também é possível no conversor CUK).

a)

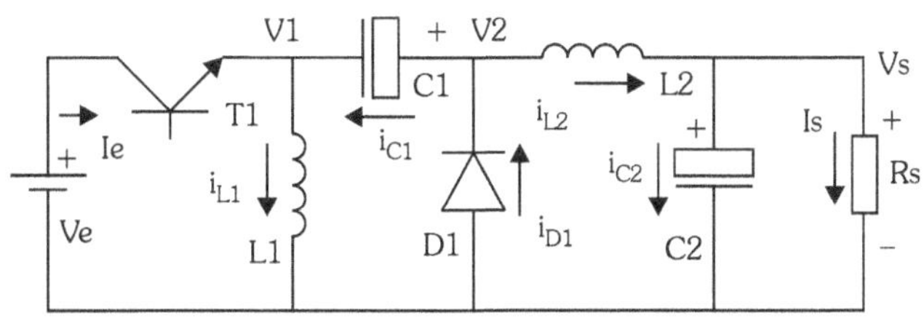

Figura 2.20 - Conversor ZETA no modo contínuo de corrente. (continua)

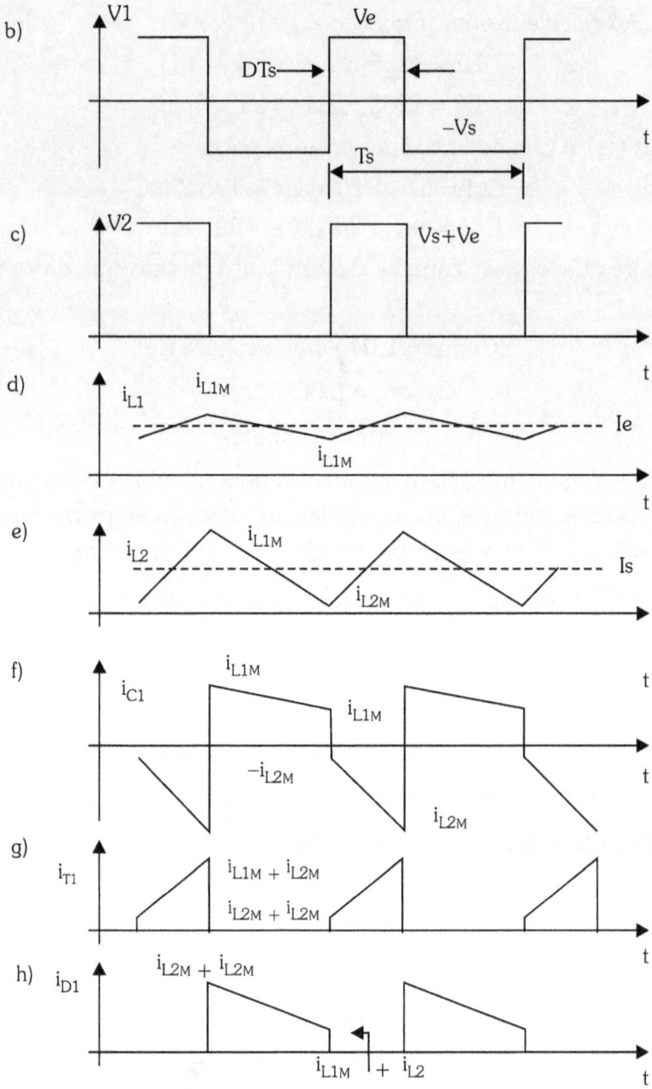

Figura 2.20 - Conversor ZETA no modo contínuo de corrente. (continuação)

O funcionamento é o seguinte: a tensão em C1 pode ser conhecida da mesma maneira como fizemos para o CUK. Coloque os indutores em curto e podemos ver que a tensão em C1 será igual a Vs. Você pode notar que Vs possui a mesma polaridade de Ve, assim, C1 possui a polaridade mostrada na Figura 2.20a. Supondo estado estável, quando o transistor T1 satura, as tensões Ve e Vc1 (tensão em C1) ficam em série e no indutor L2 teremos a tensão Ve (Ve+Vc1–Vs). A tensão Vs só pode ser positiva, porque o diodo D1 impede pulsos negativos. No indutor L1, teremos obviamente a tensão Ve. Quando T1 corta, D1 conduz, e no indutor L1 teremos agora a tensão Vs (Vc1) com a polaridade invertida, Figura 2.20b. No indutor L2, teremos Vs, Figura 2.20c. Para o equilíbrio de tensões nos indutores podemos escrever que:

$$D\ Ts\ Ve = (1-D)\ Ts\ Vc1 \quad \text{(para L1)}$$

$$D\ Ts\ (Ve+Vc1-Vs) = (1-D)\ Ts\ Vs \quad \text{(para L2)}$$

Eliminando Vc1, encontramos

$$\frac{Vs}{Ve}=\frac{D}{1-D} \qquad \text{Eq. 2.101}$$

Eliminando D, encontramos

$$Vc1 = Vs \qquad \text{Eq. 2.102}$$

A análise das correntes nos indutores mostra que o conversor ZETA possui o mesmo funcionamento do conversor CUK. As equações são inclusive iguais. No caso, novamente o limite entre modo descontínuo e contínuo se dá quando a corrente no diodo vai a zero. Como essa corrente é a soma das correntes nos indutores L1 e L2, uma delas certamente terá de ser negativa. Como já vimos no conversor CUK, o fato de as duas correntes serem zero no mesmo instante se dá apenas em um certo ponto de operação. No caso geral, no modo descontínuo as correntes nos indutores durante o período em que nem o diodo nem o transistor estão conduzindo, não são iguais a zero e sim iguais a um valor I e –I, e assim se cancelam. Vendo a Figura 2.20 e lembrando que i_{L1} é a corrente em L1 e i_{L2} é a corrente em L2, podemos escrever que:

$$Ie=\frac{i_{L1M}+i_{L1m}}{2} \qquad \text{Eq. 2.103a}$$

$$Is=\frac{i_{L2M}+i_{L2m}}{2} \qquad \text{Eq. 2.103b}$$

$$i_{L1M}-i_{L1m}=\frac{Ve\ D}{Fs\ L1} \qquad \text{Eq. 2.104a}$$

$$i_{L2M}-i_{L2m}=\frac{Ve\ D}{Fs\ L2} \qquad \text{Eq. 2.104b}$$

Para o equilíbrio da tensão no capacitor, temos:

$$Is\ D = Ie\ (1-D) \qquad \text{Eq. 2.105}$$

As correntes Is e Ie são CC.

Resolvendo 2.103 e 2.104, encontramos:

$$i_{L1M}=Ie+\frac{Ve\ D}{2\ Fs\ L1} \qquad \text{Eq. 2.106a}$$

$$i_{L1m}=Ie-\frac{Ve\ D}{2\ Fs\ L1} \qquad \text{Eq. 2.106b}$$

$$i_{L2M}=Is+\frac{Ve\ D}{2\ Fs\ L2} \qquad \text{Eq. 2.106c}$$

$$i_{L2m} = Is - \frac{Ve\ D}{2\ Fs\ L2} \qquad \text{Eq. 2.106d}$$

No limite entre modo contínuo e descontínuo, temos:

$$i_{L1m} + i_{L2m} = 0 \qquad \text{Eq. 2.107}$$

Resolvendo as Equações 2.105, 2.106 e sendo Is a corrente mínima na saída e Ie a corrente em L1, encontramos:

$$Ismin = \frac{D\ (1-D)\ Ve}{2\ Fs\ (L1//L2)} \qquad \text{Eq. 2.108}$$

Pelas Equações 2.106 vemos que a corrente média em i_{L2} é igual a Is e a corrente média em i_{L1} é igual a Ie, ou seja:

$$i_{L1AVG} = Ie$$

$$i_{L2AVG} = Is$$

A corrente I pode ser encontrada fazendo-se $i_{L2m} = -I$ na Equação 2.106d e substituindo Is por Ismin da Equação 2.108, obtemos:

$$I = Ismin\ \frac{(L2-M\ \ L1)}{L1+L2} \qquad \text{Eq. 2.109}$$

As Equações 2.106b e 2.106d podem ser usadas para o cálculo da relação Vs/Ve no modo descontínuo. Fazendo $i_{L2m} = -I$ e $i_{L1m} = I$, teremos:

$$I = Ie - \frac{D\,Ve}{2\ L1\ Fs} \quad e \quad -I = Is - \frac{D\,Ve}{2\ L2\ Fs}$$

$$Ie + Is = \frac{D\,Ve}{2Fs}\left[\frac{1}{L1} + \frac{1}{L2}\right] = \frac{D\,Ve}{2\ Le\ Fs}$$

$$Ie = \frac{Vs\ Is}{Ve}$$

$$Is + \frac{Vs\ Is}{Ve} = \frac{D\ \ Ve}{2\ Le\ \ Fs} \quad \therefore \quad Is\left(I + \frac{Vs}{Ve}\right) = \frac{D\ \ Ve}{2\ Ie\ \ Fs}$$

$$\frac{Vs}{Ve} = \frac{D}{I-D} \qquad Rs = \frac{Vs}{Is}$$

$$Vs = D\ Ve\sqrt{\frac{Rs}{2\ Le\ Fs}} \qquad \text{Eq. 2.110}$$

O fato de as correntes nos indutores se manterem iguais e de valor I e –I durante o corte do diodo e do transistor, significa que as tensões nos indutores devem ser zero.

O capacitor C1 pode ser calculado da mesma maneira como calculamos para o conversor CUK, utilizando a Equação 2.98.

O capacitor C2 pode ser calculado pela Equação 2.14 com Vemax igual a Vs+Ve.

2.5.1 Conversor ZETA com Transformador

No conversor ZETA, obter a isolação entre entrada e saída é até mais fácil do que com o CUK, pois podemos usar o indutor L1 como um transformador, sendo a sua indutância do primário igual a L1. Não é necessário acrescentar nenhum outro componente. O circuito pode ser visto na Figura 2.21. O transistor T1 está com o emissor em relação ao terminal negativo da bateria, que é como normalmente se usa para facilitar o drive do transistor. Durante a saturação de T1, a tensão Ve é transferida para o secundário através da relação de espiras n. Essa tensão é então somada à tensão em C1 (que é igual a Vs).

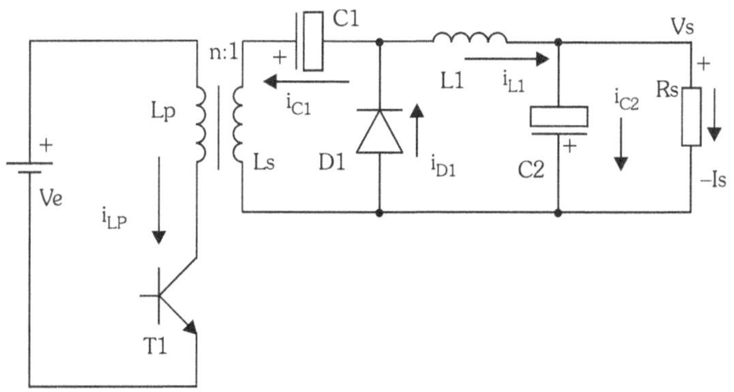

Figura 2.21 - ZETA com transformador.

A soma dessas duas tensões é colocada no circuito D1, L1, C2 que é similar a um conversor Buck. Quando o transistor corta, parte da energia armazenada no núcleo durante o Ton é passada para o secundário (estamos supondo modo contínuo). Essa energia é em forma de corrente e serve para repor a carga do capacitor C1 perdida durante o Ton. A tensão CC em C1 é mantida, assim, constante e igual a Vs. Para manter o valor médio zero das tensões nos indutores, temos:

$$\left[\frac{Ve}{n} + Vc1 - Vs\right] D = Vs\,[1 - D]$$

$$\frac{Ve}{n} D = Vc1\,[1 - D]$$

Eliminando Vc1, encontramos:

$$\frac{Vs}{Ve} = \frac{D}{(1 - D)\,n} \qquad \text{Eq. 2.111}$$

Eliminando D, encontramos:

$$Vc1 = Vs$$

O melhor modo de calcular um conversor ZETA com transformador é calcular primeiramente um sem isolação (como fizemos com o CUK). Utilizando a Equação 2.101, podemos calcular uma tensão Ve que, para o ponto de operação escolhido (Dmax, Vs, Vemin), será equivalente à tensão de entrada desejada sem isolação. Todos os componentes são calculados normalmente e a indutância L1 será a indutância do primário do transformador, Lp. A relação de espiras é então calculada pela Equação 2.111.

Com o uso de um transformador com múltiplas saídas é possível obter vários níveis de tensão de saídas em um conversor ZETA. Na Figura 2.22 vemos o circuito com duas saídas.

Novamente o procedimento recomendado é calcular o conversor primeiramente sem isolação. A relação de espiras n1 e n2 deve ser tal que as tensões Vs1 e Vs2 transformadas para o primário sejam iguais. Assim, vamos calcular o conversor com apenas um secundário e depois, dividi-lo com as relações de espiras previamente calculadas.

Durante o Ton (transistor conduzindo), o transformador funciona simultaneamente como transformador e indutor. Como indutor, porque precisa armazenar energia para fornecê-la aos capacitores C1 e C3, durante o Toff, Figura 2.22. Como transformador, porque, durante o Ton, fornece as correntes para as saídas diretamente e nesse caso $Np\ ie = N1\ i_{L1} + N2\ i_{L2}$, não causando energia armazenada no núcleo. Durante o Toff (diodo conduzindo e transistor cortado), os secundários do transformador comportam-se como dois indutores acoplados. A indutância mútua depende do acoplamento que é conseguido. O caso ideal é com o pior acoplamento possível (mas isso não é possível em um transformador convencional). Durante Toff, as cargas dos capacitores são recolocadas para manter sua tensão constante.

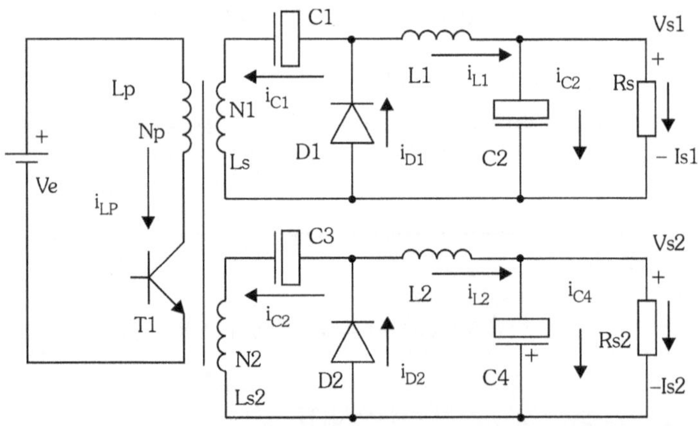

Figura 2.22 - Conversor ZETA com duas saídas.

A indutância do primário é calculada levando-se em conta a energia que deve ser armazenada para repor as energias perdidas em C1 e C3, no instante anterior. O cálculo é igual ao realizado para a indutância do primário do conversor Flyback e pode ser demonstrado que é dado pela Equação 2.82, que repetimos a seguir:

$$Ismin = \frac{n\ Dmin\ (1 - Dmin)\ Vemax}{2\ Lp\ Fs} \qquad \text{Eq. 2.112}$$

Sendo a corrente mínima na Equação 2.112, aquela obtida com a transformação para o primário, das correntes mínimas especificadas (será a soma das correntes mínimas transformadas para o primário). A corrente no coletor de T1 durante o Ton tem duas componentes que são as somas das correntes em L1 e L2, transformadas por suas respectivas relações de espiras e a corrente que representa a energia armazenada durante o Ton (em Lp) e que será entregue aos capacitores C1 e C3 como reposição de carga.

Exemplo 2.8

Calcule os componentes do conversor ZETA da Figura 2.22 para obter as seguintes características:

Vemax = 200 volts	Vemin = 100 volts	Vs1 = 5 volts
Vs2 = 12 volts	Is1max = 5 amperes	Is1min = 0,5 amperes
Is2max = 2 amperes	Is2min = 0,2 amperes	Dmax = 0,5
Fs = 40 kHz	ΔVc = 50 mvolts	modo contínuo

Solução

Considerando a Equação 2.111 e fazendo D = Dmax e Ve = Vemin, temos:

$$n1\ Vs1 = 100$$

$$n2\ Vs2 = 100$$

Como sabemos os valores de Vs1 e Vs2, obtemos

$$n1 = 20 \text{ e } n2 = 8{,}33$$

A corrente máxima transformada para o primário é:

$$Ismax = \frac{5}{20} + \frac{2}{8{,}33} = 0{,}49$$

A corrente mínima transformada para o primário é:

$$Ismin = \frac{0{,}5}{20} + \frac{0{,}2}{8{,}33} = 0{,}049$$

Calculamos Dmin por 2.111 com Ve = Vemax, temos:

$$Dmin = 0{,}33333$$

Considerando a Equação 2.108, calculamos Le

$$Le = 11{,}33\ mH$$

Fazendo Lp = L2' (L2' é a indutância L2 da Figura 2.20a)

$$Lp = 2.Le,\ Lp = 22{,}66\ mH$$

Vamos chamar de Ls1 e Ls2 as indutâncias de L1 e L2 transformadas para o primário respectivamente. Como Ls1 e Ls2 estão em paralelo, vamos supor que Ls1 = Ls2, teremos:

$$L1 = \frac{2Ls1}{n1} = 113,3\ \mu H$$

$$L2 = \frac{2Ls2}{n2} = 652,6\ \mu H$$

Considerando a Equação 2.14, podemos calcular C2 e C4.

As tensões de entrada são:

$$Ve1 = \frac{Vemax}{n1} + Vs1 = 15 \text{ volts}$$

$$Ve2 = \frac{Vemax}{n2} + Vs2 = 36 \text{ volts}$$

$$C2 = \frac{Dmax\,(1 - Dmax)Ve1}{8L1\Delta V_{C1}Fs^2} = 45,9\ \mu F$$

$$C4 = \frac{Dmax\,(1 - Dmax)Ve2}{8L2\Delta V_{C1}Fs^2} = 19,1\ \mu F$$

Considerando a Equação 2.98, podemos calcular C1 e C3.

Vamos supor ΔVc1 = 0,5 volts e ΔVc2 = 1,2 volts

$$C1 = \frac{D\max Is1\max}{2\Delta Vc1Fs} = 62,5\ \mu F$$

$$C3 = \frac{D\max Is2\max}{2\Delta Vc2Fs} = 10,4\ \mu F$$

As correntes dos diodos são iguais as correntes de suas saídas (pulsos). Pelo transistor passa a soma das correntes do secundário, reduzida pelas respectivas relações de espiras n1 e n2.

2.6 Conversor SEPIC

O conversor SEPIC emite baixo ruído para a tensão de entrada Ve. Este fato permite que usemos pouca filtragem na entrada para atender às especificações de ruído de entrada. O ruído na saída é alto devido aos pulsos de corrente que passa pelo diodo.

O conversor SEPIC funciona da seguinte maneira (veja a Figura 2.23): supondo estado estável, podemos ver que a tensão no capacitor C1 é igual a Ve (tensão de entrada) com a polaridade mostrada na Figura 2.23a. Quando o transistor satura (Ton), a tensão em C1 é colocada em L2 e o capacitor C2 é que fornece a corrente para a carga Rs, pois o diodo está inversamente polarizado. Durante o Ton, a corrente i_{L2} de L2 retira carga do capacitor C1 (veja o sentido de i_{L2} na Figura 2.23a). Quando o transistor corta, o diodo conduz a soma das correntes i_{L1} e i_{L2}. Durante o Toff, a corrente i_{L1} deve repor a carga perdida por C1 durante o Ton. O resultado de i_{L2} + i_{L2} deve ser tal que reponha a carga perdida por C2 durante o Ton e forneça a corrente de saída.

Para obter o valor médio zero nos indutores temos:

$$D\ Ts\ Ve = (1-D)\ Ts\ (Vc1+Vs-Ve) \qquad \text{para L1}$$

$$D\ Ts\ Vc1 = (1-D)\ Ts\ Vs \qquad \text{para L2}$$

Eliminando Vc1, obtemos:

$$Vs = \frac{D\ Ve}{1-D} \qquad \text{Eq. 2.113}$$

Eliminando D, obtemos:

$$Vc1 = Ve \qquad \text{Eq. 2.114}$$

Para calcularmos as indutâncias L1 e L2, é preciso analisar o funcionamento no modo descontínuo de corrente.

O diodo conduz a soma das correntes de L1 e L2 e o modo descontínuo inicia quando o diodo deixa de conduzir, ou seja, $i_{L1} + i_{L2} = 0$. Teremos também o mesmo caso de correntes diferentes de zero nos indutores no modo descontínuo. Essa corrente residual chamaremos de I (o cálculo de I é feito para o limite entre os modos contínuo e descontínuo). Uma análise similar à que foi feita para o CUK e ZETA pode se repetir para o SEPIC e obtemos o seguinte:

Chamando de i_{L1} a corrente em L1 e i_{L2} a corrente em L2 e notando que durante o Ton as tensões nos indutores são iguais a Ve, temos:

$$\begin{aligned} i_{L1M} - i_{L1m} &= \frac{D\ Ve}{L1\ Fs} \\ i_{L2M} - i_{L2m} &= \frac{D\ Ve}{L2\ Fs} \end{aligned} \qquad \text{Eq. 2.115}$$

As correntes Ie e i_{L2} são os valores DC de i_{L1} e i_{L2} e são dadas por:

$$\begin{aligned} Ie &= \frac{i_{L1m} + i_{L1m}}{2} \\ IL2 &= \frac{i_{L2m} + i_{L2m}}{2} \end{aligned} \qquad \text{Eq. 2.116}$$

Teremos então:

$$\begin{aligned} i_{L1M} &= Ie + \frac{D\ Ve}{2\ L1\ Fs} \\ i_{L1m} &= Ie - \frac{D\ Ve}{2\ L1\ Fs} \\ i_{L2M} &= I_{L2} + \frac{D\ Ve}{2\ L2\ Fs} \\ i_{L2m} &= I_{L2} - \frac{D\ Ve}{2\ L2\ Fs} \end{aligned} \qquad \text{Eq. 2.117}$$

A corrente de saída é igual ao valor médio dos pulsos de corrente no diodo D1 e obtemos:

$$Is = (1-D)(Ie + I_{L2}) \qquad \text{Eq. 2.118}$$

Para o equilíbrio da tensão no capacitor C1 devemos ter:

$$D I_{L2} = (1-D)\ Ie \ \therefore \ I_{L2} = \frac{(1-D)\ Ie}{D}$$

$$\text{Como } VeIe = VsIs, \text{ eliminando } Ie$$

$$I_{L2} = Is \qquad \text{Eq. 2.119}$$

No modo descontínuo, temos:

$$\frac{Vs}{Ve} = \frac{Ie}{Is} = \frac{D}{D1}$$

$$Ie = (D + D1)\frac{D\ Ve}{2\ L1\ Fs} + I \qquad \text{Eq. 2.120}$$

$$Is = (D + D1)\frac{D\ Ve}{2\ L2\ Fs} - I$$

Com essas equações podemos encontrar a corrente I que é:

$$I = Ismin\frac{L1\dfrac{Vs}{Ve} - L2}{L1 + L2} \qquad \text{sendo } \frac{Vs}{Ve} = M \qquad \text{Eq. 2.121}$$

$$Ismin = \frac{D\ (1-D)\ Ve}{2\ Le\ Fs} \qquad \text{Eq. 2.122}$$

Usando as Equações 2.120, podemos obter a relação entre Vs e Ve.

$$Vs = D\ Ve\sqrt{\frac{Rs}{2\ Le\ Fs}} \qquad \text{Eq. 2.123}$$

Os valores de D e D1 podem ser calculados por:

$$D = \frac{\sqrt{2\ Ps\ Le\ Fs}}{Ve}$$

$$D1 = \frac{1}{Ve}\sqrt{\frac{2\ Le\ Fs}{Rs}} \qquad \text{Eq. 2.124}$$

A tensão máxima no diodo e transistor é Vs + Vemax.

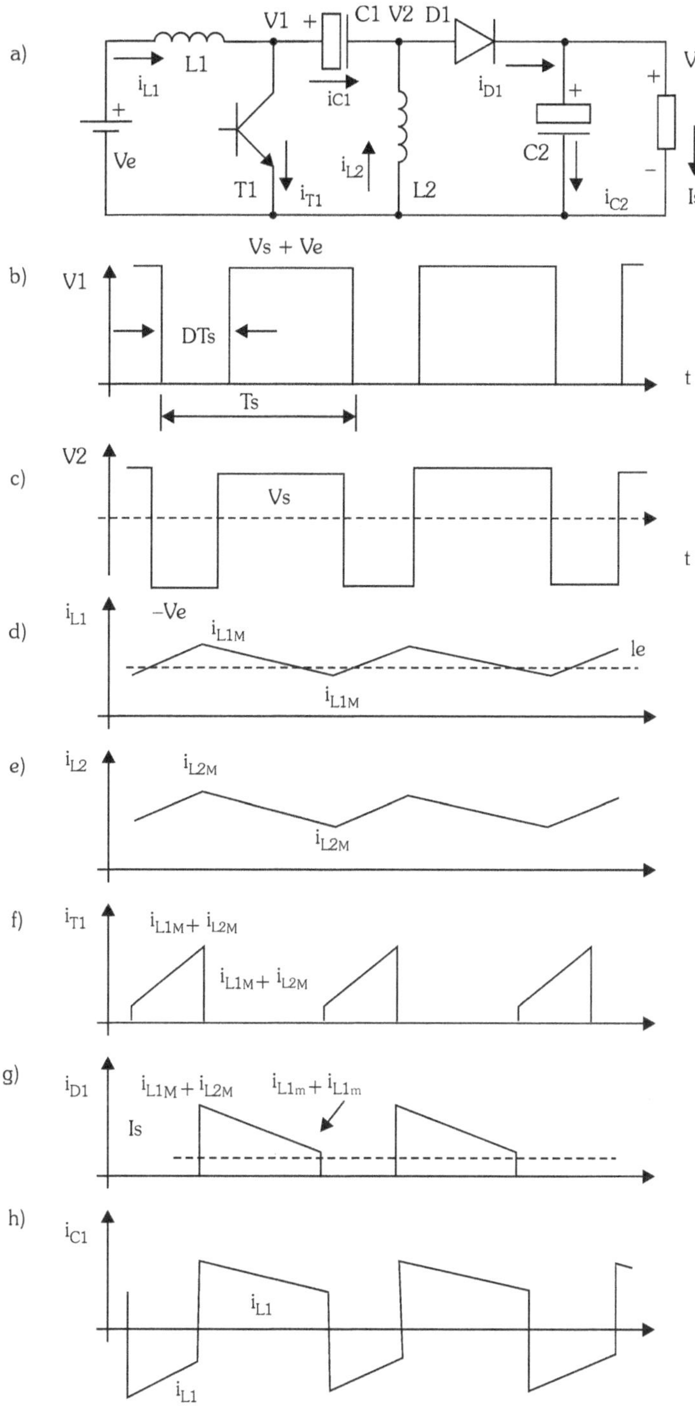

Figura 2.23 - Conversor SEPIC.

2.6.1 Conversor SEPIC com Transformador

No conversor SEPIC, podemos utilizar L2 como transformador isolador de tensão. Vemos seu circuito na Figura 2.24.

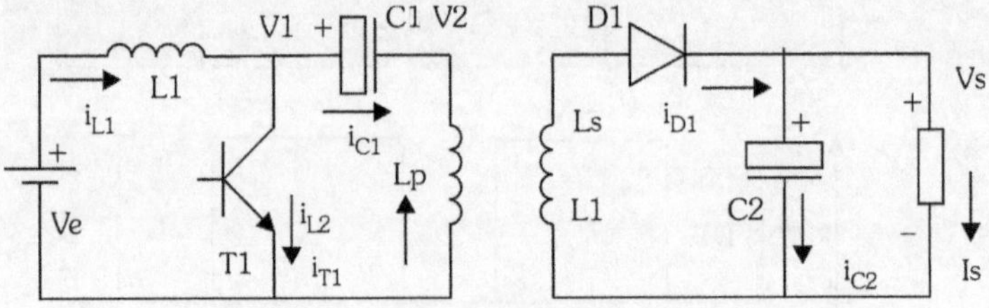

Figura 2.24 - Conversor SEPIC com transformador.

O transformador funciona de maneira similar ao transformador do conversor Flyback. Quando o transistor satura, o enrolamento primário fica ligado em C1 (com tensão Ve). Devido à fase dos enrolamentos secundários em relação ao primário, os diodos estarão cortados. Quando o transistor corta, os diodos conduzem e fornecem correntes para a saída. Essa corrente é fornecida pelos indutores L1 e Lp. A corrente de L1 é entregue como transformação de corrente por TR1. A corrente de Lp é a energia armazenada em Lp durante o Ton. Com procedimento similar ao realizado para os conversores CUK e ZETA, podemos calcular a relação de espiras n por:

$$\frac{Vs}{Ve} = \frac{D}{n\,(1 - D)} \qquad \text{Eq. 2.125}$$

Da mesma forma como fizemos para os outros conversores, vamos transformar o circuito de saída pela relação de espiras para o primário e calcular o conversor sem transformador.

Com o uso de transformador com vários secundários, podemos obter distintas tensões de saídas. Na Figura 2.25, vemos o circuito com duas saídas. O procedimento de projeto é similar ao já estudado para o CUK e ZETA e será visto como um exemplo.

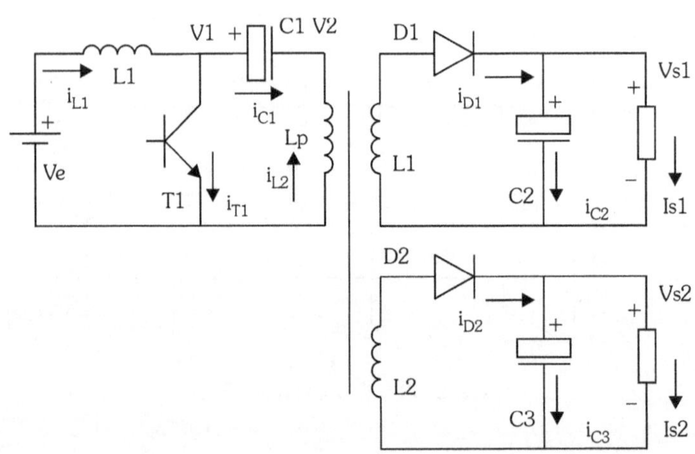

Figura 2.25 - Conversor SEPIC com duas saídas.

Exemplo 2.9

Para o circuito da Figura 2.25 calcule os componentes para o conversor SEPIC funcionar com as seguintes especificações.

Vemax = 60 volts	Vemin = 36 volts	Fs = 100 kHz
Vs1 = 5 volts	Is1max = 5 amperes	Is1min = 0,5 amperes
Vs2 = 15 volts	Is2max = 1 amperes	Is2min = 0,1 amperes
Dmax = 0,5	Modo contínuo	

Solução

Desprezando as perdas no transistor e nos diodos, temos:

Potência total de saída máxima:

$$Pt = 5 \,.\, 5 + 15 \,.\, 1 = 40 \text{ watts}$$

Potência total mínima de saída:

$$Ptmin = 5 \,.\, 0{,}5 + 15 \,.\, 0{,}1 = 4 \text{ watts}$$

Para Dmax e Vemin encontramos Vs equivalente:

$$Vs = 36 \text{ volts}$$

As correntes máxima e mínima são:

$$Ismax = Pt/Vs = 1{,}111 \text{ amperes}$$

$$Ismin = Ptmin/Vs = 0{,}1111 \text{ amperes}$$

Pela Equação 2.122 podemos calcular os indutores:

$$L1//L2 = 810 \text{ uH}$$

Supondo os dois indutores iguais, temos:

$$L1 = L2 = 1{,}62 \text{ mH}$$

As relações de espiras são:

$$n1 = 36/5 = 7{,}2$$

$$n2 = 36/15 = 2{,}4$$

As indutâncias dos secundários serão:

$$L(+5) = L2/n1^2 = 31{,}25 \text{ uH}$$

$$L(+15) = L2/n2^2 = 281{,}25 \text{ uH}$$

Os capacitores possuem cálculos iguais aos do CUK e ZETA.

Os conversores vistos neste capítulo são os mais usados atualmente. No capítulo seguinte veremos as características CA desses conversores.

2.7 Exercícios Propostos

1. Explique por que os conversores Flyback são usados quando queremos fontes full-range (tensão de entrada variando de 90 VCA até 253 VCA).

2. Por que os conversores usados em computadores pessoais (PC) são do tipo meia ponte (half-bridge)?

3. Se uma fonte para PC possui capacidade de regular a tensão de saída com variações da tensão de entrada entre 90 VCA e 140 VCA (se a chave seletora de tensão estiver na posição 110 VCA), explique se há necessidade de um regulador de tensão em sua entrada.

4. Em um conversor Boost, sua tensão de saída é maior do que a tensão de entrada e com mesma polaridade (da tensão de entrada). Existe um limite máximo teórico para o valor da tensão de saída?

5. Qual a relação de espiras em um transformador usado em um conversor Flyback cuja tensão de entrada pode variar de 100 volts CC até 360 volts CC, funcionando no modo contínuo de corrente e com tensão de saída fixa de 5 volts? Suponha largura de pulso máxima de 0,5.

6. No exercício 5, se a corrente de saída é de 5 A, qual deve ser o valor da indutância no enrolamento primário do transformador? Suponha frequência de chaveamento de 100 kHz.

7. Repita os exercícios 5 e 6 se a largura de pulso máxima for 0,7.

8. Qual a relação de espiras e a indutância do enrolamento primário em um transformador usado em um conversor Flyback cuja tensão de entrada pode variar de 100 volts CC até 360 volts CC, funcionando no modo descontínuo de corrente e com tensão de saída fixa de 5 volts? Suponha largura de pulso máxima de 0,5 e corrente de saída fixa de 1 A. A frequência de chaveamento é de 100 kHz.

9. Os conversores Buck e Boost são invertidos no sentido de que, se trocarmos as chaves (diodo por transistor e vice-versa) e a fonte de tensão por capacitor (e vice-versa), os dois conversores são idênticos. A relação de tensão em um conversor Buck é D e no Boost é 1/(1-D). Demonstre essa relação de tensão do Boost partindo da relação de tensão do Buck.

10. Verifique que inversão e/ou simetria existem em conversores Buck-Boost e CUK e que geram os mesmos conversores e a mesma relação de tensão.

11. Existe alguma vantagem em cascatear conversores de modo a obter alguma característica mais vantajosa de um e de outro conversor? Tenha como exemplo um conversor Boost seguido de um Buck e analise quanto ao ruído para entrada e ruído para a saída. Verifique que, se a frequência for sincronizada nos dois conversores e conseguirmos fazer com que a condução do diodo do Boost seja simultânea com a condução do transistor do Buck, o capacitor de saída do Boost pode ser otimizado (redução da capacitância).

12. Calcule as relações de espiras e indutâncias de saída em um conversor meia ponte de 300 watts cuja tensão de saída é 12V @ 12,5A e 5V @ 30A máximo. A frequência de chaveamento é de 40 kHz e a tensão de entrada varia de 200 volts CC a 400 volts CC. O conversor funciona no modo contínuo de corrente a partir de 20 watts.

13. No exercício 12, qual característica deve possuir as indutâncias de saídas (do +5 V e +12 V) para que possam ser enroladas em um mesmo núcleo de ferrite ou similar (como usadas em fontes de PC)?

14. No exercício 13, qual característica, quando não atendida, permite que os capacitores (eletrolíticos) de saída esquentem a ponto de se soltarem de sua caneca metálica? Qual a solução a ser usada em uma fonte de alto desempenho?

Anotações

Capítulo

Análise CA de Conversores CC/CC

3

3.1 Introdução

A análise CA representa o estudo do comportamento de um sistema frente às variações de pequenos sinais de alguma entrada ou parâmetro do sistema.

Um conversor CC/CC é um sistema não linear variante no tempo e no qual não pode ser aplicada a análise pelos métodos normais conhecidos para os sistemas lineares.

Existem basicamente dois métodos que podem ser usados para análise da função de transferência de conversores CC/CC. Um deles realiza a linearização do sistema em torno de um ponto de operação por meio de um modelo matemático que descreve o conversor. O modelo originalmente foi criado pelo Dr. Vatché Vorpérian [11], [12] (1990) e é conhecido como modelo da chave PWM. O outro procedimento baseia-se na análise de variáveis de estado (state space averaging), estudado inicialmente a partir de 1976 pelo Dr. Slobodan CUK [7].

Na teoria de controle para sistemas lineares, a análise da estabilidade permite construir circuitos de controle que forneçam características estáveis ao sistema. Esses métodos estão bem estruturados pela teoria de controle para sistemas lineares. O método da linearização por meio da chave PWM permite conhecer o ganho e a posição dos polos e zeros do conversor para um determinado ponto de operação além de outros parâmetros, como veremos a seguir.

3.2 O Conversor CC/CC

Vimos no Capítulo 2 que os conversores CC/CC são formados por chaves que comutam com certa frequência e que, arranjados de algum modo, permitem a conversão de uma tensão (tensão de entrada) em outra tensão (tensão de saída), cujo valor depende basicamente da largura de pulso d(t) do sinal que controla a chave. Os transistores e diodos funcionam como chave e comutam em circuitos LC, que formam um filtro passa-baixa, que permitirá apenas a passagem de tensão contínua (CC).

Notamos que um conversor é um sistema que possui duas entradas (Ve e d) e uma saída (Vs). Veja a Figura 3.1.

Figura 3.1 - Bloco conversor DC\DC.

Para conhecermos o valor de Vs para certas condições de tensão de entrada Ve e largura de pulso d (D se estas forem constantes), a análise do Capítulo 2 é suficiente. Aquela análise é dita CC porque pressupõe que as condições de tensão de entrada e largura de pulso são constantes (não variam no tempo).

A análise CA fornece o funcionamento do conversor se a ele for aplicado um sinal variável no tempo. Por exemplo, se a tensão de entrada permanece fixa em um certo valor e a largura de pulso é modulada senoidalmente com frequência bem menor que a frequência de chaveamento, qual será a forma de onda da tensão de saída Vs? Como os conversores são sistemas não lineares, a forma de onda da saída não é necessariamente senoidal. Por outro lado, se o sinal aplicado for muito menor que as tensões envolvidas, o sinal de saída pode ser aproximadamente senoidal. Estes fatos separam a análise AC em dois tipos: grandes sinais e pequenos sinais.

A análise de grandes sinais deve levar em consideração a não linearidade do sistema e, normalmente, caímos em processos numéricos se o sistema for não linear. A simulação do funcionamento de circuitos eletrônicos é o meio normal de análise se o sistema for não linear.

Na análise de pequenos sinais podemos supor que o sistema é linear em um determinado ponto de operação e assim, o circuito do conversor pode ser linearizado para obtenção de sua resposta em frequência naquele ponto (localização de ganho, polos e zeros). A linearização de sistemas não lineares é bastante conhecida pois, na verdade, praticamente todos os sistemas físicos são não lineares. Os conversores possuem uma característica que os difere dos circuitos convencionais: são variantes no tempo e a chave (transistor e diodo), comutando entre dois intervalos de tempo, fornece essa característica. Na realidade significa que o circuito do conversor muda de topologia em cada período de chaveamento. A análise que veremos a seguir estabelece o valor médio da resposta do conversor por período. Isso limita a abrangência da resposta obtida a frequências menores que a frequência de chaveamento. Neste capítulo, veremos apenas a análise de pequenos sinais para conversores CC/CC.

3.3 Parâmetros para Análise de Conversores CC/CC

Ao analisarmos um sistema do tipo da Figura 3.1, queremos saber como as variáveis de entrada influem na saída. Se o sistema é linear, podemos definir os seguintes parâmetros:

$$\left.\frac{\partial v_s}{\partial v_e}\right|_{d,i_s=\text{const.}} \equiv \text{Audiossusceptibilidade}$$

$$\left.\frac{\partial v_s}{\partial i_s}\right|_{d,v_e=\text{const.}} \equiv \text{Impedância de Saída}$$

$$\left.\frac{\partial v_s}{\partial d}\right|_{v_e,i_s=\text{const.}} \equiv \text{Ganho do Controle}$$

$$\left.\frac{\partial i_e}{\partial v_e}\right|_{d,i_s=\text{const.}} \equiv \text{Admitância de Entrada}$$

$$\left.\frac{\partial i_e}{\partial i_s}\right|_{d,v_e=\text{const.}} \equiv \text{Susceptibilidade de Saída}$$

$$\left.\frac{\partial i_e}{\partial d}\right|_{v_e,i_s=\text{const.}} \equiv \text{Transadmitância do Controle para a Saída}$$

Estes parâmetros configuram o funcionamento completo para um conversor [20]. Cada um representa o modo de variação de v_s e i_e em relação às variáveis v_e, i_s e d respectivamente. Por exemplo, o ganho do controle fornece a variação da tensão de saída v_S, com variações da largura de pulso d. Para levarmos em conta apenas a variação de d, tanto v_e como i_S devem ser constantes (definem o ponto de operação). É fácil ver (em um sistema linear) que a variação total da tensão de saída é a soma das variações que cada variável pode introduzir no conversor. Podemos escrever que:

$$v_s = \frac{\partial v_s}{\partial v_e} v_e + \frac{\partial v_s}{\partial i_s} i_s + \frac{\partial v_s}{\partial d} d$$

$$i_e = \frac{\partial i_e}{\partial v_e} v_e + \frac{\partial i_e}{\partial i_s} i_s + \frac{\partial i_e}{\partial d} d \qquad \text{Eq. 3.1}$$

O problema agora é como calcular cada um desses parâmetros.

A audiossusceptibilidade relaciona o modo como a tensão de saída varia com variações na tensão de entrada. Muitas fontes de tensão possuem, como tensão de entrada, a tensão da rede retificada e filtrada por um capacitor. A tensão resultante neste capacitor possui uma ondulação de 120 Hz (para redes de 60 Hz). Se a audiossusceptibilidade do conversor for alta, uma componente da ondulação de tensão de entrada aparece na tensão de saída. Obviamente, estamos supondo que a largura de pulso d é constante (ou não compensada corretamente). Se construirmos um circuito de controle que, através do controle da largura de pulso d, possamos compensar a variação da tensão de entrada, a ondulação da tensão resultante na saída pode se tornar desprezível. Existem métodos de controle que permitem anular a audiossusceptibilidade; veja o Capítulo 4.

O ganho do controle é o parâmetro de maior importância para estabilidade do sistema. A largura de pulso d é resultado de uma realimentação que tem por objetivo manter constante a tensão de saída. Já sabemos da teoria de controle, que sistemas realimentados são propícios à instabilidade. O ganho do controle deve fornecer todas as informações necessárias para construirmos um circuito de compensação que torne o sistema estável e, se possível, com ótimas características.

Outro parâmetro importante é a impedância de saída, que em se tratando de uma fonte de tensão, deve ser a menor possível.

3.4 Modelo da Chave PWM

Os conversores são circuitos não lineares e essa característica não linear é fornecida pela comutação das chaves (transistor e diodo). O modelo da chave PWM realiza a linearização do circuito formado pelo transistor e diodo, e fornece um circuito equivalente que, quando substituído pelas chaves, representa o funcionamento do conversor. Esse procedimento é similar ao usado em análise de transistores. Para analisar as características CA de um circuito transistorizado, substituímos o circuito equivalente do transistor, para sinais CA, no circuito. O modelo é sempre igual, independente do circuito a ele associado. Da mesma forma, o modelo da chave PWM é sempre o mesmo, independente do tipo de conversor que está sendo analisado.

O modelo varia dependente do modo de funcionamento do conversor, ou seja, existe um modelo para o modo contínuo de corrente e outro para o modo descontínuo de corrente. Vamos ver agora esses dois modelos.

3.4.1 Modelo da Chave PWM - Modo Contínuo de Corrente

Na Figura 3.3 vemos os seis conversores mais conhecidos. Os circuitos foram arrumados de tal forma que as chaves são facilmente reconhecidas como um circuito de três portas. Cada ponto foi identificado com as letras **a** (de **a**tivo) **p** (de **p**assivo) e **c** (de **c**omum). O ponto **a** está ligado ao transistor, já que é ele o componente **a**tivo e que possibilita controle do conversor. O ponto **p** é ligado ao diodo, a chave **p**assiva, que não permite controle e sua condução depende das correntes no indutor. Por último, o ponto **c**, que é o ponto **c**omum, interliga as duas chaves e é o ponto em que passa sempre a corrente do indutor. O modelo da chave PWM pode ser deduzido da Figura 3.2.

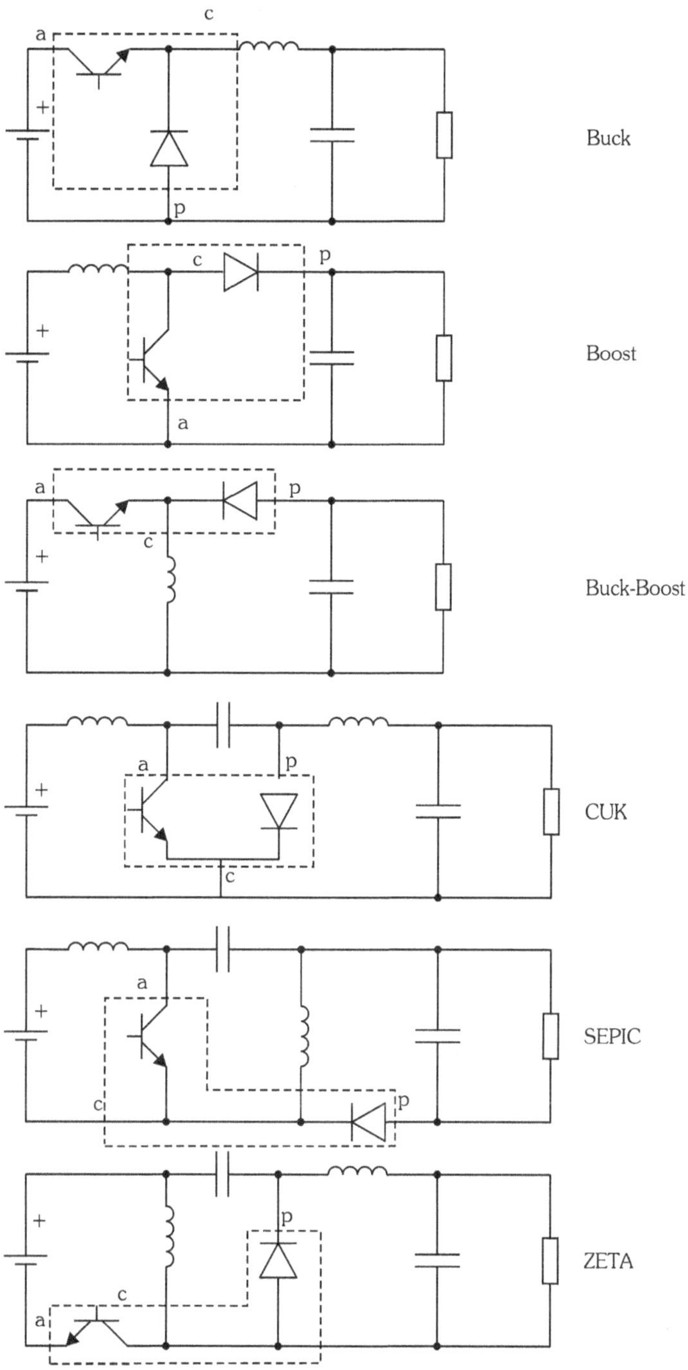

Figura 3.3 - Conversores com a chave PWM.

Existem relações entre as correntes e as tensões nos terminais da chave PWM que são invariantes e que independem do circuito a ela associado. No modo contínuo de corrente, a corrente no terminal **a** é sempre igual à corrente no terminal **c** durante a condução do transistor (chave fechada na posição a-c). Da mesma forma, as tensões entre os terminais **c** e **p** são iguais às tensões nos terminais **a** e **p**, durante a condução do transistor. Podemos escrever que:

$$i_a(t) = \begin{cases} i_c(t) & 0 \le t \le DTs \\ 0 & DTs \le t \le Ts \end{cases} \qquad \text{Eq. 3.2}$$

$$v_{cp}(t) = \begin{cases} v_{ap}(t) & 0 \le t \le DTs \\ 0 & DTs \le t \le Ts \end{cases} \qquad \text{Eq. 3.3}$$

O valor médio da corrente e da tensão nas Equações 3.2 e 3.3 pode ser facilmente calculado e é dado por:

$$i_a = d\ i_c \qquad \text{Eq. 3.4}$$

$$v_{cp} = d\ v_{ap} \qquad \text{Eq. 3.5}$$

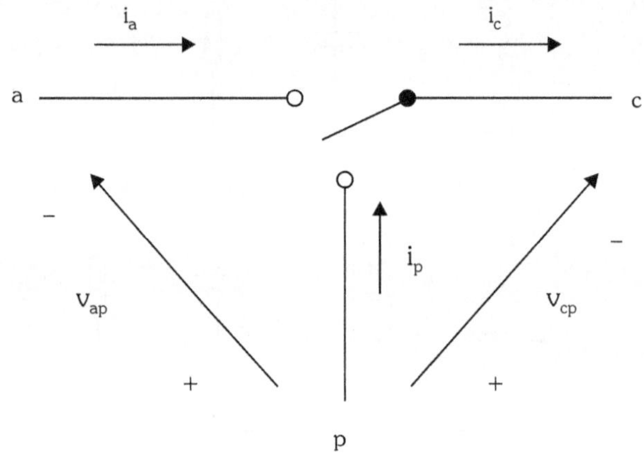

Figura 3.2 - Esquema da chave PWM.

A tensão entre os terminais **a** e **p** é normalmente ligada a um capacitor ou a uma fonte de tensão (Ve). Quando ligada a um capacitor, a resistência série equivalente faz com que a tensão entre os terminais **a** e **p** seja a tensão no capacitor somada à tensão resultante da passagem da corrente i_c. A variação de tensão média no capacitor é zero. A corrente i_c é a corrente média no terminal **c** e causa uma ondulação v_r na tensão v_{ap} dada por:

$$v_r = i_c\ r_e\ d` \quad \text{em que } d` = 1 - d \qquad \text{Eq. 3.6}$$

A resistência r_e é a resistência equivalente vista entre os terminais **a** e **p**. No caso do conversor Buck, a resistência r_e é zero, pois os terminais **a** e **p** estão conectados diretamente na fonte de tensão Ve. Se houver filtro de entrada, r_e será a resistência série do capacitor do filtro. No conversor CUK, os terminais **a** e **p** estão entre o capacitor C1, e a resistência vista nesses terminais é apenas a resistência série de C1. Na Tabela 3.1, resumimos os valores de r_e para os diversos conversores.

A resistência r_e pode ser vista como a resistência no loop das chaves. Faça o loop que percorre as duas chaves (diodo e transistor) e um capacitor ou uma fonte de tensão. A resistência equivalente em série será r_e. Como r_e é uma resistência para sinais AC, curto-circuite os capacitores e abra os indutores. Na Figura 3.4, vemos o loop das chaves na linha tracejada.

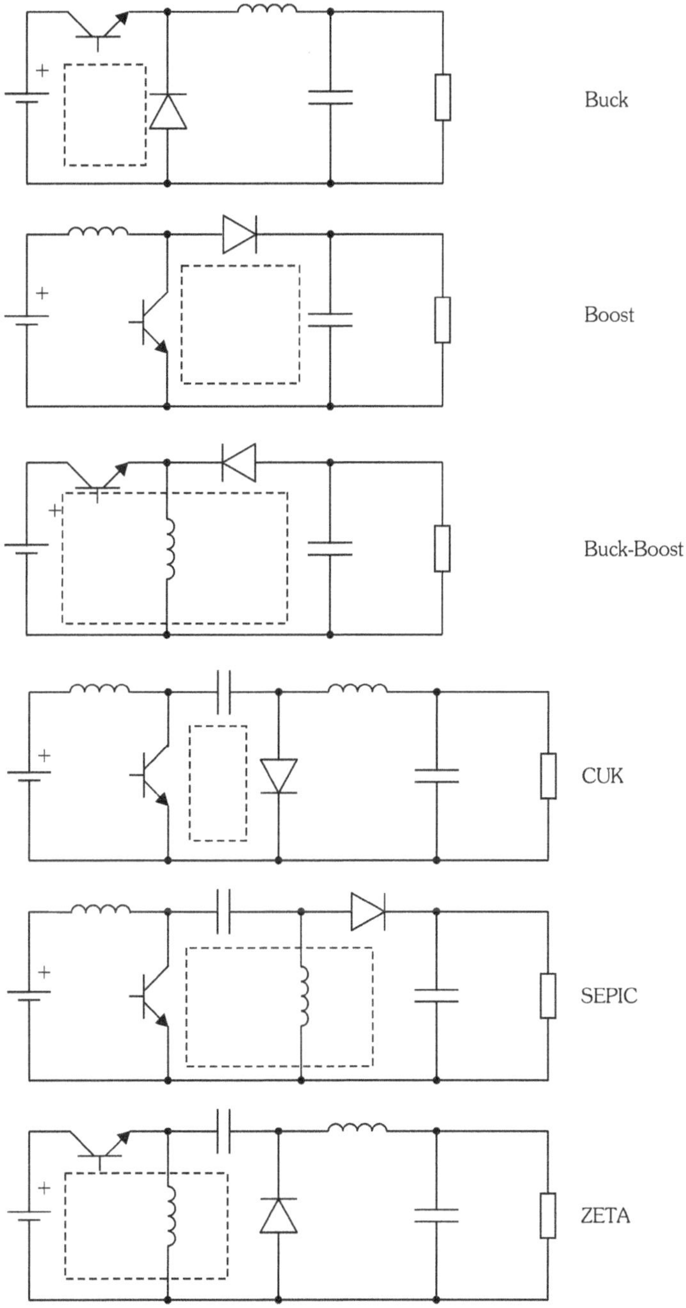

Figura 3.4 - Loop capacitivo com as chaves.

A Equação 3.5 será escrita por:

$$v_{cp} = d(v_{ap} - i_c r_e d`) \qquad \text{Eq. 3.7}$$

Tabela 3.1

	$\mathbf{r_e}$
Buck	r_c do filtro de entrada ou zero
Boost	r_c // Rs
Buck-Boost	r_c // Rs
CUK	r_c
ZETA	r_c
SEPIC	$r_{c1} + r_{c2}$

As Equações 3.4 e 3.7 são as equações da chave PWM, independentes do circuito a ela ligado.

Com essas duas equações construiremos um circuito que represente o seu comportamento. Esse circuito pode ser visto na Figura 3.5. Para isso, é necessário definirmos o ponto de operação da chave PWM, ou seja, a largura de pulso. Vamos também causar uma perturbação para linearizar o modelo. A largura de pulso pode ser descrita por um valor constante que chamaremos de D e a parte da perturbação que chamaremos de $\hat{d}$. O acento circunflexo significa que o sinal representa uma perturbação do estado estável. Assim, se levarmos em conta apenas o estado estável, temos:

$$i_a = D\, i_c \;\rightarrow\; \hat{i}_a = D\, \hat{i}_c$$

$$v_{cp} = D\,(v_{ap} - i_c\, r_e\, D`) \;\rightarrow\; \hat{v}_{cp} = D\,(\hat{v}_{ap} - \hat{i}_c\, r_e\, D`) \qquad \text{Eq. 3.8}$$

O transformador deve transferir tensão CC, o que permite introduzir agora o conceito de transformador CC que funciona como um transformador convencional, mas permite a passagem de tensões contínuas. Esse transformador não é um componente real (físico), e sim um componente idealizado. Verifique como o circuito da Figura 3.5 atende às Equações 3.8.

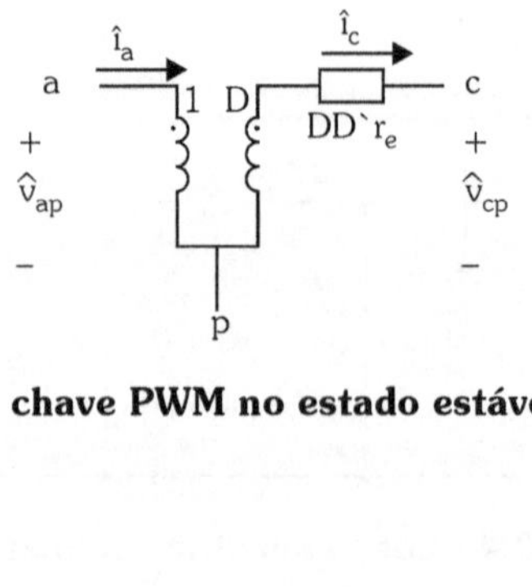

Figura 3.5 - Modelo da chave PWM no estado estável (sem perturbações).

Para obtermos a resposta do conversor a variações na largura de pulso, devemos causar a perturbação na largura de pulso d nas Equações 3.4 e 3.7, da seguinte forma:

$$i_a = d\, i_c \rightarrow \hat{i}_a = \frac{\partial}{\partial t} d\ \ i_c\big|_{i_c = Ic} + \frac{\partial}{\partial t} d\ \ i_c\big|_{d=D}$$

$$\hat{i}_a = \hat{d}\ I_c + D\ \hat{i}_c$$

$$v_{cp} = d(v_{ap} - i_c\ r_e\ d`)$$

$$\hat{v}_{cp} = \frac{\partial}{\partial t} d(v_{ap} - i_c\ r_e\ d`)$$

$$\hat{v}_{cp} = D\left[\frac{\partial}{\partial t}(v_{ap} - i_c\ r_e\ d`)\right] + \hat{d}(V_{ap} - I_c\ r_e\ D`)$$

$$\hat{v}_{cp} = D\ (\hat{v}_{ap} - \hat{i}_c\ r_e\ D` - I_c\ r_e \frac{\partial}{\partial t} d`) + \hat{d}\ (V_{ap} - I_c\ r_e\ D`)$$

$$\frac{\partial}{\partial t} d` = \frac{\partial}{\partial t}(1 - d) = -\hat{d}$$

$$\hat{v}_{cp} = D\ (\hat{v}_{ap} - \hat{i}_c\ r_e\ d` + Ic\ r_e\ \hat{d}) + \hat{d}\ (Vap - Ic\ r_e\ D`)$$

Rearranjando os termos, temos:

$$\hat{i}_a = \hat{d}\ I_c + D\ \hat{i}c$$

$$\hat{v}_{cp} = D\ (\hat{v}_{ap} - \hat{i}_c\ r_e\ D` + Ic\ r_e\ \hat{d}) + \hat{d}\ (Vap - Ic\ r_e\ D`)$$

$$\hat{v}_{cp} = D\ \hat{v}_{ap} - \hat{i}_c\ r_e\ d` + \hat{d}\ (Vap - I_c\ r_e\ D` + I_c\ r_e\ D)$$

$$\hat{v}_{ap} = \frac{\hat{v}_{cp}}{D} + \hat{i}_c\ r_e\ D` - [Vap - Ic\ r_e\ D]\frac{\hat{d}}{D}$$

Fazendo $VD = Vap - Icr_eD` + Icr_eD$

$$\hat{v}_{ap} = \frac{\hat{v}_{cp}}{D} + \hat{i}_c\ r_e\ D` - VD\frac{\hat{d}}{D}$$

Resumindo, temos:

$$\hat{i}_a = \hat{d}\ I_c + D\ \hat{i}_c$$

$$\hat{v}_{ap} = \frac{\hat{v}_{cp}}{D} + \hat{i}_c\ r_e\ D` - VD\frac{\hat{d}}{D} \qquad \text{Eq. 3.9}$$

O circuito do modelo PWM para variações na largura de pulso e que atende a Equação 3.9 é visto na Figura 3.6.

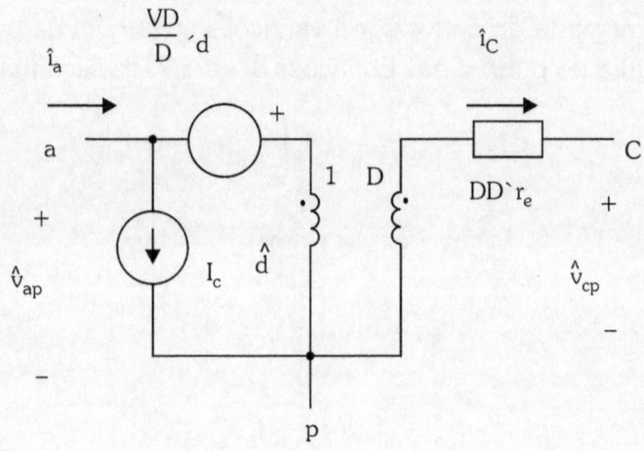

Figura 3.6 - Circuito da chave PWM para variações em d.

Exemplo 3.1

Calcule o ganho do controle, a audiossusceptibilidade, a impedância de entrada e a impedância de saída do conversor Buck-Boost, utilizando o modelo da chave PWM. Use todos os resistores parasitas.

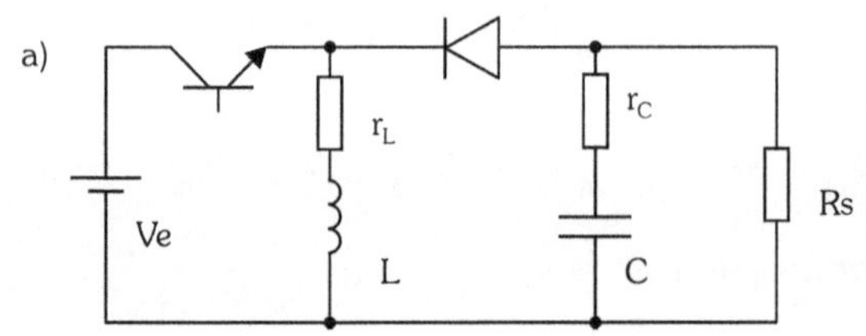

Figura 3.7a - Conversor Buck-Boost com resistores parasitas.

A Figura 3.7b apresenta o circuito para calcularmos o ganho CC da audiossusceptibilidade.

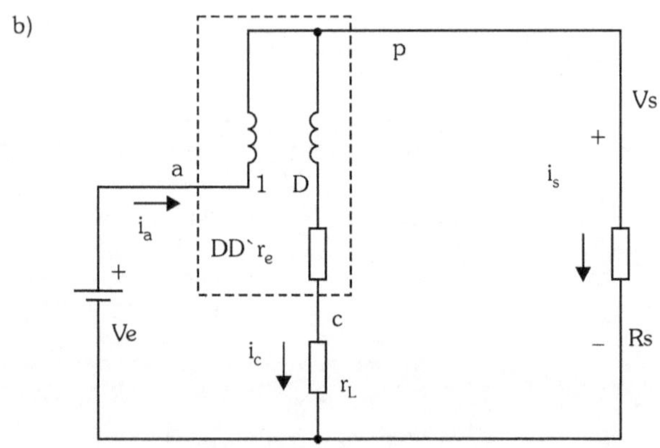

Figura 3.7b

Para o cálculo do ganho CC entre entrada e saída, devemos fazer um curto-circuito no indutor e um circuito aberto no capacitor e usar o modelo CC da chave PWM. Com isso, o ganho pode ser facilmente calculado por:

$$(D\,D`\,r_e + r_L)\,i_c - D\,(Ve - Vs) - Vs = 0$$

$$i_a = D\,i_c$$

$$i_a - i_c - i_s = 0$$

Que resulta em:

$$\frac{Vs}{Ve} = -\frac{D}{D`}\frac{Rs}{Rs + \frac{D}{D`}r_e + \frac{r_L}{D`^2}}$$

Sendo $r_e = r_C//Rs$

c)

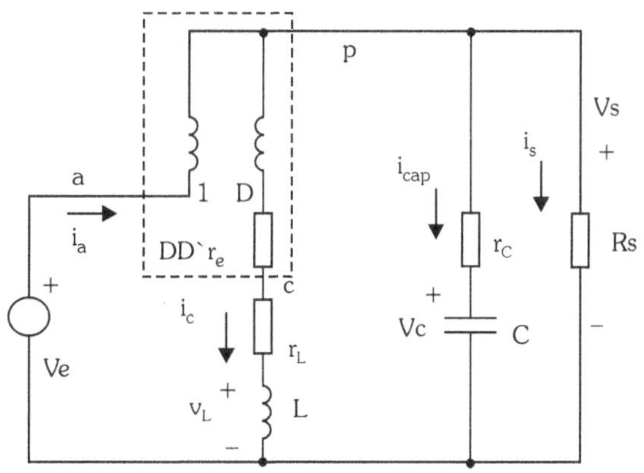

Figura 3.7c

Com o circuito da Figura 3.7c calculamos a audiossusceptibilidade. As equações são:

$$v_L + (r_L + D\,D`\,r_e)\,i_c - D\,(v_e - v_S) - r_C\,i_{cap} - v_C = 0$$

$$v_C + r_C\,i_{cap} - v_S = 0$$

$$-i_a + i_c + i_{cap} + i_s = 0$$

$$i_a = D\,i_c$$

$$v_S = Rs\,i_s$$

e encontramos

$$\frac{v_S}{v_e} = -\frac{D}{D`}\frac{Rs}{Rs + \frac{r_L}{D`^2} + \frac{D}{D`}r_e}\,\frac{1 + s\,C\,r_C}{1 + \frac{s}{w_Q} + \frac{s^2}{w^2}}$$

$$w = \sqrt{\frac{D^{`2}\,Rs + r_L + D\,D`\,r_e}{L\,C\,(Rs + r_C)}}$$

$$Q = \frac{D^{`2}\,Rs + r_L + D\,D`\,r_e}{w\,Rs\left(r_L + D`\,r_C + D\,D`\,r_e\right)}$$

A impedância de entrada pode ser calculada por:

$$Zin = \frac{v_e}{i_a} = Rin\frac{1 + \dfrac{s}{w\,Q} + \dfrac{s^2}{w^2}}{1 + \dfrac{s}{w_p}}$$

em que:

$$Rin = \frac{D^{`2}Rs + r_L + D\,D`\,r_e}{D^2}$$

$$w_p = \frac{1}{C\,(Rs + r_C)}$$

Para o cálculo do ganho do controle utilizamos o circuito da Figura 3.7d. As equações são (para o ponto de operação, Figura 3.7b):

Ponto de operação:

$$Ic = -\frac{Vs}{D`\,Rs}$$

$$Vap = Ve - Vs$$

$$VD = Ve - Vs - \frac{Vs}{D`\,Rs}(D - D`)\,r_e$$

$$VD \cong -\frac{Vs}{D}$$

d)

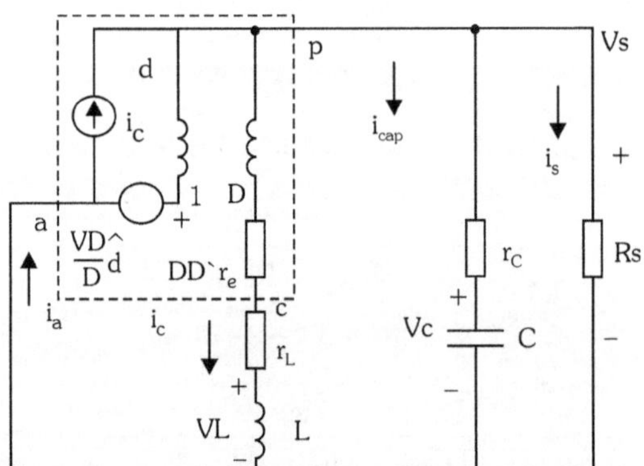

Figura 3.7d

temos:

$$v_L + (r_L + D\,D`\,r_e)\,i_c - D\,(\frac{V_D}{D}\,\hat{d} - v_S) - r_C\ i_{cap} - v_C = 0$$

$$v_C + r_C\ i_{cap} - v_S = 0$$

$$-i_a + i_C + i_{cap} + i_S = 0$$

$$i_a - I_C\ \hat{d} = D\ i_C$$

$$i_S = \frac{v_S}{Rs}$$

Resolvendo, encontramos:

$$\frac{v_S}{\hat{d}} = Kd\frac{\left[1 - \frac{s}{w_{rhp}}\right]\left[1 + \frac{s}{w_a}\right]}{1 + \frac{s}{w_Q} + \frac{s^2}{w^2}}$$

sendo

$$Kd = \frac{Vs}{D`}$$

$$w_a = \frac{1}{C\ r_C}$$

$$w_{rhp} = \frac{Rs\ D`^2 - (r_L + D\,D`\,r_e)\,D}{L\ D}$$

Podemos notar que o circuito possui dois zeros e dois polos, e um dos zeros está no lado direito do plano complexo, portanto trata-se de um sistema de fase mínima não zero.

Por último, vamos calcular a impedância de saída. Para isso introduzimos uma fonte de tensão v_g no circuito, como visto na Figura 3.7e.

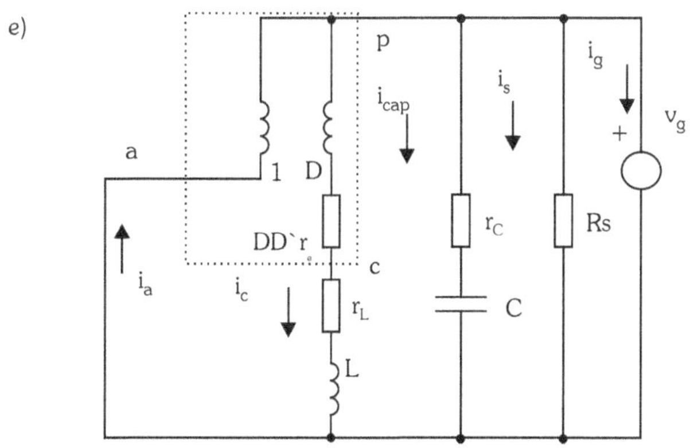

Figura 3.7e

As equações são:

$$v_L + (r_L + D\,D`\,r_e)\,i_C + D\,v_g - v_g = 0$$

$$v_C + i_{cap}\,r_C - v_g = 0$$

$$-i_a + i_C + i_{cap} + i_S + i_g = 0$$

$$i_a = D\,i_C$$

$$i_S = \frac{Vg}{Rs}$$

Resolvendo, encontramos:

$$Zout = \frac{v_g}{i_g} = Rout\frac{\left[1+\frac{s}{w_R}\right]\left[1+\frac{s}{w_a}\right]}{1+\frac{s}{w_Q}+\frac{s^2}{w^2}}$$

em que:

$$Rout = Rs\,//\left[\frac{r_L + D\,D`\,r_e}{D`^2}\right]$$

$$w_R = \frac{r_L + D\,D`\,r_e}{L}$$

No Exemplo 3.1, conseguimos calcular os principais parâmetros do conversor Buck-Boost listados no item 3.3 e Equação 3.1.

Com o modelo da chave PWM todos os parâmetros podem ser facilmente calculados para todos os conversores usuais. Por comodidade, algumas vezes não usamos as variáveis com acento circunflexo.

3.4.2 Modelo da Chave PWM - Modo Descontínuo de Corrente

Da mesma forma como vimos para o modo contínuo, existem relações invariantes entre tensões e correntes nos pontos **a**, **c** e **p** da chave PWM, no modo descontínuo de corrente. Na Figura 3.8, vemos a chave PWM na configuração **c**-comum (similar a emissor-comum nos transistores), e as formas de onda de corrente nos terminais **a** e **p**.

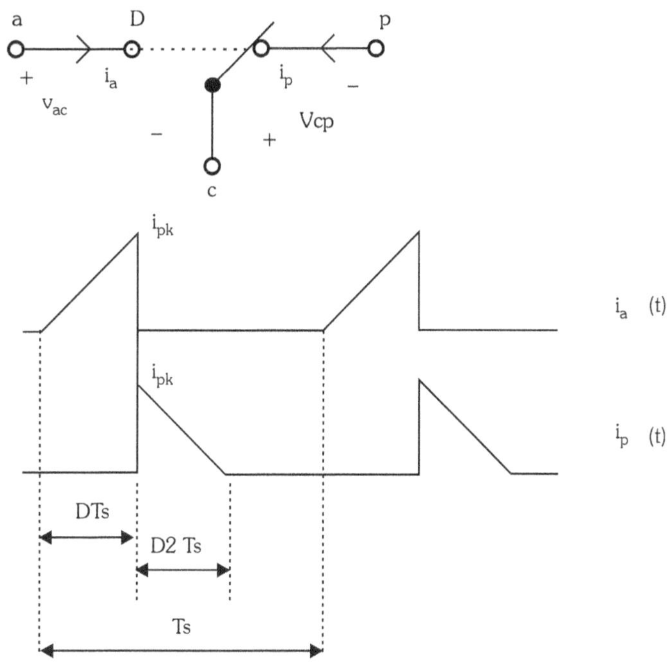

Figura 3.8 - Correntes e tensões nos terminais a, p e c, para cálculo do modelo da chave PWM no modo descontínuo de corrente.

As seguintes expressões podem ser facilmente obtidas do gráfico da Figura 3.8.

$$i_a = \frac{i_{pk}}{2} d \qquad \text{Eq. 3.10}$$

$$i_p = \frac{i_{pk}}{2} d_2 \qquad \text{Eq. 3.11}$$

$$v_{ac} = L \frac{i_{pk}}{d \; Ts} \qquad \text{Eq. 3.12}$$

$$v_{cp} = L \frac{i_{pk}}{d_2 \; Ts} \qquad \text{Eq. 3.13}$$

Dessas equações, podemos obter as seguintes relações:

$$i_a = \frac{d}{d_2} i_p \qquad \text{Eq. 3.14}$$

$$v_{ac} = \frac{d_2}{d} v_{cp} \qquad \text{Eq. 3.15}$$

$$d_2 = \frac{2\,L\,Fs}{d} \frac{i_a}{v_{cp}} = \frac{2\,L\,Fs}{d} \frac{i_p}{v_{ac}} \qquad \text{Eq. 3.16}$$

O modelo obtido das Equações 3.14, 3.15 e 3.16 é visto na Figura 3.9.

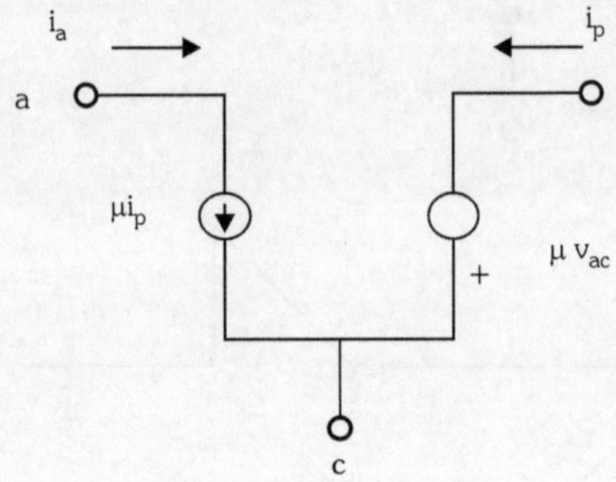

Figura 3.9 - Modelo CC da chave PWM no modo descontínuo.

Sendo:

$$\mu = \frac{d^2}{2\ L\ Fs} \frac{v_{cp}}{i_a} = \frac{d^2}{2\ L\ Fs} \frac{v_{ac}}{i_p} \qquad \text{Eq. 3.17}$$

$$i_a = \mu\ i_p \qquad \text{Eq. 3.18}$$

$$v_{cp} = \mu\ v_{ac} \qquad \text{Eq. 3.19}$$

Para obtermos o modelo CA, substituímos 3.17 em 3.18 e obtemos 3.20 que será usada para linearizar o modelo (as letras maiúsculas definem o ponto de operação).

$$i_a = \frac{d^2}{2LFs} v_{ac} \qquad \text{Eq. 3.20}$$

Derivando em relação a d e v_{ac}, temos:

$$\hat{i}_a = \frac{D\ v_{ac}}{L\ Fs} \hat{d} + \frac{D^2}{2\ L\ Fs} \hat{v}_{ac}$$

que pode ser escrito por:

$$\hat{i}_a = k_i\ \hat{d} + g_i\ \hat{v}_{ac} \qquad \text{Eq. 3.21}$$

sendo

$$k_i = \frac{D\ v_{ac}}{L\ Fs} \qquad \text{Eq. 3.22a}$$

$$g_i = \frac{D^2}{2\ L\ Fs} \qquad \text{Eq. 3.22b}$$

Da mesma forma, obtemos i_p pelas Equações 3.14, 3.15 e 3.16 e é vista na Equação 3.23.

$$i_p = \frac{d^2 v_{ac}^2}{2 L Fs v_{cp}} \qquad \text{Eq. 3.23}$$

Derivando 3.23 em relação a d, v_{ac} e v_{cp}, temos (isso significa perturbação em um dado ponto de operação):

$$\hat{i}_p = \frac{D\ v_{ac}^2}{L\ Fs\ v_{cp}} \hat{d} + \frac{D^2\ v_{ac}}{L\ Fs\ v_{cp}} \hat{v}_{ac} - \frac{D^2\ v_{ac}^2}{2\ L\ Fs\ v_{cp}^2} \hat{v}_{cp} \qquad \text{Eq. 3.24}$$

que pode ser escrito por:

$$\hat{i}_p = k_0\ \hat{d} + g_f\ \hat{v}_{ac} - g_0\ \hat{v}_{cp} \qquad \text{Eq. 3.25}$$

em que:

$$k_0 = \frac{D\ v_{ac}^2}{L\ Fs\ v_{cp}} \qquad \text{Eq. 3.26a}$$

$$g_f = \frac{D^2\ v_{ac}}{L\ Fs\ v_{cp}} \qquad \text{Eq. 3.26b}$$

$$g_0 = \frac{D^2\ v_{ac}^2}{2\ L\ Fs\ v_{cp}^2} \qquad \text{Eq. 3.26c}$$

As Equações 3.25 e 3.26 definem o modelo CA da chave PWM. O circuito pode ser visto na Figura 3.10.

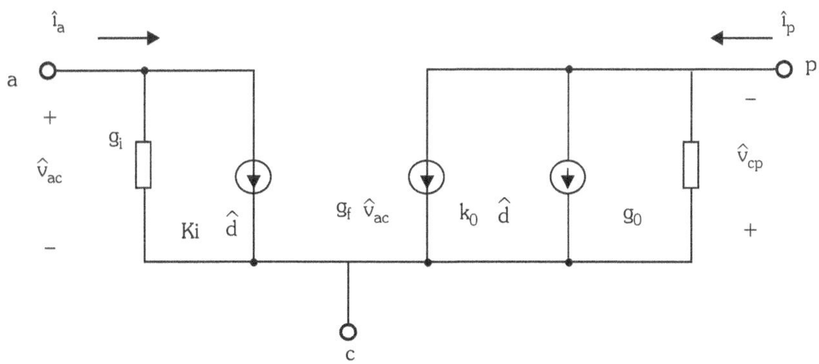

Figura 3.10 - Modelo CA da chave PWM no modo descontínuo de corrente para pequenos sinais.

Vamos ver como aplicar o modelo da chave PWM para o conversor Buck-Boost.

Inicialmente vamos definir M e k da seguinte forma: M é a relação (CC) entre a tensão de saída e tensão de entrada, ou seja,

$$M = \frac{Vs}{Ve} \qquad \text{Eq. 3.27}$$

e k é definido por:

$$k = \frac{2\ L\ Fs}{Rs} \qquad \text{Eq. 3.28}$$

sendo L = indutância do conversor

Fs = frequência de chaveamento

Rs = resistência de carga

Tanto M quanto k são números adimensionais. Sua utilidade ficará clara mais adiante.

Para conhecermos a condição estável (CC) de um conversor no modo descontínuo, vamos aplicar o modelo da chave PWM visto na Figura 3.9, como vemos na Figura 3.11.

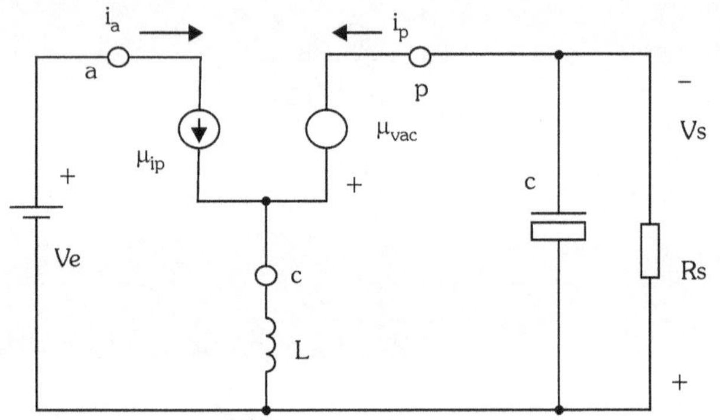

Figura 3.11 - Aplicação do modelo da chave PWM no modo descontínuo em um conversor Buck-Boost.

Para calcularmos a condição CC, vamos dar um curto no indutor e abrir o capacitor, como vemos na Figura 3.12.

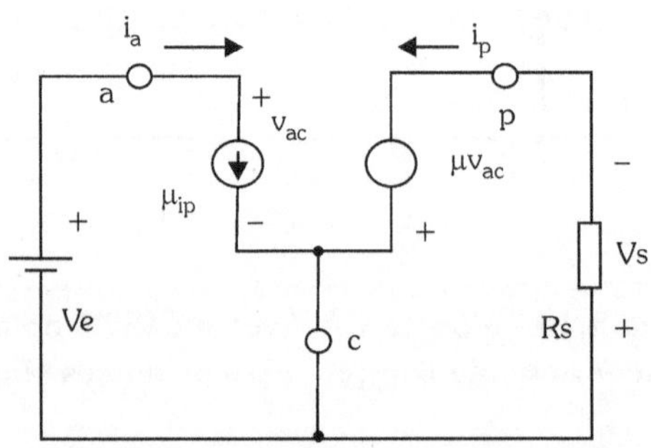

Figura 3.12 - Circuito para o cálculo da condição CC em um conversor Buck-Boost no modo descontínuo, usando o modelo da chave PWM.

Desse circuito podemos verificar facilmente que:

$$Ia = \mu \; Ip$$
$$Vs = \mu \; v_{ac} \qquad \text{Eq. 3.29}$$
$$v_{ac} = Ve$$

e podemos escrever que:

$$M = \frac{Vs}{Ve} = \frac{\mu \; v_{ac}}{v_{ac}} = \mu \qquad \text{Eq. 3.30}$$

$$\mu = \frac{D^2}{2\,L\,Fs}\frac{v_{ac}}{Ip}$$

como $\quad v_{ac} = Ve \;\; e \;\; Ip = \dfrac{Vs}{Rs}$

$$\mu = \frac{D^2}{2\,L\,Fs}\frac{Ve}{\frac{Vs}{Rs}} = \frac{Rs}{2\,L\,Fs}\frac{Ve}{Vs}D^2$$

$$\mu = \frac{D^2}{k\,\mu} \therefore \mu^2 = \frac{D^2}{k} \qquad \text{Eq. 3.31}$$

$$M = \frac{D}{\sqrt{k}}$$

Verifique que essa equação é idêntica à encontrada no Capítulo 2 na Equação 2.71. Para o modo contínuo, M é dado pela Equação 2.63. No limite entre os modos contínuo e descontínuo, temos:

$$M = \frac{D}{1-D} \qquad \text{Modo contínuo}$$

$$M = \frac{D}{\sqrt{k}} \qquad \text{Modo descontíuo}$$

igualando-se M, encontramos k_C (k crítico):

$$\frac{D}{1-D} = \frac{D}{\sqrt{k_C}} \therefore k_C = (1-D)^2 \qquad \text{Eq. 3.32}$$

Podemos calcular k_C (no limite entre os modos contínuo e descontínuo) em relação a M e encontramos:

$$k_C = \frac{1}{(1+M)^2} \qquad \text{Eq. 3.33}$$

O valor de k no limite entre os modos contínuo e descontínuo é dado por k_C, com o qual podemos calcular o indutor para funcionamento no modo descontínuo. No modo descontínuo, a largura de pulso é máxima quando a tensão de entrada for mínima e a corrente de saída for máxima. Sendo assim, devemos usar o valor de D máximo nestas condições. Existe então um valor máximo de indutância que permite o funcionamento no modo descontínuo com as condições limites citadas. Com isso temos:

$$k_C = \frac{2\ \text{Lmax}\ \text{Fs}}{\text{Rsmin}} = (1-D)^2$$

$$\text{Lmax} = \frac{(1-D)^2\ \text{Rsmin}}{2\ \text{Fs}}$$

Como $$\text{Rsmin} = \frac{\text{Vs}}{\text{Ismax}}$$

obtemos:

$$\text{Lmax} = \frac{(1-D)^2\ \text{Vs}}{2\ \text{Fs}\ \text{Ismax}} \qquad \text{Eq. 3.34}$$

Podemos calcular também o tempo de condução do diodo, que é dado pela Equação 3.16, e encontramos:

$$D2 = \frac{2\ L\ \text{Fs}}{D}\frac{\text{Ip}}{v_{ac}} = \frac{2\ L\ \text{Fs}}{D}\frac{\text{Vs}}{\text{Rs}}\frac{1}{\text{Ve}}$$

$$D2 = \frac{2\ L\ \text{Fs}}{\text{Rs}}\frac{\text{Vs}}{\text{Ve}}\frac{1}{D} = \frac{kM}{D}$$

Como já vimos que $D = M\sqrt{k}$, obtemos:

$$D2 = \sqrt{k} \qquad \text{Eq. 3.35}$$

Para o cálculo da audiossusceptibilidade e do ganho do controle vamos usar o modelo CA da chave PWM. O circuito pode ser visto na Figura 3.13.

Vamos inicialmente calcular o valor de g_i, g_f, g_o, k_i e k_o. Pelas Equações 3.22 e 3.26 e levando em consideração que:

$$\text{Ia} = \mu\text{Ip},\ \text{Ip} = \text{Is},\ \text{Vac} = \text{Ve},\ \text{Vcp} = \text{Vs},\ \text{Vs} = \text{MVe},\ k = \frac{2\ L\ \text{Fs}}{\text{Rs}}$$

obtemos:

$$
\begin{aligned}
g_i &= \frac{M^2}{Rs} \\
k_i &= \frac{2\,Is}{\sqrt{k}} \\
g_o &= \frac{1}{Rs} \\
k_o &= \frac{2\,Is}{M\sqrt{k}} \\
g_f &= \frac{2\,M}{Rs}
\end{aligned}
\qquad \text{Eq. 3.36}
$$

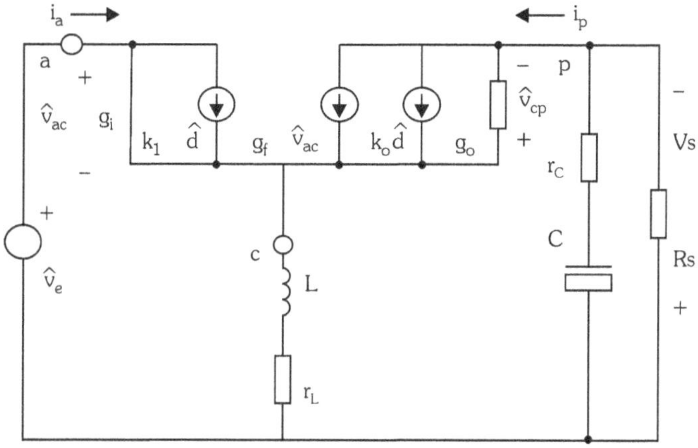

Figura 3.13 - Circuito do conversor Buck-Boost com o modelo AC da chave PWM de Vorpérian.

O cálculo da audiossusceptibilidade pressupõe que a largura de pulso d é constante (D = fixo) e então devemos fazer $\hat{d} = 0$ na Figura 3.13. Sendo assim, o circuito da Figura 3.13 pode ser resolvido por qualquer método da teoria dos circuitos e obtemos:

$$\frac{\hat{v}_s}{\hat{v}_e} = K_v \frac{\left(1+\dfrac{s}{Wa}\right)\left(1+\dfrac{s}{Wb}\right)}{1+a_1 s+a_2 s^2}$$

sendo:

$$
\begin{aligned}
Kv &\cong M \\
Wa &= \frac{1}{C\,r\,C} \\
W_b &\cong \frac{\left(3\,M+M^2\right) r_L - Rs}{M\,L\,(3+M)}
\end{aligned}
$$

$$a_1 \cong \frac{C\ Rs + \frac{L}{Rs}(2\,M + 2\,M^2 + 1)}{2}$$

$$a_2 \cong \frac{L\ C\ (M+1)^2}{2}$$

Vemos então que o conversor Buck-Boost, funcionando no modo descontínuo de corrente, é um sistema de segunda ordem. Isso já era esperado, pois o mesmo conversor no modo contínuo também é um sistema de segunda ordem (um capacitor e um indutor). No início das pesquisas sobre os conversores CC, era normal supor que os conversores, quando funcionando no modo descontínuo, fossem sistemas de primeira ordem, ou seja, possuíam apenas um polo. Estas suposições eram motivadas pelas análises de transientes em conversores no modo descontínuo, que revelavam um funcionamento condizente com sistemas de primeira ordem. A explicação que era dada para a redução da ordem do sistema estava no indutor. No modo descontínuo, a corrente no indutor é zero no início da condução do transistor, e também é zero no fim da condução do diodo. Isso levou à crença da perda de condição de variável de estado para o indutor, fazendo com que o sistema diminuísse de ordem. Na realidade, isso não acontece e o que se nota é que um dos polos se desloca para valores maiores que a frequência de chaveamento, não sendo mais dominante para o sistema.

Para calcularmos o ganho do controle, devemos zerar a tensão Ve da Figura 3.23 e resolvendo o circuito encontramos:

$$\frac{\hat{v}_S}{\hat{d}} = Kd \frac{\left(1 + \frac{s}{Wa}\right)\left(1 - \frac{s}{Wrhp}\right)}{1 + a_1\ s + a_2\ s^2}$$

$$Kd \cong \frac{V_S}{M\ \sqrt{k}}$$

Sendo:

$$Wa = \frac{1}{C\ r_C}$$

$$Wrhp \cong \frac{R_S - r_L\ M\ (M+1)}{L\ (1+M)\ M}$$

Podemos notar também que o conversor Buck-Boost no modo descontínuo de corrente possui um zero no lado direito do plano complexo. Isso acontece no modo contínuo e então, poderíamos supor essa característica também no modo descontínuo. No entanto, a influência desse zero no modo descontínuo de corrente não é tão prejudicial para o sistema, pois sua frequência é maior que a metade da frequência de chaveamento do conversor.

Vimos que o modelo da chave PWM oferece uma visão do comportamento do conversor e permite calcular o circuito de compensação em frequência que será visto no Capítulo 5.

Vamos ver um exemplo de projeto de um conversor Buck-Boost no modo descontínuo.

Exemplo 3.2

Calcule o valor do indutor e do capacitor em um conversor Buck-Boost que deve funcionar no modo descontínuo de corrente e deve atender às seguintes especificações:

- ✓ Tensão máxima de entrada = 15 volts
- ✓ Tensão mínima de entrada = 9 volts
- ✓ Corrente máxima na saída = 2 amperes
- ✓ Tensão de saída = –6 volts
- ✓ Frequência de chaveamento = 20 kHz
- ✓ Ondulação na saída (ripple) = 100 milivolts máximo
- ✓ Suponha $r_L = 0{,}1\ \Omega$ e $r_C = 0{,}1\ \Omega$

Solução

O conversor deve permanecer no modo descontínuo para todos os valores de tensão de entrada e corrente de saída especificados. O pior caso é conseguido para tensão mínima de entrada e corrente máxima de saída. Assim, o valor de M máximo é:

$$M = \frac{|Vs|}{Ve} = 0{,}6667$$

Com esse valor vamos calcular k_c

$$k_c = (1 - D\,max)^2 = \frac{1}{(1+M)^2} = 0{,}36$$

Para corrente máxima obtemos Rsmin

$$Rsmin = \frac{|Vs|}{Ismax} = 3\ \ \Omega$$

E calculamos L por:

$$L = \frac{k_c\ Rsmin}{2\ Fs} = 27\ \mu H$$

A largura do pulso máxima será

$$Dmax = M\sqrt{k_c} = 0{,}4$$

O valor do capacitor pode ser calculado por:

$$C = \frac{Dmax\ \ Ismax}{Vrpp\ \ Fs} = 400\ \mu F$$

Vamos escolher um ponto de operação para traçarmos os diagramas de Bode para a audiossusceptibilidade e ganho do controle:

✓ Escolhemos Is = 0,5 amperes e tensão de entrada Ve = 10 volts

✓ Para esses valores temos M = 0,6 e k = 0,09 e Rs = 12 Ω

Vamos calcular os valores dos polos e zeros para a audiossusceptibilidade e ganho do controle:

$$Kv = M \therefore Kv = 0,6$$

$$Wa = \frac{1}{Cr\,C} \therefore f_A = 3,978 \text{ kHz}$$

$$Wb = \frac{Rs - r_L\left(3\,M + M^2\right)}{L\,M\,(3+M)} \therefore f_B = 32,1 \text{ kHz}$$

$$a_1 = 0,0024 \text{ [rad/seg] e } a_2 = 13,76 \times 10^{-9} \text{ [rsd/seg]}^2$$

$$Kd = \frac{Vs}{M\sqrt{k}} \therefore Kd = 33,3$$

$$Wc = \frac{Rs - r_L \quad (M+1)}{L \quad M \quad (M+1)} \therefore f_C = 72,7 \text{ kHz}$$

Como podemos notar, a frequência do zero do lado direito do plano complexo é de 72,7 kHz, bem maior que a frequência de chaveamento do conversor (20 kHz). Os polos podem ser calculados por a_1 e a_2 e encontramos:

$$f_{P1} = 65,18 \text{ Hz}$$

$$f_{P2} = 28,2 \text{ kHz}$$

Veja como um dos polos encontra-se acima da frequência de chaveamento. Para frequências abaixo de Fs/2, o conversor funciona como se fosse um sistema de primeira ordem.

Para os outros conversores, o procedimento de cálculo é similar e está resumido nas Tabelas 3.2 até 3.11.

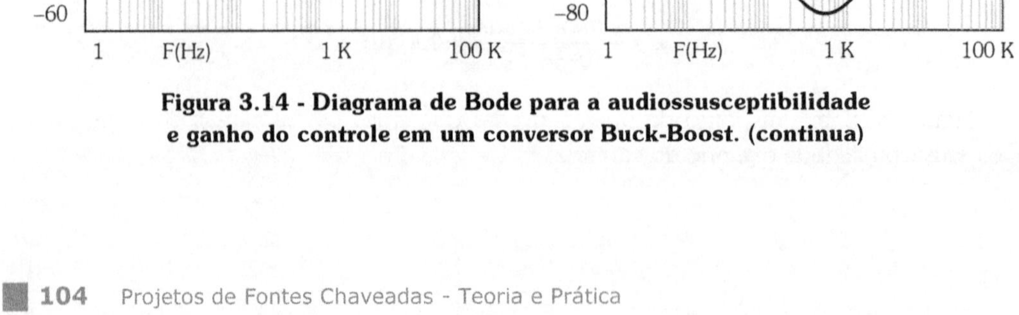

Figura 3.14 - Diagrama de Bode para a audiossusceptibilidade e ganho do controle em um conversor Buck-Boost. (continua)

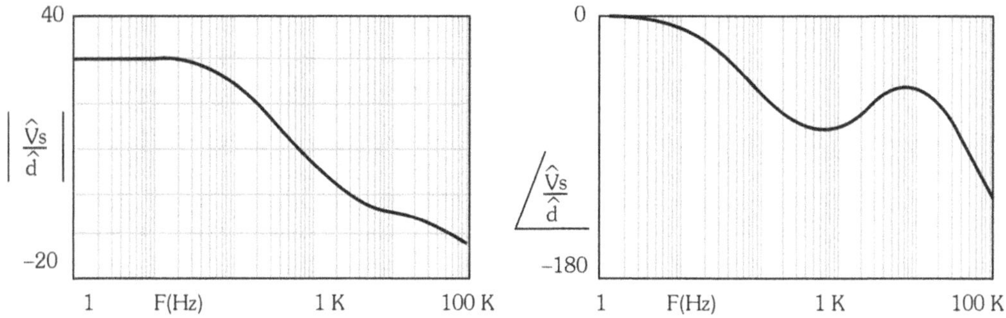

Figura 3.14 - Diagrama de Bode para a audiossusceptibilidade e ganho do controle em um conversor Buck-Boost. (continuação)

Tabela 3.2 - Modo descontínuo - parâmetros CC.

	M	**M**	**D**	**D1**	$\mathbf{k_c}$	$\mathbf{k_c}$
Buck	$\frac{\mu}{\mu+1}$	$\frac{2}{1+\sqrt{1+\frac{4k}{D^2}}}$	$M\sqrt{\frac{k}{1-M}}$	$\sqrt{k(1-M)}$	1-M	1-D
Boost	$\mu+1$	$\frac{1+\sqrt{1+\frac{4D^2}{k}}}{2}$	$\sqrt{kM(M-1)}$	$\sqrt{\frac{kM}{M-1}}$	$\frac{M-1}{M^3}$	$D(1-D)^2$
Buck-Boost CUK SEPIC ZETA	μ	$\frac{D}{\sqrt{k}}$	$M\sqrt{k}$	$\sqrt{k}$	$\frac{1}{(1+M)^2}$	$(1-D)^2$

Tabela 3.3 - Modo descontínuo - parâmetros AC.

	$\mathbf{g_i}$	$\mathbf{g_o}$	$\mathbf{g_f}$	$\mathbf{k_i}$	$\mathbf{k_o}$
Buck	$\frac{1}{Rs}\frac{M^2}{1-M}$	$\frac{1-M}{Rs}$	$\frac{2M}{Rs}$	$2Is\sqrt{\frac{1-M}{k}}$	$2Is\frac{1-M}{M}\sqrt{\frac{1-M}{k}}$
Boost	$\frac{M(1-M)}{Rs}$	$\frac{M}{Rs(M-1)}$	$\frac{2M}{Rs}$	$2Is\sqrt{\frac{M-1}{Mk}}$	$\frac{2I_S}{\sqrt{kM(M-1)}}$
Buck-Boost CUK SEPIC ZETA	$\frac{M^2}{Rs}$	$\frac{1}{Rs}$	$\frac{2M}{Rs}$	$\frac{2Is}{\sqrt{k}}$	$\frac{2Is}{M\sqrt{k}}$

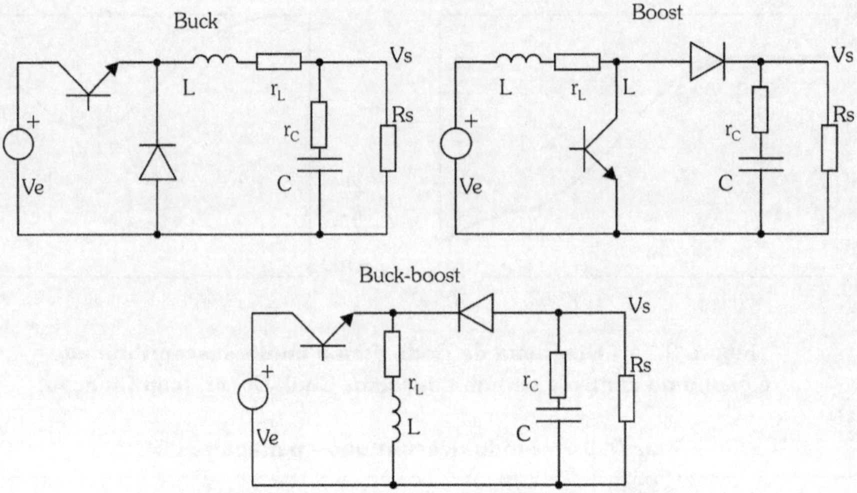

Figura 3.15 - Circuitos usados para o cálculo dos conversores Buck, Boost e Buck-Boost.

Tabela 3.4 - Conversores Buck, Boost e Buck-Boost no modo contínuo de corrente.

	Buck	Boost	Buck-Boost
wza	$\frac{1}{CrC}$	$\frac{1}{CrC}$	$\frac{1}{CrC}$
wzb	-	$\frac{Rs(1-D)^2 - r_L}{L}$	$\frac{Rs(1-D)^2}{DL}$
W0	$\frac{1}{\sqrt{LC}}\sqrt{\frac{Rs+r_L}{Rs+r_C}}$	$\frac{1}{\sqrt{LC}}\sqrt{\frac{Rs(1-D)^2+r_L}{Rs}}$	$\sqrt{\frac{Rs(1-D)^2+r_L+D(1-D)r_C}{(LC)(Rs+r_C)}}$
Q	$\frac{W0\cdot L}{r_C+r_L+\frac{L}{C(Rs+r_C)}}$	$\frac{W0\cdot L}{r_L+(1-D)r_C+\frac{L}{C(Rs+r_C)}}$	$\frac{W0\cdot L}{(1-D)r_C+r_L+\frac{L}{C(Rs+r_C)}}$
Kd	Ve	$\frac{Vs}{(1-D)}\left[\frac{Rs(1-D)^2-r_C(1-D)-r_L}{Rs(1-D)^2+r_C(1-D)+r_L}\right]$	$\frac{Vs}{D(1-D)}$
Kv	$D\frac{Rs}{Rs+r_L}$	$\frac{Rs(1-D)}{Rs(1-D)^2+r_L+D(1-D)r_C}$	$\frac{D(1-D)Rs}{Rs(1-D)^2+r_L+D(1-D)r_C}$

$$\frac{\hat{V}s}{\hat{d}(s)} = Kd\frac{\left[1+\frac{s}{wza}\right]\left[1-\frac{s}{wzb}\right]}{1+\frac{s}{W0Q}+\frac{s^2}{W0^2}} \qquad \text{Eq. 3.37}$$

$$\frac{\hat{V}s(s)}{\hat{V}e(s)} = Kv\frac{\left[1+\frac{s}{wza}\right]}{1+\frac{s}{W0Q}+\frac{s^2}{W0^2}} \qquad \text{Eq. 3.38}$$

Tabela 3.5 - Conversores Buck, Boost e Buck-Boost no modo descontínuo de corrente.

	Buck	**Buck-Boost**	**Boost**
Wa	$\frac{1}{CrC}$	$\frac{1}{CrC}$	$\frac{1}{CrC}$
Wb	_	$\frac{2\ Rs}{L(4+M)}$	_
Wc	_	$\frac{Rs - r_L(M+1)}{L\,M(M+1)}$	$\frac{Rs - r_L\,M^2}{L\,M^2}$
Kv	$\frac{2M^2-2M+1}{2-M}$	M	$\frac{M\,R_S}{Rs + r_L\ M^2}$
Kd	$\frac{2Vs\,(1-M)}{M(2-M)}\sqrt{\frac{1-M}{k}}$	$\frac{Vs}{M\sqrt{k}}$	$\frac{2Vs\,\sqrt{(M-1)/kM}}{2M-1}$
a_1	$\frac{CRs\,(1-M)+\frac{L}{Rs}}{2-M}$	$\frac{CRs+\frac{L}{Rs}\left(2\,M+2\,M^2+1\right)}{2}$	$CRs\frac{M-1}{2M-1}+\frac{L}{Rs}M^2$
a_2	$\frac{LC}{2-M}$	$\frac{LC(M+1)^2}{2}$	$LC\frac{M^3}{2M-1}$

$$\frac{\hat{V}s}{\hat{V}e} = Kv\frac{\left(1+\frac{s}{Wa}\right)\left(1+\frac{s}{Wb}\right)}{1+a_1s+a_2s^2} \qquad \text{Eq. 3.39}$$

$$\frac{\hat{V}s}{\hat{d}} = Kd\frac{\left(1+\frac{s}{Wa}\right)\left(1-\frac{s}{Wa}\right)}{1+a_1 s+a_2 s^2} \qquad \text{Eq. 3.40}$$

Tabela 3.6 - Conversor CUK no modo contínuo de corrente.

	CUK
wza	$\frac{1}{C1\ r_{C1}}$
wzb	$\frac{1}{C2\ r_{C2}}$
Pd	$C1\ r_{C1}+\frac{C1\ Rs\ r_{L1}(1-D)-L1\ D^2}{Rs(1-D)^2}$
Qd	$\frac{C1\ L1}{1-D}$
a_1	$\frac{L1\ D^2+L2\ (1-D)^2+C1\ Rs\ (r_{C1}(1-D)^2+r_{L1})+C2\ Rs\ (r_{C2}+r_{L2}+r_{L1}\ D^2)}{Rs\ (1-D)^2+r_{L1}\ D^2+r_{L2}(1-D)^2}$
a_2	$\frac{L1\ C1\ Rs+L1\ C2\ Rs+L2\ C2\ RsD'^2+L2\ C1(r_{C1}D'^2+r_{L1})+ +C1\ C2\ Rs(r_{L1}(r_{C1}+r_{C2}+r_{L2})+r_{C1}D'^2(r_{C2}+r_{L2}))}{RsD'^2+r_{L1}\ D^2+r_{L2}\ D'^2}$
a_3	$\frac{L1\ C1\ C2\ Rs(r_{C1}D^2+r_{C2}+r_{L2})}{RsD'^2+r_{L1}\ D^2+r_{L2}\ D'^2}$
a_4	$\frac{L1\ L2\ C1\ C2(Rs+r_{C2})}{RsD'^2+r_{L1}D^2+r_{L2}D'^2}$
Kd	$\frac{Vs}{D(1-D)}$
Kv	$\frac{D}{1-D}\frac{Rs}{Rs+r_{L2}+\left[\frac{D}{1-D}\right]^2 r_{L1}}$

$$\frac{\hat{V}s}{\hat{V}e} = Kv\frac{\left[1+\frac{s}{wza}\right]\left[1+\frac{s}{wzb}\right]}{1+a1s+a2s^2+a3s^3+a4s^4} \qquad \text{Eq. 3.41}$$

$$\frac{\hat{V}s(s)}{\hat{d}(s)} = Kd\frac{\left[1+\dfrac{s}{wzb}\right]\left[1+Pd \cdot s+Qd \cdot s^2\right]}{1+a1s+a2s^2+a3s^3+a4s^4} \qquad \text{Eq. 3.42}$$

Observação: D\` = 1 – D

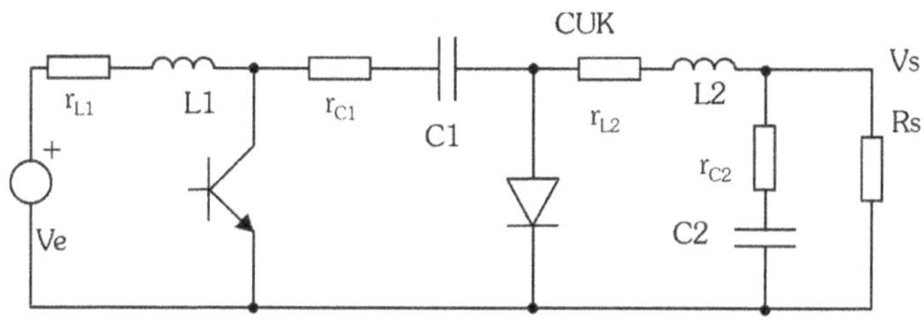

Figura 3.16

Tabela 3.7 - Conversor ZETA no modo contínuo de corrente.

	ZETA
wzb	$\dfrac{1}{C2\ r_{C2}}$
Pd	$\dfrac{C1\ Rs(1-D)(r_{C1}+r_{L1})-L1\ D^2}{Rs(1-D)^2}$
Qd	$\dfrac{L1\ C1}{(1-D)}$
W0	$\sqrt{\dfrac{(1-D)}{L1C1}}$
Q	$\dfrac{W0\ \ L1}{r_{L1}+(1-D)r_{C1}}$
a_1	$\dfrac{L1\ D^2+L2\,D^{\grave{}2}+C1\ Rs(r_{C1}D^{\grave{}2}+r_{L1})+C2\ Rs(r_{L2}+r_{C2})}{Rs\ D^{\grave{}2}}$
a_2	$\dfrac{l1\ C1\ Rs+C2\ Rs(L1+C1\,r_{C1}\,r_{L1})+L2\ C2\ Rs\,D^{\grave{}2}+C1\ C2\,r_{L1}\left[r_{C2}+r_{L2}+\dfrac{L2}{C2\,Rs}\right]}{Rs\,D^{\grave{}2}}$
a_3	$\dfrac{L1\ L2\ C1+L2\ C2\ C1\ Rs\,r_{L1}+L1\ C1\ C2(r_{C2}+r_{L2})Rs}{Rs\,D^{\grave{}2}}$
a_4	$\dfrac{L1\ L2\ C1\ C2}{D^{\grave{}2}}$

	ZETA
Kd	$\frac{Ve}{(1-D)^2}$
Kv	$\frac{D}{(1-D)}\frac{Rs}{Rs+r_{L2}+\left[\frac{D}{1-D}\right]^2 r_{L1}}$

$$\frac{\hat{V}s(s)}{\hat{V}e(s)}=Kv\frac{\left[1+\frac{s}{wzb}\right]\left[1+\frac{s}{W0Q}+\frac{s^2}{W0^2}\right]}{1+a1s+a2s^2+a3s^3+a4s^4} \quad \text{Eq. 3.43}$$

$$\frac{\hat{V}s}{\hat{d}}=Kd\frac{\left[1+\frac{s}{wzb}\right]\left[1+Pds+Qds^2\right]}{1+a1s+a2s^2+a3s^3+a4s^4} \quad \text{Eq. 3.44}$$

Observação: D` = 1 – D

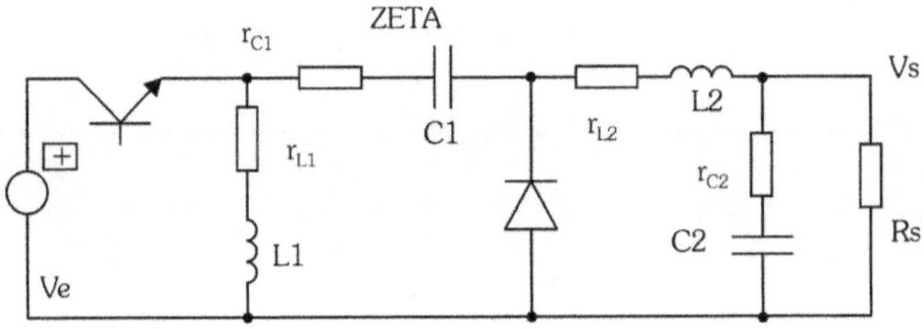

Figura 3.17

Tabela 3.8 - Conversor SEPIC no modo contínuo de corrente.

	SEPIC
wzb	$\frac{1}{C2\,rC2}$
W0	$\sqrt{\frac{D}{C1\,L2}}$
Q	$\frac{W0\,L2}{D(r_{C1}+r_{L1})-(1-D)r_{L2}}$
wzc	$\frac{Rs(1-D)^2}{(L1//L2)D}$

	SEPIC
W1	$\frac{1}{\sqrt{C1(L1+L2)}}$
Q1	$\sqrt{\frac{L1+L2}{C1}}\frac{1}{(r_{L1}+r_{L2}+r_{C1})}$
ε	$\frac{Rs+rC_2}{Rs+r_{C1}\frac{D}{1-D}+\frac{r_{C2}}{1-D}+r_{L1}\left[D+\left[\frac{D}{1-D}\right]^2\right]+r_{L2}D}$
a_1	$\frac{L1\,C2\,D^2\,\varepsilon}{D'^{2}}\left[\frac{1}{C2\,Rs}+\frac{r_{L1}+D'(r_{C1}+r_{C2})}{L1}\right]+L2\,C2\,\varepsilon\left[\frac{1}{C2\,Rs}+\frac{D(r_{C1}+r_{L1})+D'r_{C2}}{L2}\right]+$ $+\frac{C1\,\varepsilon}{D'^{2}}[D'^{2}(D(r_{C1}+r_{L1})+D'r_{C2})-D'^{3}(2r_{C2}+r_{L2})+D^2(r_{L1}+D'(r_{C1}+r_{C2}))]+$ $+\frac{C1\,\varepsilon}{D'^{2}Rs}[(r_{L1}+D'(r_{C1}+r_{C2}))(D(r_{C1}+r_{L1})+D'r_{C2})-D'^{2}r_{C2}(r_{C2}+r_{L2})]+$ $+C2\,D\,\varepsilon(r_{L2}+2r_{C2})$
a_2	$\frac{L1\,C2\,\varepsilon\,D^2}{D'^{2}}+L2\,C1\,\varepsilon+L1\,C1\,\varepsilon+L2\,C2\,\varepsilon+\frac{L2\,C1\,\varepsilon[r_{L1}+D'(r_{C1}+r_{C2})]}{D'^{2}Rs}+$ $+\frac{C1\,C2\,\varepsilon[(r_{L1}+D'(r_{C1}+r_{C2}))(D(r_{C1}+r_{L1})+D'r_{C2})-D'^{2}r_{C2}(r_{L2}+r_{C2})]}{D'^{2}}+$ $+\frac{L1\,C1\,\varepsilon[D(r_{C1}+r_{L1})+D'r_{C2}]}{D'^{2}Rs}$
a_3	$\frac{L1\,C1\,L2\,\varepsilon}{D'^{2}Rs}+\frac{L2\,C1\,C2\,\varepsilon(r_{L1}+D'(r_{C1}+r_{C2}))}{D'^{2}}+\frac{L1\,C1\,C2\,\varepsilon(D(r_{C1}+r_{L1})+D'r_{C2})}{D'^{2}}$
a_4	$\frac{L1\;C1\;L2\;C2\;\varepsilon}{D'^{2}}$
Kv	$\frac{D\varepsilon}{1-D}$
Kd	$\frac{Vs\;\varepsilon}{D(1-D)}$

$$\frac{\hat{v}s(s)}{\hat{d}(s)}=Kd\frac{\left[1+\frac{s}{wzb}\right]\left[1-\frac{s}{wzc}\right]\left[1+\frac{s}{W1Q1}+\frac{s^2}{W1^2}\right]}{1+a1s+a2s^2+a3s^3+a4s^4} \quad \text{Eq. 3.45}$$

$$\frac{Vs(s)}{Ve(s)} = Kv\frac{\left[1+\frac{s}{wzb}\right]\left[1+\frac{s}{W0Q}+\frac{s^2}{W0^2}\right]}{1+a1s+a2s^2+a3s^3+a4s^4} \qquad \text{Eq. 3.46}$$

Observação: D` = 1 – D

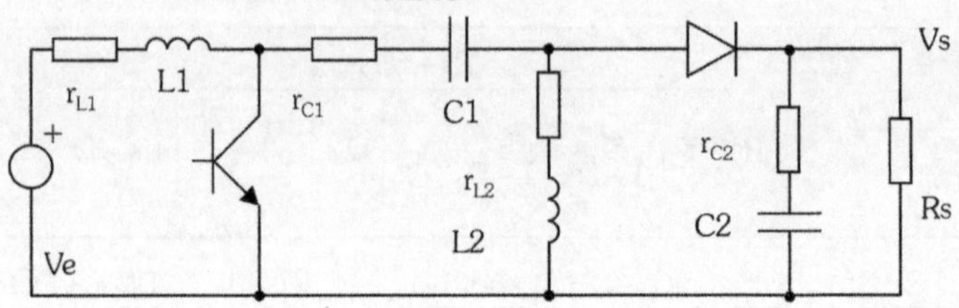

Figura 3.18

3.4.3 Comentários

Um fato importante deve ser notado se traçarmos a curva do ganho CC contra D para o conversor Buck-Boost do Exemplo 3.1. Verificamos que, como a relação entre Vs e Ve calculada no Capítulo 2 é dada por:

$$\frac{Vs}{Ve} = \frac{D}{1-D}$$

poderíamos supor que é possível obter qualquer valor de Vs simplesmente ajustando o valor de D para a tensão Vs e Ve. Verificamos na Figura 3.19 que existe um valor máximo para a relação entre Vs e Ve. No Capítulo 2, não levamos em consideração as resistências parasitas do indutor e capacitor. Essas resistências limitam o valor máximo que pode ser obtido pela tensão de saída. O valor máximo de Vs/Ve pode ser calculado derivando a expressão em relação a D e igualando a zero o resultado, e obtém-se o valor de D no ponto máximo. Com isso substitui-se esse valor na expressão original e obtém-se o valor desejado. Se levarmos em conta apenas r_L, teremos:

$$Dmax = \frac{1-\sqrt{\frac{r_L}{r_L+Rs}}}{1-\frac{r_L}{r_L+Rs}} \qquad \left.\frac{Vs}{Ve}\right|_{max} = \frac{1-\sqrt{\frac{r_L}{Rs+r_L}}}{2\sqrt{\frac{r_L}{Rs+r_L}}}$$

Resultado semelhante pode ser obtido para o conversor Boost.

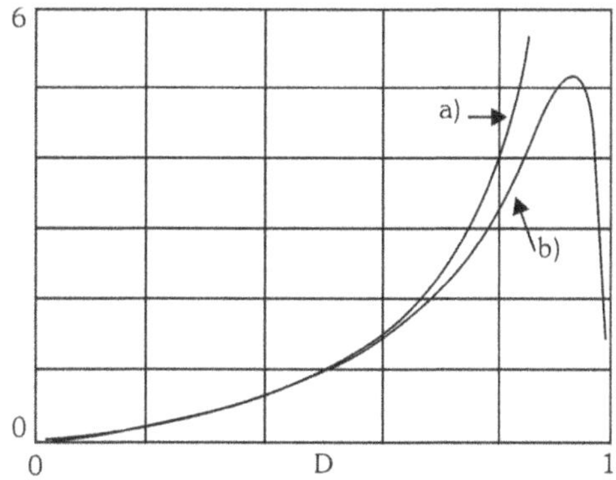

Figura 3.19 - Gráfico do ganho DC para o conversor Buck-Boost do Exemplo 3.1: a) ideal, b) com parasitas r_L e rc.

3.5 Modulador PWM

O modulador PWM é um circuito que transforma um sinal contínuo em pulsos. Todo conversor CC/CC necessita de uma chave (transistor) que deve abrir (transistor no corte) e fechar (transistor na saturação). O modulador PWM transforma uma tensão contínua, normalmente resultante do circuito de controle, em pulsos de tensão e/ou corrente que causa a saturação de um transistor. Esses pulsos devem representar o nível CC do sinal de controle. Os pulsos possuem frequência fixa e a largura deve variar conforme o sinal de entrada. É necessário que exista uma relação entre o sinal de entrada e os pulsos. Um exemplo de modulador PWM pode ser visto na Figura 3.20. O sinal de entrada do modulador é uma tensão vc(t) contínua no tempo (que normalmente, em um conversor, vem do circuito de compensação/controle) e o sinal de saída são pulsos cuja largura depende do sinal de entrada vc(t). São esses pulsos que fazem o transistor saturar ou cortar. Normalmente, quando o pulso está em nível 1, o transistor satura.

O circuito funciona da seguinte maneira: o oscilador carrega e descarrega o capacitor entre dois níveis de tensão determinados (internamente no oscilador), que na Figura 3.20 é zero volt e Vr, e cujo valor de frequência de repetição Ts é dado por Rt e Ct. Vamos supor que a carga do capacitor é feita por corrente constante, assim, a forma de onda no capacitor é uma rampa, do tipo dente de serra. Durante a descarga do capacitor, o oscilador fornece um pulso positivo de curta duração que ocasiona o ressete do Latch, muda a condição da saída do flip-flop e inibe as saídas (gerando um pequeno tempo morto). O Latch é usado para armazenar o estado do comparador e evitar que possa haver um pulso duplo em um mesmo ciclo. Ao receber o pulso vindo do oscilador, o Latch vai ao estado 0 até que a tensão v_C seja menor que a tensão da rampa, quando então, o comparador vai para 1 e a saída do Latch também vai para 1, armazenando esse estado até receber novo pulso do oscilador (reset). O ciclo se repete de maneira que d(t) é corrigido com valor proporcional à tensão v_C em cada ciclo. O nível 1, na realidade, representa o estado "ligado" em um conversor. Este estado está relacionado com a condição de condução do transistor de chaveamento do conversor.

Esse circuito é semelhante aos usados em circuitos integrados controladores de PWM para fontes chaveadas. A modulação obtida com o circuito da Figura 3.20 é conhecida como "Trailing-Edge Modulation" (TEM) e significa que o Ton é iniciado com o clock do oscilador e termina quando o sinal Vc encontra a rampa do oscilador. Esse tipo de modulação é encontrado na maioria dos controladores PWM.

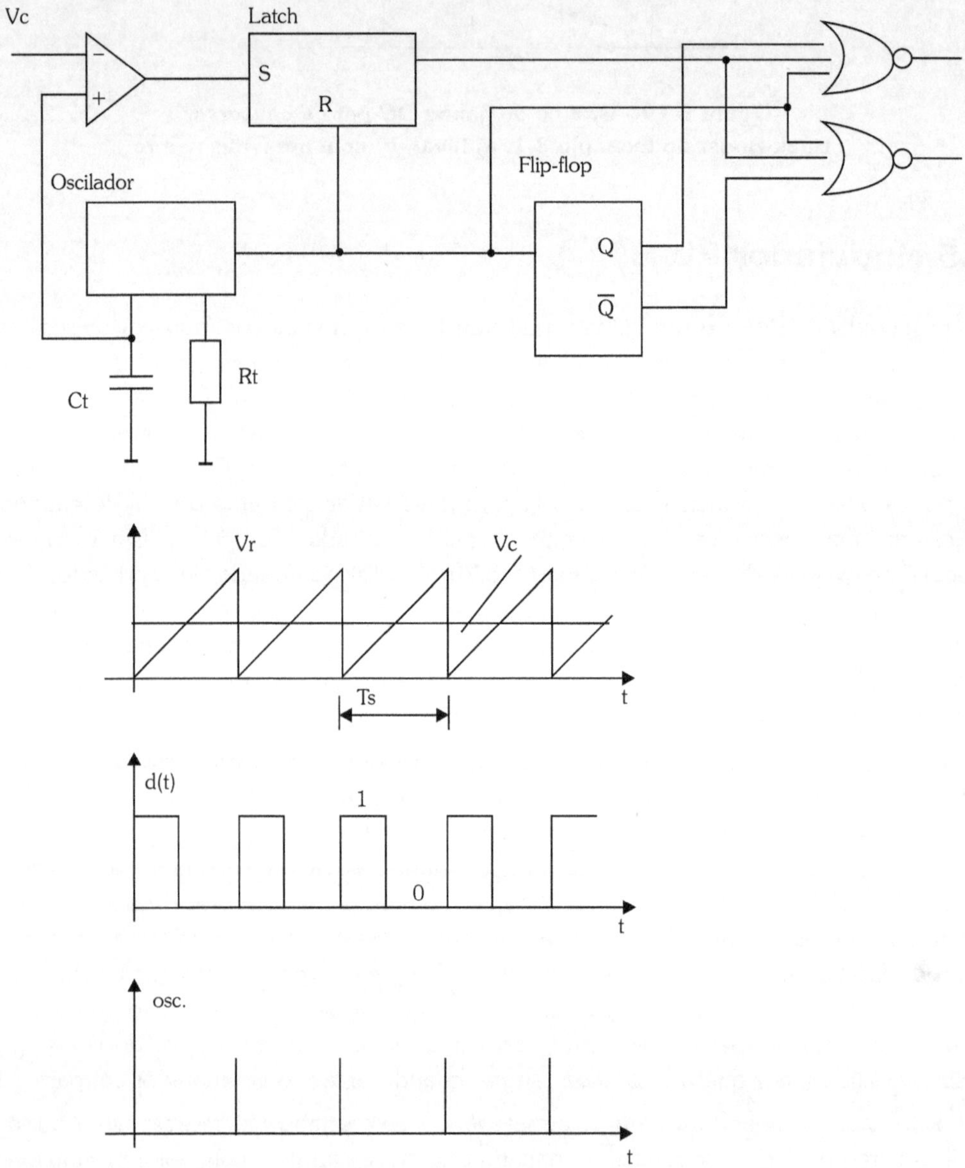

Figura 3.20 - Modulador PWM.

O outro modo de conseguir modulação PWM é invertendo o funcionamento descrito, de modo que o Ton é iniciado quando v_C encontra a rampa do oscilador e termina com o clock do oscilador. Para conseguirmos isso é necessário algumas mudanças na lógica do modulador. Esse modo de modulação é conhecido como "Leading-Edge Modulation" (LEM).

Podemos classificar os moduladores PWM quanto ao instante em que a tensão v_C é amostrada para comparação. Um modulador PWM é dito de amostragem natural (naturally sampled) quando a tensão de comparação v_C e a tensão de rampa de comparação são iguais no momento da comparação. O modulador pode ser de amostragem uniforme (uniformly sampled) quando a tensão v_C for armazenada no instante em que inicia o Ton (sample-and--hold) e essa tensão é usada na comparação. No instante da comparação, v_C não é necessariamente igual à tensão da rampa. Na Figura 3.21, vemos os tipos de modulação PWM descritos.

A amostragem uniforme não tem sido usada desde que foi provado que ela introduz um atraso de fase com consequente diminuição da margem de fase dos conversores, podendo ocasionar instabilidade nos reguladores. A amostragem natural não introduz defasagem e tem sido largamente usada em todos os controladores PWM.

A modulação Leading-Edge pode melhorar o funcionamento de alguns tipos de conversores que possuem na sua função de transferência zeros no lado direito do plano complexo, ocasionando sistemas de fase mínima não zero. O uso dessa modulação pode mudar a posição do zero da função de transferência para o lado esquerdo do plano, transformando-o em um sistema de fase mínima zero.[19]

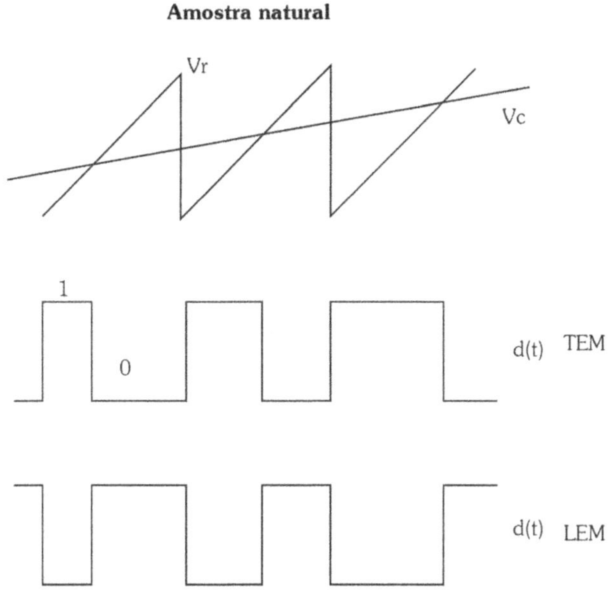

Figura 3.21 - Tipos de modulação PWM. (continua)

Amostra uniforme

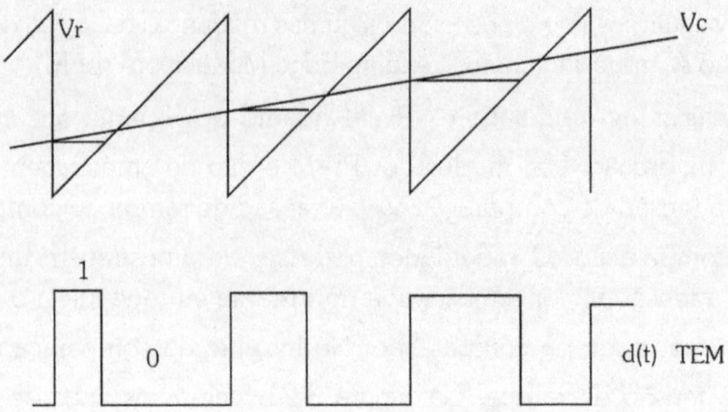

Figura 3.21 - Tipos de modulação PWM. (continuação)

3.5.1 Função de Transferência de Moduladores PWM

Os moduladores PWM transformam um sinal contínuo no tempo (v_c) em um sinal discreto (d_k) que é definido a cada período. Como o modulador faz parte do circuito de realimentação de uma fonte chaveada, é importante sabermos sua influência no circuito. Para isso, vamos ver como calcular a função de transferência do modulador PWM descrito na Figura 3.20.

A análise que segue foi originada dos trabalhos das ref. [2] e [3] que devem ser consultados para maiores detalhes.

Para conhecermos a função de transferência entre a tensão de entrada do modulador $v_c(t)$ e sua saída d(t), vamos supor que o sinal $v_c(t)$ é composto de uma componente contínua Vc e uma componente alternada $v_c(t)$, ou seja:

$$v_c(t) = Vc + v_c(t) \qquad \text{Eq. 3.47}$$

Vamos supor que o sinal $v_c(t)$ possui parte alternada senoidal com frequência $w = 2\pi f$ e amplitude Vcp. A intenção é obter um sinal d(t) modulado por $v_c(t)$. A largura de pulso em cada período amostrado será dependente de $v_c(t)$ e como $v_c(t)$ possui variação senoidal, d(t) deve apresentar variações também senoidais. Estamos interessados em obter a resposta na mesma frequência do sinal $v_c(t)$, ou seja, na frequência w. O sinal $v_c(t)$ é dado por:

$$v_c(t) = Vc + v_{cp}\text{sen}(wt - \theta) \qquad \text{Eq. 3.48}$$

O sinal d(t) é composto de pulsos de largura variável e v_c é contínuo no tempo, o que torna bastante complicada a função de transferência. Felizmente, fazendo algumas suposições, podemos tornar o sinal d(t) também contínuo. Se pensarmos que a frequência w do sinal $v_c(t)$ é muito menor que a frequência de chaveamento Fs, então, podemos supor que d_k não varia muito de pulso para pulso e assim, podemos aproximar d_k por um sinal contínuo, que liga os pontos definidos por d_k, Figura 3.22b. Como já vimos, a função de transferência precisa ser calculada somente até a metade da frequência de chaveamento, o que valida nossa suposição.

Sendo assim, o sinal d(t) passa a ser contínuo no tempo, com uma parte alternada e outra contínua (CC). A parte contínua chamaremos de D e a amplitude da parte alternada chamaremos de d. O sinal d(t) pode ser escrito da seguinte forma:

$$d(t) = D + d\ \text{sen}(wt - \theta - \varphi) \qquad \text{Eq 3.49}$$

A fase θ é a defasagem que pode ocorrer entre o início do sinal d(t) e $v_c(t)$ e ϕ é a defasagem que queremos descobrir. Como d(t) é a resposta do modulador ao sinal de entrada $v_c(t)$, para que essa resposta possa ser aproximada por uma senoide, como feito na Equação 3.47, devemos supor que a amplitude (Vcp) de v_c seja desprezível em relação a Vc. Podemos verificar nas Equações 3.48 e 3.49 que tanto v_c como d(t) possuem partes alternadas (CA) e contínuas (CC).

Na Figura 3.22a, vemos o sinal $v_c(t)$ que será comparado com a rampa Vr e gerará o sinal d(t) da Figura 3.22c. Compare a largura dos pulsos em d(t). Note que variam com $v_c(t)$. Na Figura 3.27b, vemos o sinal d_k que são as barras verticais cujo valor é igual ao valor da largura de pulso do pulso no período anterior. Vemos também o valor D, que é o valor médio de d_k (linha tracejada). Como já dissemos, d_k é discreto no tempo, mas existe um sinal que pode fornecer os valores de d_k para cada instante. Esse sinal, que chamaremos de $d_k(t)$, possui forma aproximadamente senoidal que é vista na Figura 3.22b.

O sinal d_k foi mostrado apenas para verificarmos que sua amplitude é aproximadamente uma senoide. O sinal que queremos obter pode ser conseguido usando a série de Fourier para d(t). Jean Baptiste Joseph Fourier foi um matemático francês que afirmou, em 1811, que qualquer sinal pode ser representado por uma série de senos e cossenos da seguinte forma:

$$d(t) = \frac{a_0}{2} + \sum_{k=1}^{\infty} a_k \cos(kwt) + \sum_{k=1}^{\infty} b_k \text{sen}(kwt) \qquad \text{Eq. 3.50a}$$

sendo:

$$a_0 = \frac{1}{T}\int_0^T d(t).dt \qquad \text{Eq. 3.50b}$$

$$a_k = \frac{2}{T}\int_0^T d(t)\cos(kwt).dt \qquad \text{Eq. 3.50c}$$

$$b_k = \frac{2}{T}\int_0^T d(t)\text{sen}(kwt).dt \qquad \text{Eq. 3.50d}$$

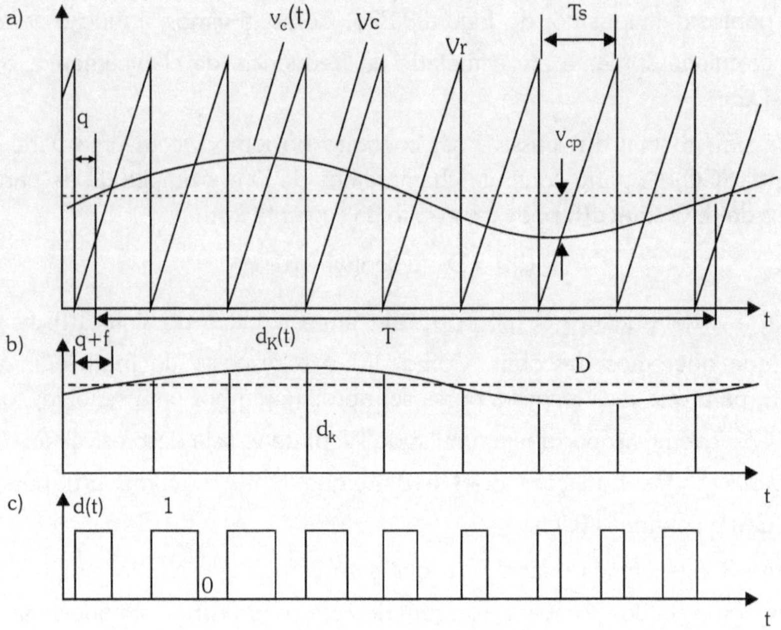

Figura 3.22 - Os sinais d(t) e $v_c(t)$.

Sendo Fs = 1/Ts a frequência de chaveamento do conversor, f = 1/T a frequência do sinal de controle v_c, e supondo que $f_s/f = p$, em que p é um número inteiro, teremos:

$$Tc = T/p$$

o que significa que um período da frequência de controle $v_c(t)$ contém p períodos da frequência de chaveamento de d(t). O coeficiente a_o é o valor médio das larguras de pulsos no período T, assim:

$$a_o = D$$

O cálculo dos coeficientes a_k e b_k requer um pouco mais de trabalho. O intervalo de integração corresponde ao período do sinal de controle $v_c(t)$ que é igual a T. Dentro desse período temos p pulsos de d(t) (p um número inteiro).

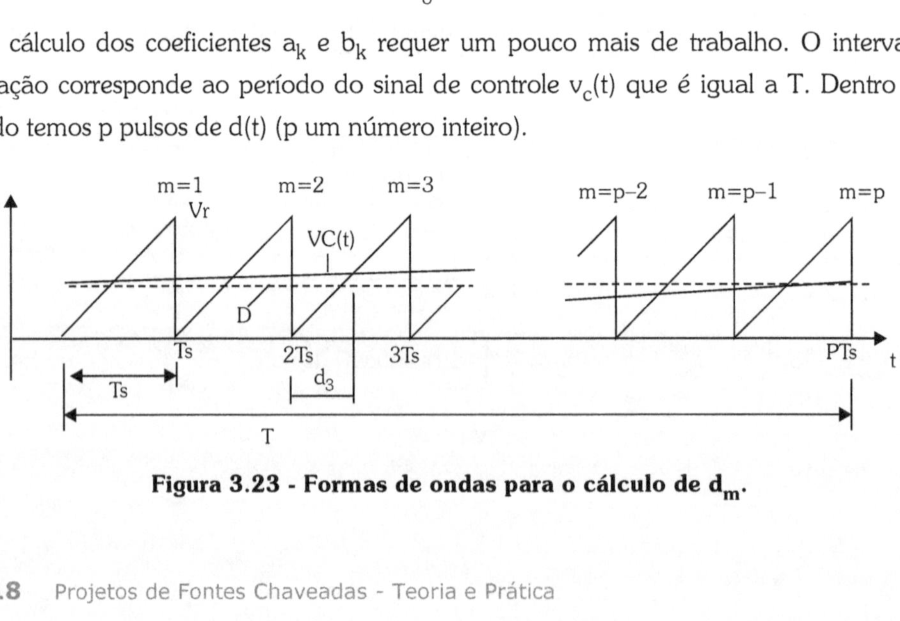

Figura 3.23 - Formas de ondas para o cálculo de d_m.

Para calcularmos as Equações 3.50b a 3.50d devemos calcular a largura de pulso para cada pulso dentro do intervalo T e com o sinal $v_c(t)$ dado pela Equação 3.48. Na Figura 3.23 vemos a largura de pulso para m = 3. O tempo decorrido até d_3 é dado por:

$$\tau = (m-1)\,Ts + d_m\,Ts \qquad \text{Eq. 3.51}$$

Substituindo τ por t na Equação 3.48 e fazendo θ igual a zero para simplificar os cálculos e reescrevendo a Equação 3.48, temos:

$$d_m = D + d\,\text{sen}(w((m-1)\,Ts + d_m\,Ts)) \qquad \text{Eq. 3.52}$$

Essa equação é do tipo transcendental e não possui solução literal, só numérica. Felizmente, devido às suposições de pequeno sinal para $v_c(t)$, podemos simplificar a Equação 3.52. Notamos que:

$$d_m = D + d_x \qquad \text{Eq. 3.53}$$

em que d_x representa as variações de d_m em torno de D. A suposição de pequeno sinal significa $d_x \ll D$. Substituindo em 3.52, temos:

$$d_x = d\,\text{sen}\left[(w\,Ts(m-1+D)) + w\,Ts\,d_x\right] \qquad \text{Eq. 3.54}$$

Podemos agora desenvolver trigonometricamente a Equação 3.54 em soma de senos e cossenos, cujo resultado é:

$$d_x = d\left[\text{sen}(w\,Ts\,(m-1+D))\cos(w\,Ts\,d_x) + \cos(w\,T_s(m-1+D))\text{sen}(w\,Ts\,d_x)\right] \qquad \text{Eq. 3.55}$$

e supondo

$$\cos(w\,Ts\,d_x) \cong 1$$
$$\text{sen}(w\,Ts\,d_x) \cong w\,Ts\,d_x$$

Substituindo e resolvendo para d_x, teremos:

$$d_x = d\frac{\text{sen}(w\,Ts\,(m-1+D))}{1 - w\,Ts\,d\cos(w\,Ts\,(m-1+D))} \qquad \text{Eq. 3.56}$$

Agora, com 3.53 e 3.56 obtemos:

$$d_m = D + d\frac{\text{sen}(w\,Ts\,(m-1+D))}{1 - w\,Ts\,d\cos\,(w\,Ts\,(m-1+D))} \quad m = 1,2,..,P \qquad \text{Eq. 3.57}$$

A Equação 3.57 permite conhecer a largura de pulso em cada período de chaveamento. Com a ajuda da Equação 3.57 podemos resolver as integrais das Equações 3.50, já que sabemos os limites de integração. Não vamos resolver essas integrais, mas o leitor pode consultar as referências já citadas anteriormente. Vamos dar apenas os resultados.

A função de transferência entre a tensão de entrada do modulador PWM $v_c(t)$ e sua saída d(t) é dada por:

$$\frac{d(t)}{v_c(t)} = \frac{Vc}{Vr} + \frac{v_{cp}}{Vr} \cdot e^{-i\varphi} \qquad \text{Eq. 3.58}$$

em que

$$\frac{Vc}{Vr} = D \qquad \text{(parte CC)}$$

$$\frac{v_{cp}}{Vr} = \hat{d} \qquad \text{(parte CA)}$$

$$\varphi = \begin{cases} 0 & \rightarrow \text{Modulador com amostragem natural} \\ 2\pi D\dfrac{f}{Fs} & \rightarrow \text{Modulador com amostragem uniforme} \end{cases}$$

Como já foi dito, a modulação PWM com amostragem uniforme introduz um atraso de fase dado por $2\pi Df/Fs$, que pode causar instabilidade no conversor devido à diminuição da margem de fase. Por isso, todos os circuitos integrados com modulação PWM, usados em fontes chaveadas, utilizam amostragem natural.

A conclusão a que chegamos é que o modulador PWM não introduz nenhum ganho ou atenuação no sinal. Se usarmos amostragem natural, nenhuma defasagem será acrescentada, portanto o modulador PWM já estudado não interfere na função de transferência do conversor.

3.6 Exercícios Propostos

1. Qual o efeito da audiossusceptibilidade na tensão de saída do conversor?
2. Qual a importância do ganho do controle para a estabilidade de um conversor?
3. Cite a importância de conhecer o funcionamento dinâmico dos conversores CC/CC.
4. O modelo da chave PWM permite conhecer todos os parâmetros importantes de um conversor? Qual sua utilidade?
5. Qual a diferença entre modo contínuo e modo descontínuo de corrente?
6. Na Tabela 3.4, o valor do zero do lado direito do plano complexo é wzb. Verifique qual o valor limite de r_L para o conversor Boost passar a funcionar como um sistema de fase mínima zero. Avalie a influência do resultado para a eficiência da conversão.
7. Na Tabela 3.4, W0 é o valor da frequência do polo duplo dos conversores. Se desprezarmos as resistências parasitas (r_C e r_L), os valores das frequências se resumem a:

   Buck → $W0 = 1/\sqrt{LC}$

   Boost e Buck-Boost → $W0 = (1-D)/\sqrt{LC}$

   Verifique também que o Q é dado por $Q = Rs\sqrt{\frac{C}{L}}$ para os três conversores.

8. Com o resultado do Q obtido no exercício 7, mostre que o Q para o conversor Buck será maior do que 1 se o conversor funcionar no modo contínuo de corrente. Use as Equações 2.7 e 2.14. Isso significa que os polos são complexos no modo contínuo de corrente. Suponha que $\Delta Vc << Vs$.

9. Tente chegar à mesma conclusão para os conversores Boost e Buck-Boost. Use as equações obtidas para cada tipo de conversor.

10. Na Tabela 3.5, $Q = \sqrt{a_2 / a_1}$ e $W0 = 1 / \sqrt{a_2}$, tente mostrar que Q é menor do que $1 / \sqrt{2}$ para o modo descontínuo de corrente. Existem dois polos; um deles é predominante para o sistema e o outro está em uma frequência maior do que Fs/2. Este é um resultado geral para conversores funcionando no modo descontínuo de corrente. Por isso, podemos dizer que funcionam como se fossem um sistema de primeira ordem (apenas um polo).

11. Qual a diferença entre "Trailing-Edge Modulation" e "Leading-Edge Modulation" em um modulador PWM?

12. Qual a diferença entre a amostragem natural e amostragem uniforme em um modulador PWM?

13. O modulador PWM corretamente escolhido e projetado introduz algum ganho ou defasagem para o circuito de controle?

Anotações

Capítulo

4 Otimização

4.1 Introdução

No Capítulo 3 vimos que um conversor pode ser representado por um modelo para pequenos sinais. Esse modelo foi linearizado em torno de um ponto de operação definido por D, Ve, Vs, Is e Fs. Vimos também como calcular os diversos parâmetros como audiossusceptibilidade, ganho do controle, impedância de entrada e saída etc. Vamos repetir a Equação 3.1 a seguir:

$$\hat{v}_s = \frac{\partial v_s}{\partial v_e}\hat{v}_e + \frac{\partial v_s}{\partial i_s}\hat{i}_s + \frac{\partial v_s}{\partial d}\hat{d}$$

$$\hat{i}_e = \frac{\partial i_e}{\partial v_e}\hat{v}_e + \frac{\partial i_e}{\partial i_s}\hat{i}_s + \frac{\partial i_e}{\partial d}\hat{d} \qquad \text{Eq. 4.1}$$

sendo

$$\left.\frac{\partial v_S}{\partial v_e}\right|_{d,i_S=\text{const.}} \equiv As \equiv \text{Audiossusceptibilidade}$$

$$\left.\frac{\partial v_S}{\partial i_S}\right|_{d,v_e=\text{const.}} \equiv Zs \equiv \text{Impedância de Saída}$$

$$\left.\frac{\partial v_S}{\partial d}\right|_{v_e,i_S=\text{const.}} \equiv GDS \equiv \text{Ganho do Controle}$$

$$\left.\frac{\partial i_e}{\partial v_e}\right|_{d,i_S=\text{const.}} \equiv Ye \equiv \text{Admitância de Entrada}$$

$$\left.\frac{\partial i_e}{\partial i_S}\right|_{d,v_e=const.} \equiv Ae \equiv \text{Susceptibilidade de Entrada}$$

$$\left.\frac{\partial i_e}{\partial d}\right|_{v_e,i_S=const.} \equiv GDE \equiv \text{Transadmitância do Controle para a Entrada}$$

O circuito que representa o conversor, conforme a Equação 4.1, é visto na Figura 4.1.

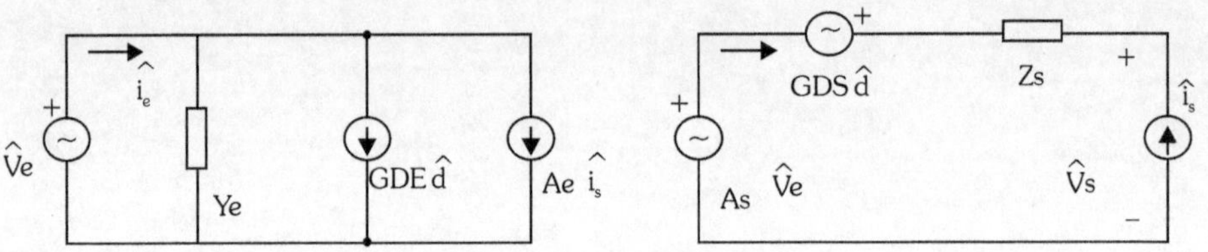

Figura 4.1 - Circuito que representa o modelo linear de um conversor CC/CC.

Podemos notar a influência da tensão de entrada na tensão de saída através da audiossusceptibilidade As. Isso mostra que se a tensão de entrada de um conversor possui uma componente de sinal alternada, esta será transmitida para a saída via As. Nos conversores cuja tensão de entrada é a tensão de rede retificada e filtrada por um capacitor, uma componente de 120 Hz é normalmente vista na saída. O circuito de realimentação pode minimizar esse sinal na saída.

Outro parâmetro importante é a impedância de saída Zs. Em qualquer fonte de tensão, é desejável uma baixa impedância de saída comparada com a impedância da carga. Alta impedância de saída faz com que a tensão de saída varie com alterações na corrente de carga. Com realimentação da tensão de saída, podemos minimizar tanto a audiossusceptibilidade quanto a impedância de saída. Na Figura 4.2 vemos o circuito do conversor com realimentação da tensão de saída.

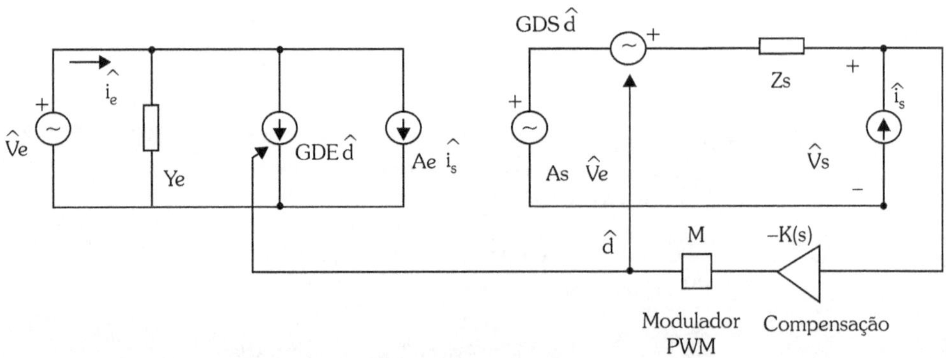

Figura 4.2 - Modelo do conversor CC/CC com realimentação de tensão.

Pelo circuito podemos escrever que:

$$\hat{v}_s = As\ \hat{v}_e + GDS\ \hat{d} + Zs\ \hat{i}_s$$

$$\hat{d} = -M\ K(s)\ \hat{v}_s$$

$$M = \text{Ganho do modulador PWM}$$

assim:

$$\hat{v}_s = As\ \hat{v}_e - GDS\ M\ K(s)\ \hat{v}_s + Zs\ \hat{i}_s \qquad \text{Eq. 4.2}$$

$$\hat{v}_s = \frac{As}{1 + GDS\ M\ K(s)}\hat{v}_e + \frac{Zs}{1 + GDS\ M\ K(s)}\hat{i}_s$$

Com realimentação de tensão a audiossusceptibilidade ficou reduzida pelo fator $1+GDSMK(s)$. A impedância de saída também será reduzida pelo mesmo fator. Assim, devemos fazer o produto GDS M K(s) o maior possível para que variações da tensão de entrada e corrente de saída não influenciem no funcionamento do conversor. Entretanto, valores de GDSMK(s) altos podem levar a instabilidade no conversor. O melhor seria idealizar um circuito que tentasse fazer As e Zs iguais a zero. Esse circuito existe para a audiossusceptibilidade e é conhecido por feed-forward de tensão de entrada.

Com relação ao circuito de entrada, podemos escrever que:

$$\hat{i}_e = Ye\ \hat{v}_e + GDE\ \hat{d} + Ae\ \hat{i}_s$$

$$\hat{d} = -M\ K(s)\ \hat{v}_s$$

$$\hat{v}_s = \frac{As}{1 + GDS\ M\ K(s)}\hat{v}_e + \frac{Zs}{1 + GDS\ M\ K(s)}\hat{i}_s$$

assim:

$$\hat{i}_e = \left[Ye - \frac{GDE\ M\ K(s)\ As}{1 + GDS\ M\ K(s)}\right]\hat{v}_e + \left[Ae - \frac{GDE\ M\ K(s)\ Zs}{1 + GDS\ M\ K(s)}\right]\hat{i}_s \qquad \text{Eq. 4.3}$$

A Equação 4.3 define a admitância de entrada e a susceptibilidade de entrada com realimentação de tensão. Também importante, é conhecermos o efeito que a introdução de um filtro de linha pode ocasionar nos conversores. Vamos supor que Zent é um filtro de linha que normalmente é usado para suprimir ruído proveniente do chaveamento do conversor. Na Figura 4.3 vemos o circuito resultante:

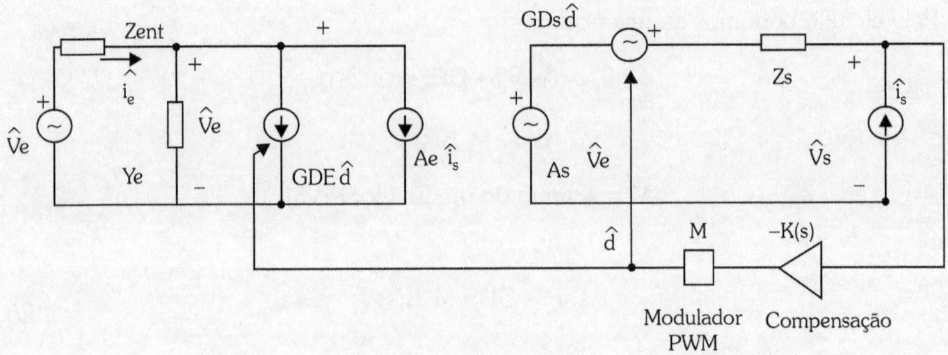

Figura 4.3 - Conversor com filtro de linha Zent.

Podemos escrever que:

$$\hat{i}_e = Ye\left(\hat{v}'_e - Zent\ \hat{i}_e\right) + GDE\ \hat{d} + Ae\ \hat{i}_s$$

$$\hat{i}_e = \frac{Ye}{1 + Zent\ Ye}\hat{v}_e + \frac{GDE}{1 + Zent\ Ye}\hat{d} + \frac{Ae}{1 + Zent\ Ye}\hat{i}_s \qquad \text{Eq. 4.4}$$

A realimentação da tensão de saída atua no sentido de melhorar as características gerais do conversor. A admitância de entrada diminui, a transadmitância do controle para entrada diminui e a susceptibilidade de entrada diminui (se Zent.Ye >> 1).

Agora, é fácil ver que o sistema "conversor CC/CC" terá melhores características se usarmos realimentação de tensão. Conseguiremos reduzir todos os parâmetros que definem um conversor. O circuito de compensação depende de GDS. Vamos ver com detalhes como realizar cada um desses circuitos.

4.2 Feed-Forward da Tensão de Entrada

A análise que segue foi baseada em [20]. A modulação usada é do tipo trailing-edge com amostragem natural. A Figura 4.4 representa o modulador PWM e o amplificador de erro de um conversor.

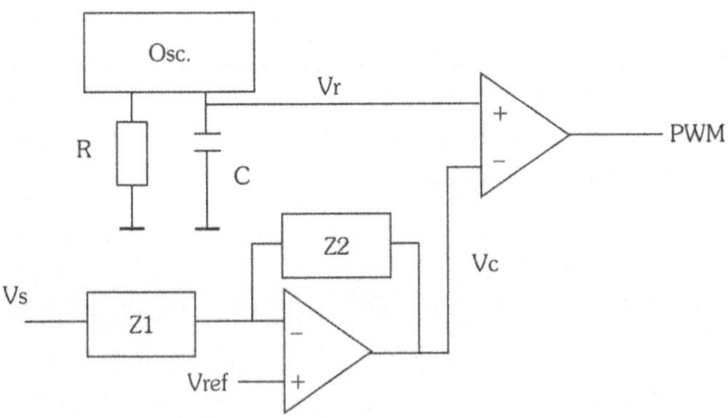

Figura 4.4

Durante cada período de chaveamento Ts, o amplificador de erro compara a tensão de saída Vs com uma tensão de referência Vref. O sinal resultante da comparação (Vc) entra no modulador PWM que compara a tensão Vc com a tensão de rampa Vr gerada pelo oscilador, no capacitor C. A tensão Vr é repetitiva e da forma Vr(t)=Vr.t/Ts. Quando Vr(t) encontra Vc, a saída do PWM vai a zero, significando transistor cortado, Figura 4.5. Podemos definir:

$$D = \frac{T1}{TS} = \frac{Vc}{Vr} \qquad \text{Eq. 4.5}$$

Para conseguirmos zerar a audiossusceptibilidade, devemos variar a tensão da rampa Vr(t) proporcionalmente a Ve de modo que variações na tensão de entrada Ve, não causem variações na tensão Vc. Isso significa que o compensador não necessita de ganho para compensar variações na tensão de entrada Ve. Em um conversor com tensão de saída constante, se a tensão de entrada aumenta, a largura de pulso deve diminuir se quisermos manter a tensão de saída constante. Este deve ser o funcionamento que desejamos obter do circuito do modulador PWM com feed-forward de tensão de entrada.

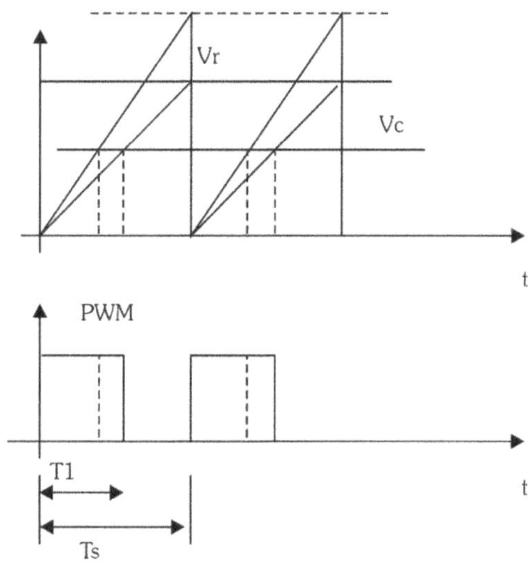

Figura 4.5

Pela Figura 4.5 vemos que se a tensão no capacitor do oscilador Vr aumenta, a largura de pulso diminui (e vice-versa). Se fizermos um circuito que varie a largura de pulso proporcionalmente com variações da tensão de entrada, podemos tentar zerar As. Basta descobrir qual lei de variação de Vr é necessária para anular As. Existe uma relação entre a tensão de entrada e a tensão de saída em qualquer conversor, que pode ser expressa pela Equação 4.6.

$$Vs = Ve \cdot f(Vr, Vc) \qquad \text{Eq. 4.6}$$

Esta equação relaciona a tensão de entrada e a tensão de saída. Como exemplo, vimos que para o conversor Buck, f(Vr,Vc) = D.

A audiossusceptibilidade é definida por (derivamos 4.6 em relação a Ve):

$$AS = \frac{\partial Vs}{\partial Ve} = f(Vr, Vc) + Ve\frac{\partial f(Vr, Vc)}{Ve}\Bigg|_{Vc = C^{te}}$$

Eq. 4.7

$$AS = \frac{\partial VS}{\partial Ve} = f(Vr, Vc) + Ve\frac{\partial f(Vr, Vc)}{\partial Vr}\frac{\partial Vr}{\partial Ve}\Bigg|_{Vc = C^{te}}$$

A rejeição ótima da entrada é obtida quando As = 0 e assim:

$$f(Vr, Vc) + V_e\frac{\partial f(Vr, Vc)}{\partial Vr}\frac{\partial Vr}{\partial V_e} = 0 \qquad \text{Eq. 4.8}$$

Para cada conversor esta expressão pode ser resolvida para conhecermos a relação que deve existir entre a tensão de rampa e a tensão de entrada Ve, para anularmos a audiossusceptibilidade.

a) Conversor Buck (modo contínuo)

$$f(Vr, Vc) = D = \frac{Vc}{Vr}$$

$$\frac{Vc}{Vr} + Ve \cdot \left(-\frac{Vc}{Vr^2}\right) \cdot \frac{\partial Vr}{\partial Ve} = 0 \qquad \text{Eq. 4.9}$$

$$1 - \frac{Ve}{Vr} \cdot \frac{\partial Vr}{\partial Ve} = 0$$

cuja solução da equação diferencial na Equação 4.9 é:

$$Vr = \alpha \cdot Ve \qquad \text{Eq. 4.10}$$

Sendo α uma constante a ser determinada.

b) Conversor Boost (modo contínuo)

$$f(Vr, Vc) = \frac{1}{1 - D} = \frac{Vr}{Vr - Vc}$$

$$\frac{Vr}{Vr - Vc} + Ve \cdot \left(\frac{-Vc}{(Vr - Vc)^2}\right) \cdot \frac{\partial Vr}{\partial Ve} = 0$$

$$Vr - \frac{Ve\ Vc}{Vr - Vc}\frac{\partial Vr}{\partial Ve} = 0 \qquad \text{Eq. 4.11}$$

$$Vr^2 - Vr\ Vc - Ve\ Vc\frac{\partial Vr}{\partial Ve} = 0$$

$$\frac{\partial Vr}{\partial Ve} = \frac{Vr^2}{Ve\ Vc} - \frac{Vr}{Ve}$$

cuja solução da equação diferencial é:

$$Vr = \frac{Vc}{\dfrac{Ve}{V_\beta} - 1} \qquad V_\beta = \text{constante a ser determinada} \qquad \text{Eq. 4.12}$$

c) Conversores Buck-Boost, CUK, SEPIC e ZETA (modo contínuo)

$$f(Vr, Vc) = \frac{D}{1-D} = \frac{Vc}{Vr - Vc}$$

$$\frac{Vc}{Vr - Vc} + Ve \cdot \left(\frac{-Vc}{(Vr - Vc)^2} \right) \cdot \frac{\partial Vr}{\partial Ve} = 0 \qquad \text{Eq. 4.13}$$

$$\frac{\partial Vr}{\partial Ve} = \frac{Vr - Vc}{Ve}$$

cuja solução é:

$$Vr = Vc + \gamma.Ve \qquad \text{Eq. 4.14}$$

γ é uma constante a ser determinada.

d) Conversores Buck-Boost, CUK, SEPIC e ZETA (modo descontínuo)

$$f(Vr, Vc) = \frac{D}{\sqrt{k}} = \frac{1}{\sqrt{k}} \frac{Vc}{Vr}$$

$$\frac{1}{\sqrt{k}} \frac{Vc}{Vr} + Ve \cdot \left(-\frac{1}{\sqrt{k}} \frac{Vc}{Vr^2} \right) \cdot \frac{\partial Vr}{\partial Ve} = 0 \qquad \text{Eq. 4.15}$$

$$1 - \frac{Ve}{Vr} \cdot \frac{\partial Vr}{\partial Ve} = 0$$

cuja solução é:

$$Vr = \alpha.Ve \qquad \text{Eq. 4.16}$$

Solução idêntica à do conversor Buck no modo contínuo.

O ganho do controle (FFG) para cada conversor pode ser calculado do seguinte modo:

Conversor Buck (modo contínuo):

$$Vr = \alpha.Ve \qquad Vs = D.Ve$$

$$D = \frac{Vc}{Vr} \qquad Vs = \frac{Vc}{\alpha \cdot Ve}.Ve$$

$$Vs = \frac{Vc}{\alpha} \qquad \frac{\partial Vs}{\partial Vc} = \frac{1}{\alpha} \qquad \text{Eq. 4.17}$$

Fazendo o mesmo procedimento para os conversores Buck-Boost, CUK, SEPIC e ZETA no modo descontínuo de corrente encontramos:

$$\frac{\partial Vs}{\partial Vc} = \frac{1}{\alpha \sqrt{k}} \qquad \text{Eq. 4.18}$$

Para os conversores Buck-Boost, CUK, SEPIC e ZETA no modo contínuo encontramos:

$$\frac{\partial Vs}{\partial Vc} = \frac{1}{\gamma} \qquad \text{Eq. 4.19}$$

Para o conversor Boost no modo contínuo teremos:

$$\frac{\partial Vs}{\partial Vc} = 0 \qquad \text{Eq. 4.20}$$

Isso significa que a condição ótima de feed-forward não deve ser usada em conversores Boost, já que o ganho do controle fica anulado.

A perturbação da largura de pulso passa a depender de v_c e v_e, e pode ser calculada da seguinte forma:

Para o conversor Buck (modo contínuo):

$$d = \frac{v_C}{v_r} = \frac{v_C}{\alpha\, v_e}$$

$$\hat{d} = \frac{1}{\alpha\, Ve}\hat{v}_C - \frac{Vc}{\alpha\, Ve^2}\hat{v}_e \qquad \text{Eq. 4.21}$$

e escreveremos da seguinte forma: $\hat{d} = FFc\ \hat{v}_c + FF_e\ \hat{v}_e$

Para os conversores Buck-Boost, CUK, SEPIC e ZETA no modo contínuo temos:

$$d = \frac{v_C}{v_r} = \frac{v_C}{v_C + \gamma\, v_e}$$

$$\hat{d} = \frac{\gamma Ve}{(Vc + \gamma Ve)^2}\hat{v}_c - \frac{\gamma Vc}{(Vc + \gamma\ Ve)^2}\hat{v}_e \qquad \text{Eq. 4.22}$$

Para os conversores Buck-Boost, CUK, SEPIC e ZETA no modo descontínuo obtemos o mesmo resultado do conversor Buck no modo contínuo:

O diagrama do conversor pode ser visto na Figura 4.6.

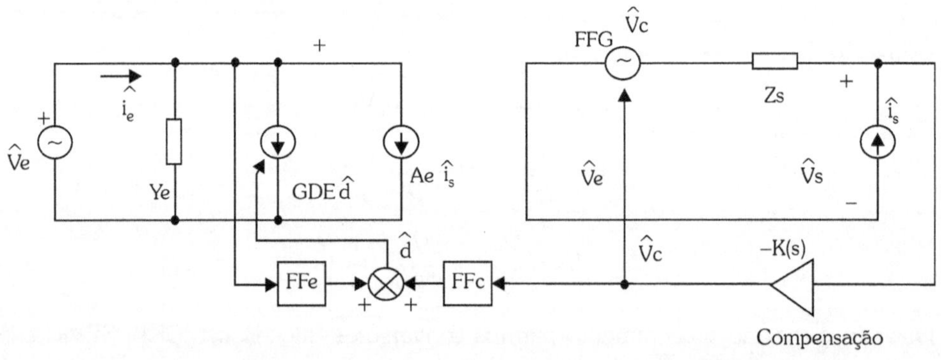

Figura 4.6 - Diagrama dos conversores CC/CC com feed-forward.

Note que estamos supondo que As = 0 e não mais existe no circuito.

A Tabela 4.1 resume os valores de FFe, FFc e FFG calculados anteriormente:

Tabela 4.1

	Buck	Buck-Boost, CUK, SEPIC, ZETA	
	Modo contínuo	**Modo descontínuo**	**Modo contínuo**
FFe	$\frac{-VC}{\alpha Ve}$	$\frac{-VC}{\alpha Ve}$	$\frac{-\gamma VC}{(VC+\gamma Ve)^2}$
FFc	$\frac{1}{\alpha Ve}$	$\frac{1}{\alpha Ve}$	$\frac{-\gamma Ve}{(VC+\gamma Ve)^2}$
FFG	$\frac{1}{\alpha}$	$\frac{1}{\alpha\sqrt{K}}$	$\frac{1}{\gamma}$
Vr	αVe	αVe	$V+\gamma Ve$

4.3 Aplicação de Feed-Forward em Conversores CC/CC

Existem circuitos integrados que são projetados para permitir o uso de feed-forward da tensão de entrada em conversores CC/CC. Esses integrados possuem um oscilador que define a frequência de chaveamento. Esse oscilador fornece os pulsos que ressetam os flip-flops internos do integrado. A rampa que serve para comparação é conseguida por um circuito que permite gerar uma rampa de tensão proporcional a uma tensão de entrada. O oscilador descarrega a tensão da rampa para manter a frequência constante. Vemos na Figura 4.7 o diagrama parcial encontrado em alguns integrados que permitem o uso de feed-forward, tais como UCC3840 e UCC3851.

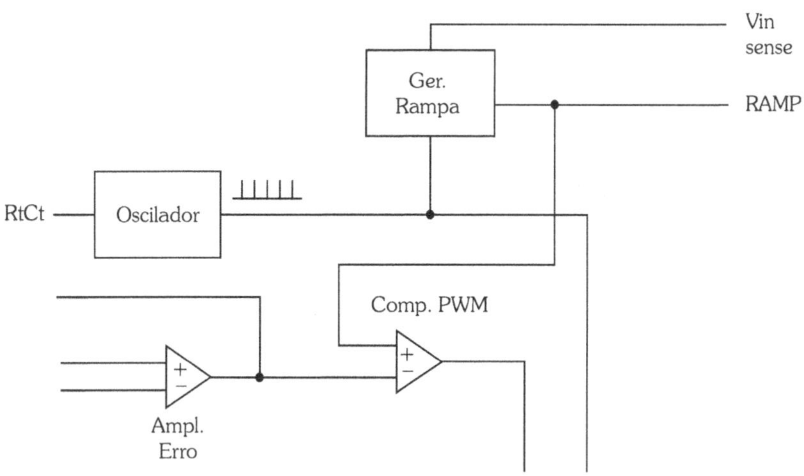

Figura 4.7 - Esquema encontrado em alguns integrados que permitem o uso de feed-forward, tais como UCC3840 e UCC3851.

Para gerar a rampa, colocamos um capacitor na entrada RAMP e na entrada Vin sense, injetamos uma corrente que deve ser proporcional à tensão de entrada. O circuito interno é visto na Figura 4.8.

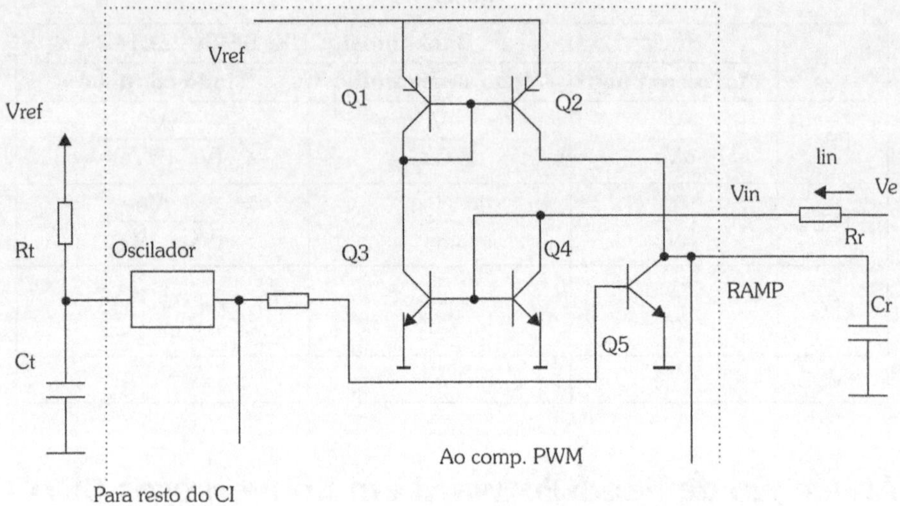

Figura 4.8 - Circuito usado para feed-forward de tensão de entrada.

O circuito formado por Q1, Q2, Q3 e Q4 fornece ao capacitor Cr uma corrente igual à que está presente no pino Vin. Esta é a corrente de carga do capacitor Cr. O transistor Q5 descarrega Cr quando o oscilador fornece o pulso de resset. A inclinação da rampa pode ser calculada da seguinte forma:

$$Iin = \frac{Ve - Vbe}{Rr}$$

$$Iin = Cr\frac{\Delta VC}{\Delta Ts} \qquad \text{Eq. 4.23}$$

$$\frac{\Delta VCr}{\Delta Ts} = \frac{Ve - Vbe}{Cr\,Rr}$$

Para o conversor Buck funcionando no modo contínuo e para os conversores Buck-Boost, CUK, SEPIC e ZETA no modo descontínuo, vimos que a tensão de rampa no fim do período de chaveamento deve ser proporcional à tensão de entrada Ve, ou seja, $Vr = \alpha\ Ve$. Se a frequência de chaveamento for constante, ΔTs é constante e podemos escrever que:

Supondo $Vbe << Ve$, teremos:

$$\Delta VCr = Vr = \frac{\Delta Ts}{Cr\,Rr} Ve$$

ou seja:

$$\alpha = \frac{\Delta Ts}{Cr\,Rr} = \frac{1}{Fs\,Cr\,Rr} \qquad \text{Eq. 4.24}$$

A escolha de Cr e Rr depende do circuito integrado e do ganho do controle desejado. A corrente de entrada Iin deve ficar entre os valores máximo e mínimo especificado pelo fabricante do circuito integrado.

Para os conversores Buck-Boost, CUK, SEPIC e ZETA no modo contínuo, devemos acrescentar o circuito visto na Figura 4.9.

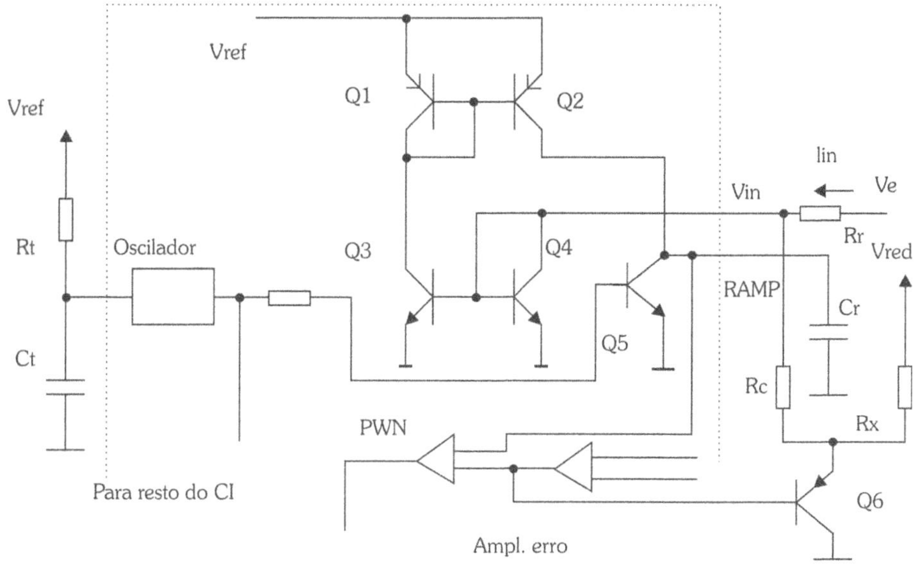

Figura 4.9

Para obtermos feed-forward ótimo devemos ter Vr = Vc + γ Ve. O transistor Q6 injeta corrente na entrada Vin por meio de Rc. O resistor Rx serve para polarizar Q6. O circuito pode ser calculado da seguinte forma:

A malha de tensão em Q6 fornece:

$$Vc + Vbe - IC\ Rc - Vbe = 0$$

$$Vc = Ic\ Rc \quad \therefore \quad Ic = \frac{Vc}{Rc}$$

$$Iin = \frac{Ve}{Rr} + \frac{Vc}{Rc}$$

$$\frac{D\ VCr}{\Delta Ts} = \frac{Iin}{Cr} = \frac{1}{Cr\,Rr} Ve + \frac{1}{Cr\,Rs} Vc$$

$$Vr = \Delta VCr = \frac{1}{Fs\ Cr\ Rr} Ve + \frac{1}{Fs\,Cr\ Rs} Vc$$

Devemos fazer Fs Cr Rc = 1.

Notamos também que $\gamma = \alpha$.

Exemplo 4.1

Calcule o circuito feed-forward do conversor Flyback funcionando no modo contínuo, visto na Figura 4.10. A tensão de entrada é CA e pode variar de 90 V a 250 V, 60 Hz. Essa variação resulta, após retificação e filtragem, em uma variação CC da ordem de 100 VCC a 353 VCC. A frequência de chaveamento é de 40 kHz. Suponha largura de pulso máxima de 50%.

A largura de pulso máxima é calculada para tensão mínima de entrada.

A relação de espiras para a saída de + 5V é:

$$n_{+5} = \frac{Dmax}{1 - Dmax}\frac{Vemin}{Vs_{+5}} \therefore n_{+5} = 20$$

A largura de pulso mínima é calculada por:

$$Dmin = \frac{n_{+5}Vs_{+5}}{n_{+5}Vs_{+5} + Vemax} \quad \therefore \; Dmin = 0,22 \;\; Dmax = 0,5$$

Sabemos que: $Dmax = \frac{Vc}{Vrmax}$ e $Vrmax = \gamma\ Vemax + Vc$. Eliminando Vrmax:

$$\gamma = \frac{1 - Dmax}{Dmax\ Vemin} Vc$$

Escolhendo $Vc = 2$, obtemos $\gamma = 0{,}02$. E assim:

$$0{,}02 = \frac{1}{Fs\ Cr\ Rr} \;\text{ e }\; 1 = Fs\ Cr\ Rc$$

Para que a corrente no pino Vin sense não ultrapasse 1mA, vamos supor que $Iin \leq \frac{Vemax}{Rr} + \frac{Vc}{Rc}$

Fazendo Iin = 500 μA e resolvendo as três equações anteriores, encontramos:

$$Rr = 900\ k\Omega \text{ e } Rc = 18\ k\Omega$$

Rx deve ser calculado fazendo a sua corrente muito maior que a corrente que passa por Rc.

$$IRc = \frac{2}{18000} = 111\,\mu A$$

Fazendo $IRx = 500\ \mu A$, obtemos $Rx = \frac{Vref - Vc}{IRx} = 6\ k\Omega$

O capacitor Cr pode ser calculado por uma das equações anteriores e encontramos:

$$Cr = 1{,}39\ nF$$

Outra vantagem de usar circuitos com feed-forward é o melhor dimensionamento do transformador, pois devido à limitação do ângulo de condução máximo, não é necessário utilizar o produto Dmax Vemax para definir a densidade de fluxo B máximo no transformador. No Capítulo 5 veremos um exemplo com simulação de um conversor Buck com feed-forward e seu circuito de controle.

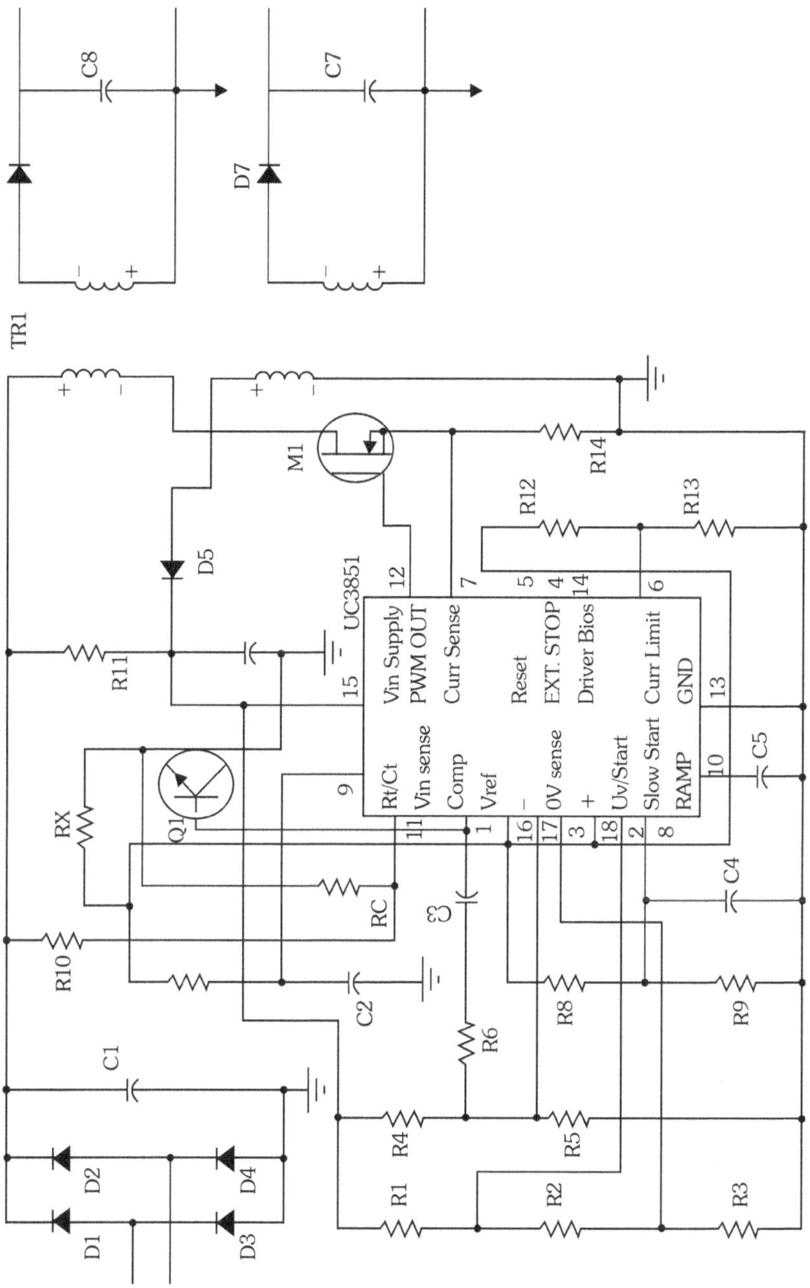

Figura 4.10

4.4 Realimentação de Corrente

Os circuitos de realimentação de corrente foram idealizados na década de 1960. Naquela época, não existiam os circuitos integrados PWM que são largamente usados atualmente. Os projetistas de fontes chaveadas notaram que podiam usar a rampa de corrente do indutor da mesma maneira como se usa hoje a rampa de tensão de comparação dos moduladores PWM, ou seja, a rampa de corrente transformada em rampa de tensão pode ser comparada com uma tensão de controle e ocasionar o chaveamento do conversor.

O modo atualmente mais usado utiliza a corrente que passa pelo transistor e que é comparada com uma tensão de controle Vc, como mostrada na Figura 4.11.

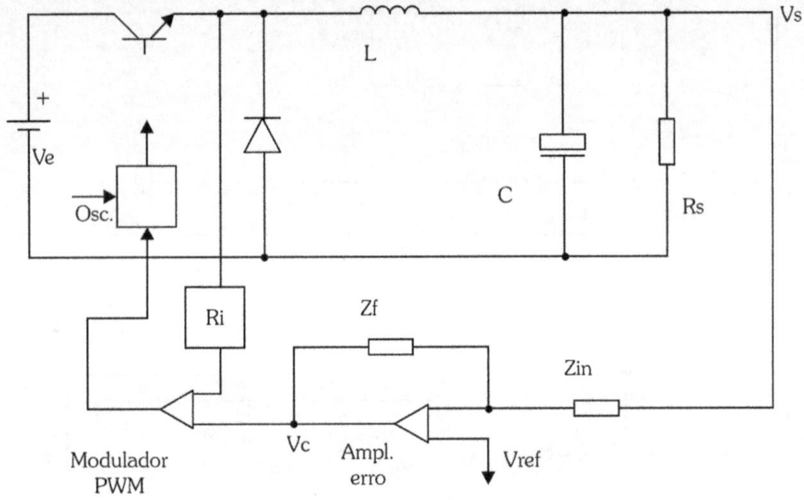

Figura 4.11 - Conversor Buck com realimentação de corrente.

A corrente de chaveamento que passa pelo transistor é comparada com a tensão Vc do amplificador de erro. Um oscilador fornece o pulso inicial de saturação para o transistor e quando a rampa de corrente encontra a tensão Vc, o modulador PWM resseta o oscilador, e o transistor deixa de conduzir (trailing-edge modulation). A corrente deve ser transformada em tensão para que possa ser comparada com Vc. Isso é obtido quando circulamos a corrente em um resistor que chamamos de Ri. No exemplo dado, devemos inserir também um transformador de corrente já que a tensão de emissor varia com o chaveamento. A Figura 4.12 mostra algumas formas de onda características do circuito, sendo Vd a tensão no diodo.

Como a realimentação da tensão de saída gera o sinal de controle Vc, existem dois elos de realimentação no circuito. Isso leva a pensar em complicações para o circuito de compensação em frequência. No entanto, o que se nota é que circuitos como o Buck, que sabemos possuir dois polos, passam a ter funcionamento "similar a um sistema de primeira ordem" (um polo). Isso faz com que o circuito de compensação em frequência seja mais simples do que só com realimentação de tensão.

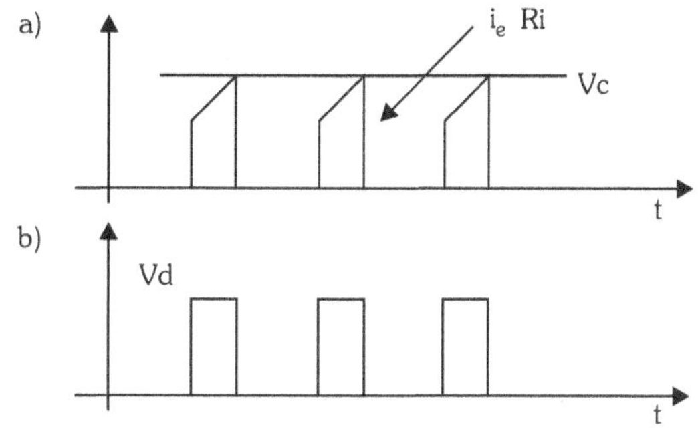

Figura 4.12 - Tensão de controle V_C e pulso de corrente transformada em tensão por Ri.

Entretanto, uma oscilação é notada quando a largura de pulso é maior que 50% (0,5) e frequência de chaveamento constante. Essa oscilação independe dos valores de indutância e capacitância do conversor e ocorre sempre com valor da metade da frequência de chaveamento. Essa instabilidade pode ser explicada conforme visto na Figura 4.13. Se supormos uma pequena variação do pulso de corrente, as variações subsequentes causam um aumento na variação da corrente depois de alguns pulsos, caso a largura de pulso seja maior que 0,5 (c). Se for menor que 0,5, a tendência do pulso é voltar à condição inicial (b).

Por relação de triângulos temos:

$$m1 = tg(\alpha) = \frac{h}{d}$$

$$-m2 = -tg(\beta) = \frac{h}{(1-d)} \qquad \text{Eq. 4.25}$$

Podemos escrever que:

$$\frac{d}{1-d} = \frac{-m2}{m1}$$

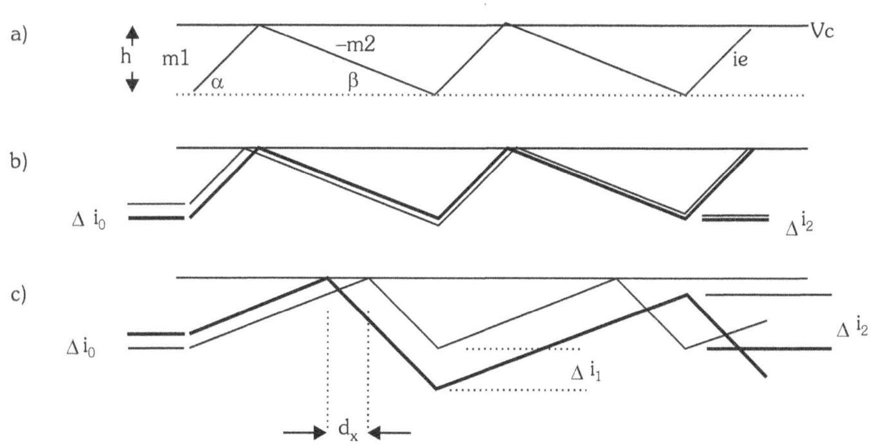

Figura 4.13 - Causa de instabilidade em conversores com realimentação de corrente b) d<0,5, c) d>0,5.

$$\frac{\Delta i_0}{d_X} = m1 = tg(\alpha)$$

$$\frac{\Delta i_1}{d_X} = -m2 = -tg(\beta)$$

Eliminando d_X, obtemos:

$$\Delta i_1 = \frac{-m2}{m1}\Delta i_0$$

$$\Delta i_1 = \frac{d}{1-d}\Delta i_0$$

Para n pulsos teremos:

$$\Delta i_n = \left(\frac{d}{1-d}\right)^n \Delta i_0 \qquad \text{Eq. 4.26}$$

Se d for maior que 0,5, Δi_n não converge, aumentando indefinidamente. Se d for menor que 0,5, Δi_n tende a zero. Isso pode ser verificado graficamente com a Figura 4.13.

Como vemos, a condição para oscilação depende apenas da largura de pulso e não dos componentes do conversor.

A solução encontrada para impedir a oscilação com d>0,5 foi a introdução de uma rampa no sinal Vc, que vemos na Figura 4.14. Esse método é conhecido como "compensação por rampa".

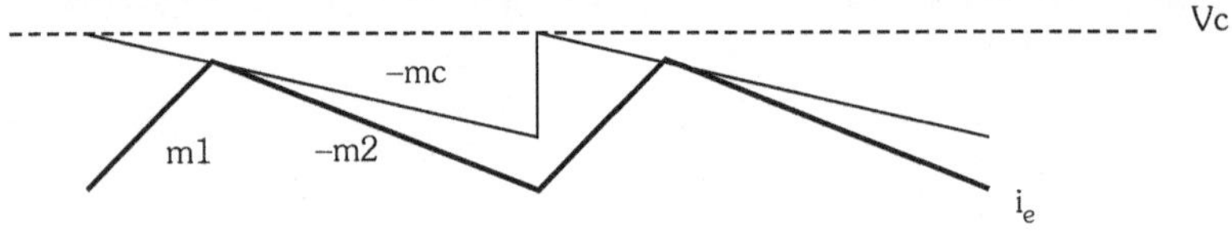

Figura 4.14 - Compensação por rampa.

Ao sinal Vc é somada uma rampa de inclinação −mc. Pode ser mostrado que a variação de corrente é dada por (deduzido por relação de triângulos):

$$\Delta i_n = \left(\frac{m2 - mc}{m1 + mc}\right)^n \Delta i_0 \qquad \text{Eq. 4.27}$$

Para uma dada variação ser zerada em um ciclo, devemos ter m2 = mc. Para garantir ausência de oscilação sub-harmônica devemos ter:

$$\left(\frac{m2 - mc}{m1 + mc}\right) < 1 \;\therefore\; mc > \frac{m2 - m1}{2} \qquad \text{Eq. 4.28}$$

como $m1 = \frac{1-d}{d} m2$, obteremos:

$$mc > \frac{m2}{2} \qquad \text{Eq. 4.29}$$

A resposta mais rápida é conseguida com uma compensação de rampa tal que mc = m2. A compensação de rampa é obrigatória para conversores que funcionam no modo contínuo de corrente e com largura de pulso maior do que 0,5. Com larguras de pulso menores que 0,5 não há necessidade de compensação de rampa, mas a resposta não será otimizada. Se o conversor funciona no modo descontínuo com realimentação de corrente, não é preciso compensação de rampa, pois a resposta rápida dar-se-á em um ciclo, independente da largura de pulso.

Nas Figuras 4.13 e 4.14, a inclinação da rampa m2 foi desenhada como se existisse realmente. Na realidade, a parte da forma de onda com inclinação m2 não precisa existir e não influencia no resultado final; veja a Figura 4.15. Esse tipo de forma de onda é conseguido quando a corrente é amostrada no elemento de comutação, normalmente um transistor.

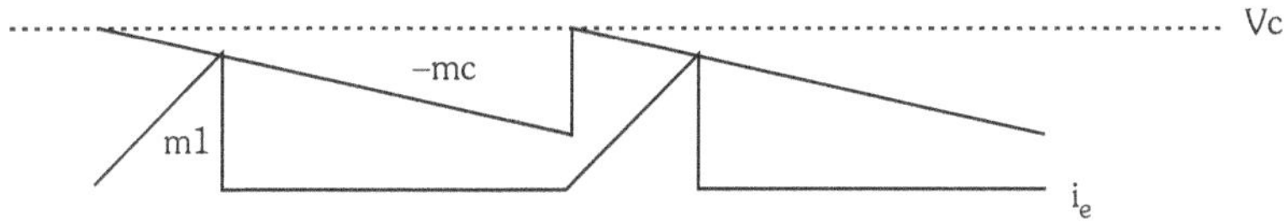

Figura 4.15

4.4.1 Modelo da Chave PWM para Realimentação de Corrente

Para analisarmos os conversores que utilizam realimentação de corrente, é necessário um modelo que represente o funcionamento não só do conversor como também do circuito que realiza a amostragem de corrente e muda o estado da chave. Esse circuito de amostragem compara a corrente do indutor, transformada em tensão por meio de um resistor Ri, com a tensão de controle Vc. O instante da comparação define a largura de pulso. Esse processo nada mas é do que um sistema de Sample and Hold para a largura de pulso.

Existem vários modelos que podemos usar [22][23][24][26], mas o que achamos mais fácil e intuitivo foi o descrito em [24].

A maior dificuldade para encontrar um modelo para conversores funcionando com realimentação de corrente é conseguir representar a oscilação sub-harmônica que ocorre quando a largura de pulso é maior que 0,5 (para conversores com frequência constante). O modelo da chave PWM para realimentação de corrente fornece bons resultados mesmo sendo um modelo baseado em valores médios e linearizações. Vamos ver com detalhes esse modelo. Os leitores devem também consultar as referências [11][12][24].

Na Figura 4.16 vemos um conversor Buck com realimentação de corrente. Este circuito é semelhante ao da Figura 4.11, mas agora delimitamos com um retângulo pontilhado o que passaremos a chamar de Chave PWM com Controle por Corrente.

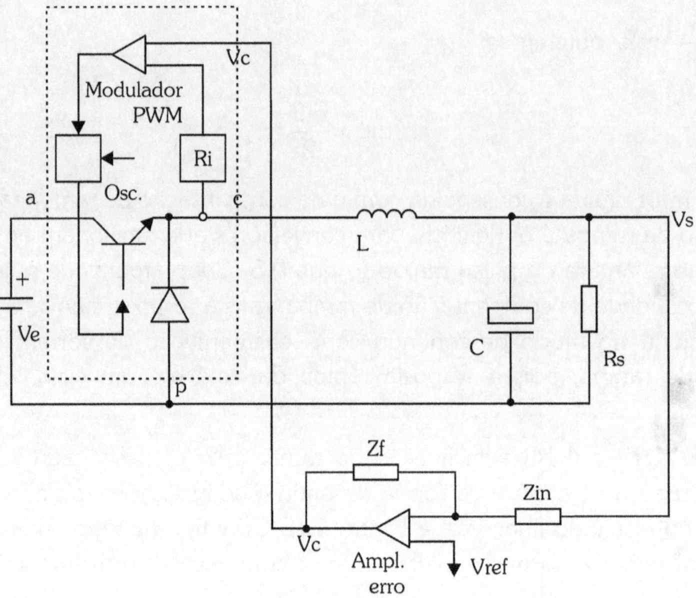

Figura 4.16 - Conversor Buck com circuito da chave PWM com controle por corrente.

Os terminais **a**, **c** e **p** são os mesmos do modelo da chave PWM vistos no Capítulo 3. Portanto, existem relações invariantes com relação a correntes e tensões nesses pontos. A tensão Vc é a informação de controle. A corrente do indutor é transformada por Ri em uma tensão que é comparada com a tensão Vc que vem do circuito de controle. O início da saturação do transistor é definido pelo oscilador e o fim do pulso é dado quando a tensão Vc encontra a corrente do indutor (transformada em tensão por Ri). A compensação de rampa pode ser acrescida de várias maneiras e a que usaremos no modelo vai se somar à rampa de corrente. Os pontos **a, c** e **p** do modelo podem ser substituídos em qualquer dos seis conversores vistos no Capítulo 3 com a chave PWM. Na Figura 4.17, vemos a estrutura interna da chave PWM com controle por corrente.

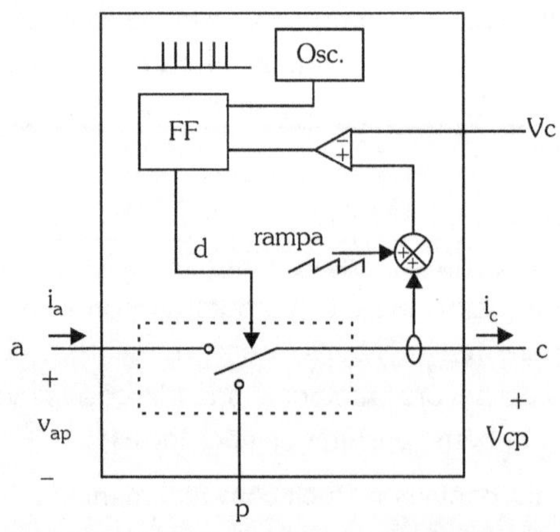

Figura 4.17 - Chave PWM com controle por corrente.

As relações invariantes entre tensões e correntes da chave PWM podem ser calculadas levando-se em conta as formas de ondas como vistas na Figura 4.18. Assim, teremos:

$$i_a = i_c d \qquad v_{cp} = v_{ap} d \qquad \text{Eq. 4.30}$$

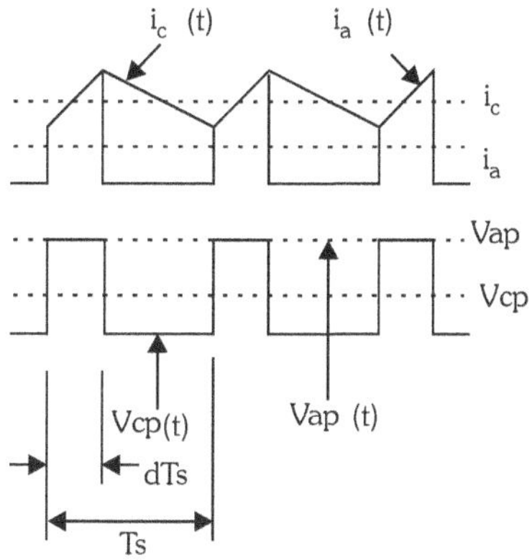

Figura 4.18 - Formas de onda de tensão e corrente na chave PWM.

As inclinações da corrente no indutor são facilmente calculadas conforme a Figura 4.20 e encontramos:

$$Sn = \frac{Vac}{L} Ri \quad \text{ou} \quad Sn = \frac{Vap\ D'}{L} Ri \qquad \text{Eq. 4.31}$$

$$Sf = \frac{Vcp}{L} Ri$$

Na Tabela 4.2 calculamos as inclinações para cada conversor.

Tabela 4.2

	Sn	**Sf**
Buck	$\frac{VeD'}{L} Ri$	$-\frac{Vs}{L} Ri$
Boost	$\frac{Vs\ D'}{L} Ri$	$-\frac{Vs - Ve}{L} Ri$
Buck-Boost, CUK SEPIC, ZETA	$\frac{(Ve + Vs)\ D'}{Le} Ri$	$-\frac{Vs}{Le} Ri$

Na Figura 4.19, vemos os seis tipos de conversores com a chave PWM.

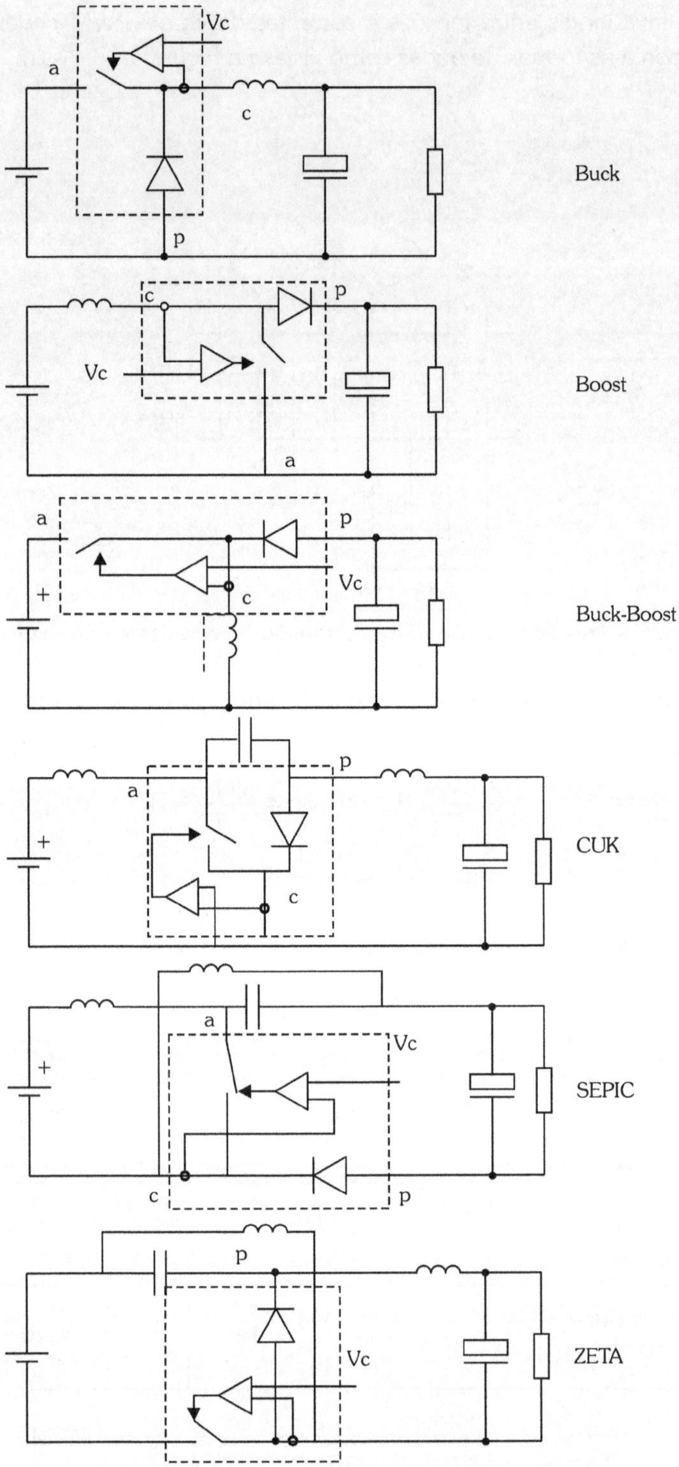

Figura 4.19 - Conversores com chave PWM para realimentação de corrente.

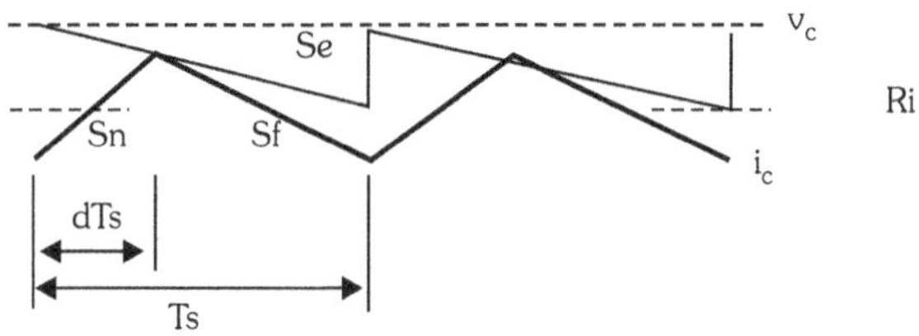

Figura 4.20

No instante do chaveamento, pela Figura 4.20 podemos escrever que:

$$i_C(t)\ Ri + \frac{Sf\ d(t)'\ TS}{2} + Se\ d(t)\ Ts = v_C(t) \qquad \text{Eq. 4.32}$$

A Equação 4.32 é válida para todo instante t, portanto pode ser usada como um modelo. Eliminando d das Equações 4.30, encontramos a expressão para i_a. As Equações 4.33 são as invariantes para a chave PWM com controle por corrente para o modo contínuo de corrente.

$$\begin{aligned} i_C &= \frac{v_C}{Ri} - \frac{v_{cp}}{v_{ap}}\frac{Ts\ Se}{Ri} - v_{cp}\left(1 - \frac{v_{cp}}{v_{ap}}\right)\frac{Ts}{2\,L} \\ i_a &= i_C\frac{v_{cp}}{v_{ap}} \end{aligned} \qquad \text{Eq. 4.33}$$

Linearizando a Equação 4.33 em relação a v_C, v_{ap} e v_{cp}, encontramos:

$$\begin{aligned} \hat{i}_C &= k_0\hat{v}_C + g_f\hat{v}_{ap} - g_0\hat{v}_{cp} \\ \hat{i}_a &= k_i\hat{v}_C + g_i\hat{v}_{ap} + g_r\hat{v}_{cp} \end{aligned} \qquad \text{Eq. 4.34}$$

sendo que:

$$\begin{aligned} k_0 &= \frac{\partial i_C}{\partial v_C} = \frac{1}{Ri} \\ g_f &= \frac{\partial i_C}{\partial v_{ap}} = Dg_0 - \frac{D\ D'\ Ts}{2L} \\ g_0 &= \frac{\partial i_C}{\partial v_{cp}} = \frac{Ts}{L}\left(D'\frac{S_e}{S_n} + \frac{1}{2} - D\right) \\ k_i &= \frac{\partial i_a}{\partial v_C} = \frac{D}{R_i} \\ g_i &= \frac{\partial i_a}{\partial v_{ap}} = D\left(g_f - \frac{I_C}{Vap}\right) \\ g_r &= \frac{\partial i_a}{\partial v_{cp}} = \frac{I_C}{Vap} - g_0 D \end{aligned} \qquad \text{Eq. 4.35}$$

O circuito que representa a Equação 4.34 é visto na Figura 4.21.

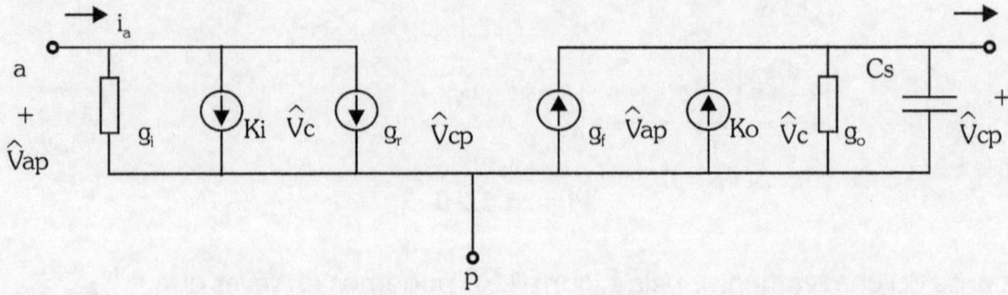

Figura 4.21 - Modelo da chave PWM para controle por corrente para pequenos sinais.

O capacitor CS é o componente que modela o efeito de sample and hold da corrente. Seu valor deve ser fixado em:

$$C_S = \frac{4}{L_e w_s^2} \qquad \text{Eq. 4.36}$$

Sendo L_e = indutância equivalente vista pelo capacitor C_S

$w_S = 2.\pi.f_S$ = frequência de chaveamento do conversor

Com a Equação 4.36, o capacitor C_S ressoa com L_e na metade da frequência de chaveamento.

Exemplo 4

Calcule a audiossusceptibilidade e o ganho do controle para o conversor Boost com realimentação de corrente (corrente injetada).

Solução

Na Figura 4.22a, vemos o circuito do conversor Boost e na Figura 4.22b, substituímos as chaves pelo modelo dado na Figura 4.21.

Esse circuito pode ser resolvido por qualquer método da teoria dos circuitos e é extremamente trabalhoso. Para calcularmos a audiossusceptibilidade, vamos supor que a tensão $\hat{v}_C$ não varia, pois Vc é fixa em um ponto de operação e obtemos:

$$\frac{\hat{v}_S}{\hat{v}_e} = k_v \frac{\left(1 + s\ C\ r_C\right)\left(1 + s\dfrac{c_S}{g_i + g_o + g_r}\right)}{1 + s\ a_1 + s^2 a_2 + s^3 a_3}$$

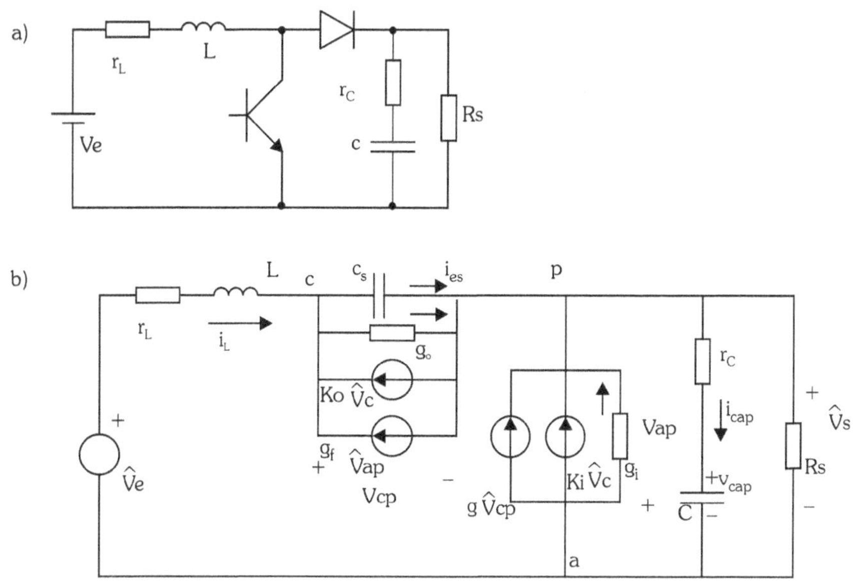

Figura 4.22 - Conversor Boost e o modelo da chave PWC controlada por corrente.

sendo

$$k_v = \frac{Rs\ (g_i + g_o + g_f)}{1 + Rs(g_i + g_o + g_r - g_f) + r_L(g_o + g_f(g_i + g_r)Rs)}$$

$$a_1 = \frac{L\ (g_o + g_f(g_i + g_r)Rs)\ + C\ (Rs + r_C\ (1 + Rs(g_i + g_o + g_r - g_f)) + r_L(g_o + g_f(g_i + g_r)Rs) + r_L\ r_C\ g_o}{1 + Rs(g_i + g_o + g_r - g_f) + r_L(g_o + g_f(g_i + g_r)Rs)}$$

$$a_2 = \frac{L(c_s + C\ (g_o Rs + r_C\ (g_o + g_f(g_i + g_r)Rs))) + C\ c_s L\ (Rs + r_C)}{1 + Rs(g_i + g_o + g_r - g_f) + r_L\ (g_o + g_f(g_i + g_r)Rs}$$

$$a_3 = \frac{C\ c_s\ L\ (Rs + r_C)}{1 + Rs(g_i + g_o + g_r - g_f) + r_L(g_o + g_f(g_i + g_r)Rs}$$

Estas expressões, apesar de aparentemente complicadas, podem ser facilmente colocadas nos softwares matemáticos disponíveis no mercado, tais como MATHEMATICA ou MATHCAD. Na realidade, estas expressões foram calculadas literalmente pelo MATHEMATICA. Os parâmetros do modelo devem ser calculados pelas Equações 4.34 e 4.35.

Obviamente, estas equações não permitem uma visualização do que realmente acontece com o circuito. Se desprezarmos as resistências parasitas, podemos fatorar a função de transferência para audiossusceptibilidade por:

$$\frac{\hat{v}_s}{\hat{v}_e} = k_v \frac{\left(1 + \frac{s}{wza}\right)\left(1 + \frac{s}{wzc}\right)}{\left(1 + \frac{s}{wc_s Q} + \frac{s^2}{wc_s^2}\right)\left(1 + \frac{s}{wp1}\right)}$$

sendo que

$$wza = \frac{1}{C\ r_C}$$

$$wzc = \frac{g_i + g_o + g_r}{c_s}$$

$$wp1 = \frac{1 + Rs(g_i + g_o + g_r - g_f)}{C\ Rs}$$

$$wc_S = \frac{1}{\sqrt{L\ c_s}}$$

$$Q = \frac{1}{\pi\left((1-D)\dfrac{S_e}{S_n} + \dfrac{1}{2} - D\right)}$$

$$k_v = \frac{Rs\ (g_i + g_o + g_r)}{1 + Rs\ (g_i + g_o + g_r - g_f)}$$

Podemos notar que o sistema é de 3ª ordem. O polo em wp1 é dominante no sistema e os dois polos definidos por wc_S e Q possuem ressonância na metade da frequência de chaveamento, como foi definido pela Equação 4.36. Pelo Q do circuito podemos agora verificar que o modelo representa corretamente a instabilidade do conversor sem compensação de rampa quando D>0,5. Suponha que não exista compensação de rampa e assim Se = 0. Logo, se D for maior que 0,5, Q será negativo e o sistema é instável.

Oscilações e instabilidade também podem ocorrer com D<0,5 e sem compensação de rampa porque o Q pode se tornar muito maior do que 1, tornando o sistema instável quando o pico da ressonância em wc_s cruzar o ganho unitário no diagrama de Bode.

O ganho do controle é dado por:

$$\frac{\hat{v}_s}{\hat{d}} = k_d \frac{\left(1 + \dfrac{s}{wza}\right)\left(1 + \dfrac{s}{wzd}\right)\left(1 - \dfrac{s}{wrhpz}\right)}{\left(1 + \dfrac{s}{wc_s\ Q} + \dfrac{s^2}{wc_s^2}\right)\left(1 + \dfrac{s}{wp1}\right)}$$

em que wzd e wrhpz são as raízes de $a0 + sa1 + s^2 a2 = 0$ sendo

$$a_0 = k_i - k_o + r_L\ (g_o k_i + k_o(g_i + g_r))$$
$$a_1 = L\ (g_o k_i + k_o(g_i + g_o)) + c_s\ k_i\ r_L$$
$$a_2 = c_s L\, k_i$$

Uma das raízes estará no lado direito do plano s (a0 < 0) como já esperávamos (wrhpz). No entanto, essa frequência é maior que a metade da frequência de chaveamento Fs. Assim, podemos desprezar esse zero no cálculo do compensador. O zero wzd também se localiza em frequência muito alta e também pode ser desprezado. Os polos dados por wc_s e Q atuam na metade da frequência de chaveamento e se colocarmos compensação de rampa, sua influência pode ser desprezada. Vemos, assim, que o conversor Boost no modo contínuo de corrente, com realimentação de corrente e compensação de rampa, "passa a funcionar como" um conversor de 1ª ordem e com fase mínima zero. O uso de realimentação de corrente certamente simplifica o circuito de compensação. Acrescentando compensação por rampa, podemos usar Se tal que o Q seja unitário e evitaremos as oscilações sub-harmônicas quando D<0,5.

No Capítulo 5, a realimentação de corrente será estudada para cálculo do circuito de compensação e veremos com detalhes as funções de transferências para os conversores usando realimentação de corrente e os resultados dos projetos serão verificados com simulação eletrônica.

Nas tabelas que seguem, damos a função de transferência da audiossusceptibilidade e do ganho do controle para alguns conversores.

Tabela 4.3 - Parâmetros da chave PWM.

	Buck	Boost	Buck-Boost
k_i	D / Ri		
k_o	$1 / Ri$		
g_o	$\dfrac{(1-D)\dfrac{Se}{Sn}+0{,}5-D}{Fs\ L}$		
g_r	$\dfrac{Ic}{Vap}-D\ g_o$		
g_f	$D\ g_o-\dfrac{D\,(1-D)}{2L\ Fs}$		
g_i	$D\left(g_f-\dfrac{Ic}{Vap}\right)$		
Vap	Ve	$-Vs$	$\dfrac{Vs}{D}$
Ic	Is	$\dfrac{-Is}{1-D}$	$\dfrac{-Is}{1-D}$

Ri → Resistor de amostragem de corrente

Tabela 4.4 - Ganho do controle.

	Buck	Boost	Buck-Boost
wza	$\frac{1}{C\ r_C}$	$\frac{1}{C\ r_C}$	$\frac{1}{C\ r_C}$
a_1	0	$\frac{\alpha 1}{\alpha 0}$	$\frac{\beta 1}{\beta 0}$
a_2	0	$\frac{\alpha 2}{\alpha 0}$	$\frac{\beta 2}{\beta 0}$
wp_1	$\frac{1+Rs\ g_o}{C\ Rs}$	$\frac{1+Rs\ \zeta}{C\ Rs}$	$\frac{1+Rs\ \zeta}{C\,Rs}$
wc_s	$\frac{1}{\sqrt{c_s\ L}}$	$\frac{1}{\sqrt{c_s\ L}}$	$\frac{1}{\sqrt{c_s\ L}}$
Q	$\frac{1}{\pi\left((1-D)\frac{Se}{Sn}+\frac{1}{2}-D\right)}$	$\frac{1}{\pi(1-D)\left(\frac{Se}{Sn}+\frac{1}{2}-D\right)}$	$\frac{1}{\pi\left((1-D)\frac{Se}{Sn}+\frac{1}{2}-D\right)}$
k_d	$\frac{Rs\ k_o}{1+Rs\ g_o}$	$\frac{-Rs\ (k_i-k_o)}{1+Rs\ \zeta}$	$\frac{-Rs\ (k_i-k_o)}{1+Rs\ \zeta}$

$$\frac{\hat{v}_s}{\hat{v}_c}=k_d\frac{\left(1+\frac{s}{wza}\right)(1+a_1\ s+a_2\ s^2)}{\left(1+\frac{s}{Q\ wc_s}+\frac{s^2}{wc_s^2}\right)\left(1+\frac{s}{wp_1}\right)}$$

$$\alpha 0=k_i-k_o+r_L\ (g_o k_i+k_o(g_i+g_r))$$

$$\alpha 1=L\ \ (g_o k_i+k_o(g_i+g_r))+c_s\ k_i\ r_L$$

$$\alpha 2=c_s\ L\ k_i$$

$$\zeta=g_{ii}+g_o+g_r-g_f$$

$$\beta 0=k_i-k_o+r_L\ \ (g_o k_i+g_r k_o)$$

$$\beta 1=L\ \ (g_o k_i+g_r k_o)$$

$$\beta 2=c_s\,L\ \ k_i$$

Tabela 4.5 - Audiossusceptibilidade.

	Buck	Boost	Buck-Boost
a_1	0	$\dfrac{c_s}{g_i + g_o + g_r}$	$\dfrac{\alpha 1}{\alpha 0}$
a_2	0	0	$\dfrac{\alpha 2}{\alpha 0}$
k_v	$\dfrac{Rs\ g_f}{1 + g_o(Rs + r_L)}$	$\dfrac{Rs\,(g_i + g_o + g_r)}{1 + Rs\,(g_i + g_o + g_r - g_f)}$	$\dfrac{Rs\,(g_i + g_f + r_L(g_i g_o + g_f g_r)))}{1 + Rs\,(g_i + g_o + g_r - g_f)}$

$$\frac{\hat{v}_s}{\hat{v}_e} = k_v \frac{\left(1 + \dfrac{s}{wza}\right)(1 + a_1\, s + a_2\, s^2)}{\left(1 + \dfrac{s}{Q\ wc_s} + \dfrac{s^2}{wc_s^2}\right)\left(1 + \dfrac{s}{wp_1}\right)}$$

$$\alpha 0 = g_i - g_f + r_L(g_i g_o + g_r g_f)$$

$$\alpha 1 = L\ (g_i\ g_o + g_r\ g_f) + c_s\ g_i\ r_L$$

$$\alpha 2 = c_s L\ g_i$$

$$k_v = \frac{Rs\ \alpha 0}{1 + Rs\,(g_i + g_o + g_r - g_f) + r_L\ (g_o + Rs\,(g_i\ g_o + g_r\ g_f))}$$

4.5 Exercícios Propostos

1. Cite a vantagem e a desvantagem de usar feed-forward.
2. Como visto na Figura 4.5, o processo de implementação do feed-forward age variando-se a inclinação da rampa de carga e descarga do capacitor do oscilador do circuito de PWM. A corrente de carga do capacitor é proporcional à tensão de entrada do conversor. Essa tensão no capacitor do oscilador pode ser limitada a que valor?
3. Para encontrar o valor ótimo da variação da inclinação da rampa do capacitor do oscilador, a matemática é complicada porque exige um pouco de conhecimento de "cálculo infinitesimal" e soluções de "equações diferenciais". Entretanto, a ideia de causar uma variação diretamente no circuito de controle de modo a anular um efeito indesejado provocado, no caso, pela tensão de entrada é um processo intuitivo. Explique por que devemos ter As = 0. Explique também o que significa As.
4. Cite a vantagem e a desvantagem de usar realimentação de corrente.
5. Se não usarmos compensação de rampa em um conversor que deve funcionar com largura de pulso menor do que 0,5, podemos esperar algum tipo de oscilação indesejável?

6. Pode-se esperar que um conversor usando realimentação de corrente sem compensação de rampa oscile na sub-harmônica com largura de pulso de 0,50000 e não oscile com largura de pulso de 0,49999? É esperado um funcionamento desse tipo em "sistemas lineares"?

7. Qual a condição para que um conversor usando realimentação de corrente e sem compensação de rampa oscile em larguras de pulso menores do que 0,5? (dica: examine o Q da função de transferência e lembre-se de Nyquist/controle/estabilidade)

Capítulo

Controle e Simulação

5

5.1 Introdução

Nos Capítulos 3 e 4, vimos os métodos de linearização que permitem a visualização das características de funcionamento de conversores CC/CC para sinais CA. Essas características são obtidas para conversores em malha aberta, ou seja, não existe nenhum tipo de realimentação da tensão de saída para qualquer outra parte do conversor. Os conversores são usados normalmente com algum tipo de realimentação, para que a tensão de saída se mantenha constante frente às variações de tensão de entrada e corrente de saída. Sistemas realimentados são propícios à instabilidade e de alguma maneira devemos usar circuitos que permitam manter de forma ótima as características especificadas do conversor. Esses circuitos são conhecidos por circuitos de controle.

Neste capítulo, vamos ver como calcular de maneira simples os circuitos de controle para conversores CC/CC.

5.2 Conceitos Gerais

As fontes chaveadas são sistemas realimentados que utilizam conversores CC/CC. Normalmente, as fontes chaveadas possuem tensão de saída fixa (+5 volts, +12 volts etc.) e a corrente que podem fornecer varia dentro de uma faixa especificada (3 amperes a 20 amperes, por exemplo). Esta, como você sabe, é a característica de uma fonte de tensão (fontes de corrente possuem características similares, porém quem varia é a tensão e quem deve permanecer constante é a corrente). No Capítulo 4 vimos na Figura 4.2, o esquema de realimentação que é usado em todos os conversores CC/CC e que reproduzimos na Figura 5.1.

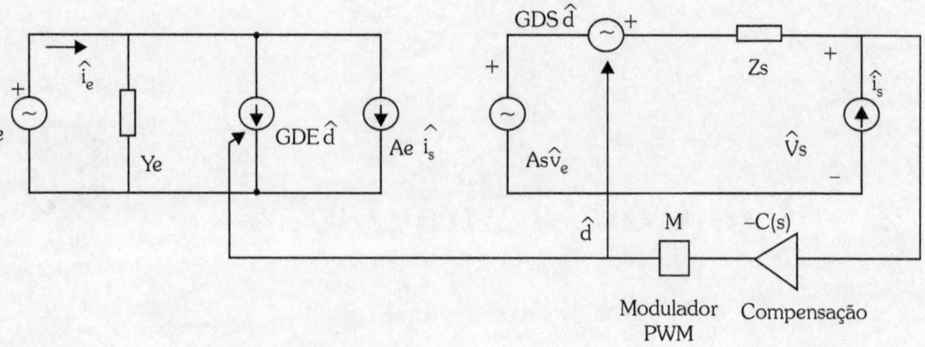

Figura 5.1 - Circuito com realimentação de tensão de um conversor genérico.

Podemos ver o circuito de compensação seguido do modulador PWM. O circuito de compensação é descrito em termos da variável de Laplace s e possui função de transferência C(s) (o sinal negativo significa realimentação negativa). O modulador M possui função de transferência MOD que, normalmente, é independente de s e de valor 1. Para simplificar, vamos supor que a fonte de tensão definida por $As\hat{v}_e$ que é um sinal que pode perturbar o sistema como provável fonte de ruído, não será levada em consideração no momento (estamos supondo $As\hat{v}_e = 0$). Supor $As\hat{v}_e = 0$ significa $\hat{v}_e = 0$, portanto todo o circuito de entrada não será levado em conta como perturbação. O circuito resultante é visto na Figura 5.2.

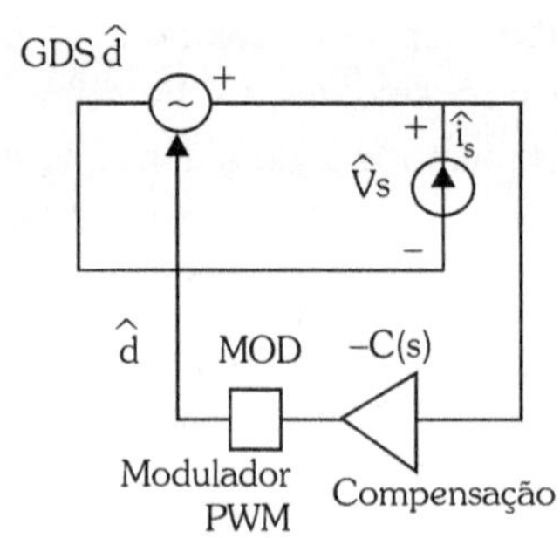

Figura 5.2 - Circuito de um conversor CC/CC com realimentação de tensão.

O circuito deve possuir uma fonte de tensão como referência, que serve para comparação com a tensão de saída de forma a gerar um sinal de erro $\hat{d}$. Esse sinal de erro agirá de modo a corrigir a tensão de saída Vs. Caso a tensão de saída aumente, o sinal de erro tentará diminuir a largura de pulso, fazendo com que a tensão de saída permaneça constante. Esta é a função que se espera da realimentação de tensão. Na Figura 5.3a, vemos o mesmo circuito da Figura 5.2 com a tensão de referência. Normalmente, essa comparação de tensão é realizada pelo mesmo amplificador operacional que realiza a compensação em frequência, e assim, chegamos ao circuito da Figura 5.3b. A fonte de corrente (i_S) foi retirada, pois a função de transferência GDS foi obtida com carga resistiva e sendo assim, a carga na saída já foi levada em consideração.

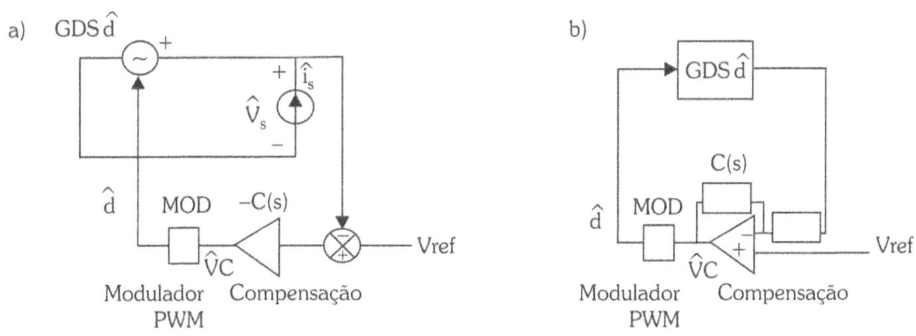

Figura 5.3 - Realimentação com a tensão de referência Vref.

O diagrama da Figura 5.3b é a forma geral para compensação em frequência de conversores CC/CC. Pode ser usado também para conversores com feed-forward ou realimentação de corrente, já que os modelos derivados pela chave PWM permitem o cálculo de GDS para esses métodos. A função GDS possui toda a informação necessária para calcularmos o circuito de controle. A informação do ganho, polos e zeros do conversor está em GDS.

Em teoria de controle, estamos mais acostumados com diagrama em bloco como visto na Figura 5.4.

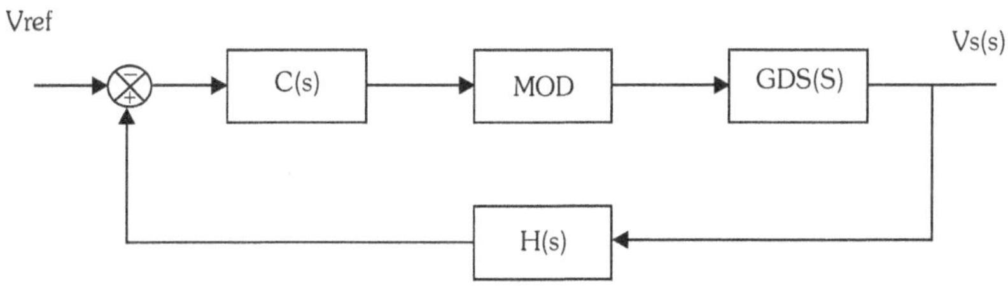

Figura 5.4 - Representação em blocos para os circuitos de controle para conversores CC/CC.

Note que introduzimos a função H(s) que depende de como é feita a realimentação. Muitos conversores possuem isolação entre o circuito de controle e a saída Vs, e o meio usado é com foto isoladores, acionados por amplificadores operacionais ou circuitos similares (TL431, por exemplo). Portanto, H(s) representa a função de transferência desse tipo de circuito.

O diagrama da Figura 5.4 será usado para análise de todos os conversores, faltando agora definir o tipo de resposta que desejamos para o conversor.

5.3 Objetivos para Estabilidade

No Capítulo 3, calculamos as funções de transferência dos diversos conversores. Elas foram obtidas através de linearização das chaves do circuito e como os conversores CC/CC são sistemas não lineares e variantes no tempo, a linearização se dá para um ponto de operação bem definido. Assim, a localização dos polos e zeros pode variar com esse ponto de operação, que depende da tensão de entrada, tensão de saída, corrente de saída e frequência de chaveamento. Vemos então, que pode ser difícil encontrar um circuito de compensação que atenda a toda gama de variação dos parâmetros dos conversores.

Os conversores podem ser divididos em quatro tipos de circuitos. O primeiro são os circuitos que funcionam como sistemas de primeira ordem, ou seja, possuem apenas um polo. Esses circuitos são os conversores Buck, Boost e Buck-Boost funcionando no modo descontínuo de corrente e os mesmos conversores funcionando no modo contínuo de corrente e usando realimentação de corrente, como visto no Capítulo 4. Esses conversores "funcionam" como sistemas de primeira ordem, mas na realidade, possuem dois polos e um deles não é relevante para o conversor, por estar posicionado em uma frequência maior do que a metade da sua frequência de chaveamento. O projeto do circuito de controle pode levar em conta apenas o polo principal.

O segundo tipo de conversor possui dois polos e são os conversores Buck, Boost e Buck--Boost funcionando no modo contínuo de corrente. Os conversores Boost e Buck-Boost no modo contínuo de corrente, além de possuírem dois polos, possuem um zero no lado direito do plano s, portanto são sistemas de fase mínima diferente de zero. A existência desse zero pode ser notada, reparando na energia que é transferida para a saída. A corrente no diodo é proporcional a 1-D, portanto quando aumentamos a largura de pulso na intenção de aumentar a tensão de saída, notamos que a corrente transferida para saída pode momentaneamente diminuir até que a energia no indutor aumente, compensando a diminuição do tempo de condução do diodo (que fornece corrente para a saída). Esta é uma característica de sistemas de fase mínima diferente de zero.

O terceiro tipo são os conversores que utilizam feed-forward. O controle feed-forward não é uma realimentação e não pode ser usado sozinho para controle de um conversor. Esse tipo de controle melhora a característica quanto ao ganho necessário para controle do loop de realimentação e anula a audiossusceptibilidade, fazendo com que variações da tensão de entrada não sejam vistas na tensão de saída. No Capítulo 4 vimos que apenas o Boost não pode ser usado com feed-forward.

O quarto tipo de conversor são os que possuem quatro polos, aos quais é difícil aplicar a teoria de controle de forma convencional. Normalmente, podemos usar realimentação de corrente e indutores acoplados de forma a diminuir a ordem do sistema. Na realidade, a ordem do sistema nunca é reduzida e sim, podemos colocar alguns polos em frequências não representativas para o circuito de controle. Não estudaremos circuitos de controle para conversores de quarta ordem.

Sistemas realimentados são propícios a instabilidade. Os circuitos de compensação em frequência servem para estabilizar esses sistemas. No caso, os sistemas são os conversores CC/CC. Mas o que é estabilidade ou instabilidade de um sistema? Uma explicação de fácil entendimento encontra-se no livro "Modern Control Theory" de William L. Brogan, exemplificada a seguir:

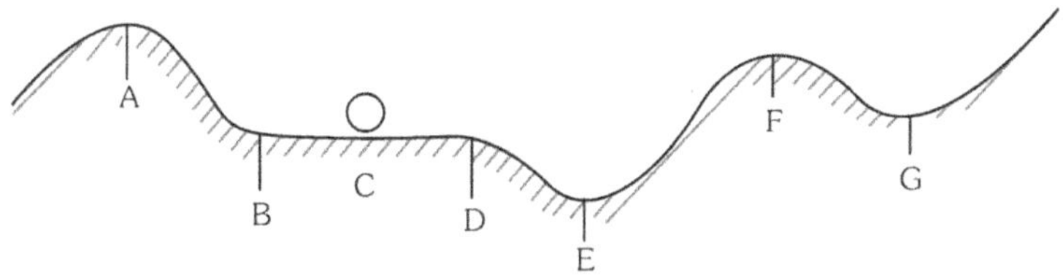

Figura 5.5 - Estabilidade de um sistema.

Veja a bola que pode rolar na superfície mostrada na Figura 5.5, a qual pode ser colocada em repouso nos pontos A, E, F, G e em qualquer ponto entre B e D. Supondo a superfície B-D horizontal, a bola pode ficar parada, por exemplo, no ponto C. Qualquer ponto citado é um ponto de equilíbrio do sistema "bola". Estes são pontos de equilíbrio se não existir nenhuma força ou distúrbio que retire a bola de seu ponto de repouso. Suponha que aplicamos uma pequena perturbação na bola, estando ela no ponto A ou F. Nesse caso, a bola tende a escorregar para um dos lados e não voltará para o ponto inicial. Se a bola estiver nos pontos E ou G, após uma pequena perturbação em qualquer direção, ela volta para o ponto inicial. A e F podem ser chamados de pontos de equilíbrio instável, sendo E e G os pontos de equilíbrio estável. Pontos como C podem ser chamados de equilíbrio neutro (neutramente estáveis). Se a bola estiver no ponto E e a perturbação aplicada posicioná-la entre os pontos B-D, a bola provavelmente não volta ao ponto E. Assim, podemos dizer que a estabilidade depende também da "força" da perturbação aplicada, principalmente se o sistema for não linear.

Os conversores CC/CC são sistemas "bem comportados" e que, no entanto, podem ter comportamento tanto estável quanto de natureza caótica se não forem corretamente estabilizados. As fontes de tensão devem possuir saída estável, ou seja, a tensão requerida não deve variar acima do especificado.

É preciso escolher um método de medida do comportamento de um conversor. A resposta a alguma perturbação aplicada no sistema deve ser avaliada e fornecer resultados que, comparados com resultados já conhecidos como estáveis, nos forneça um padrão de estabilidade.

Uma das perturbações mais usadas em teoria de controle é o degrau (step). Na Figura 5.4, um degrau pode ser aplicado como tensão de referência (Vref) e observada a saída de tensão Vs. Uma possível resposta a um degrau para sistemas realimentados pode ser vista na Figura 5.6.

Os seguintes parâmetros vistos na Figura 5.6 servem de critério para performance e caracterização de estabilidade para uma resposta ao degrau de sistemas realimentados.

- ✓ **Overshoot:** definido como o maior desvio do sinal de saída acima do sinal do degrau. A quantidade de overshoot máximo é a medida da estabilidade relativa do sistema. O sistema é mais tendente à instabilidade quanto maior for o overshoot, normalmente definido em porcentagem em relação ao degrau.
- ✓ **Delay time:** ou tempo de atraso, é definido como o tempo necessário para o sinal de saída chegar a 50% do valor final.

✓ **Rise time:** ou tempo de subida, é o tempo necessário para o sinal de saída ir de 10% até 90% do valor final.

✓ **Settling time:** ou tempo para decrescimento da resposta ondulatória do sinal de saída até atingir um nível especificado. Um valor aceitável para conversores é 2% do valor final.

Esses quatro parâmetros são suficientes para estudar a resposta do conversor. No caso de conversores CC/CC, a resposta desejada a um degrau não deve possuir overshoot (ou que seja menor do que 2%) e o tempo de subida deve ser da ordem de alguns milissegundos ou menos, para que a resposta a transientes seja rápida. O overshoot em conversores pode danificar os circuitos eletrônicos alimentados pelo conversor.

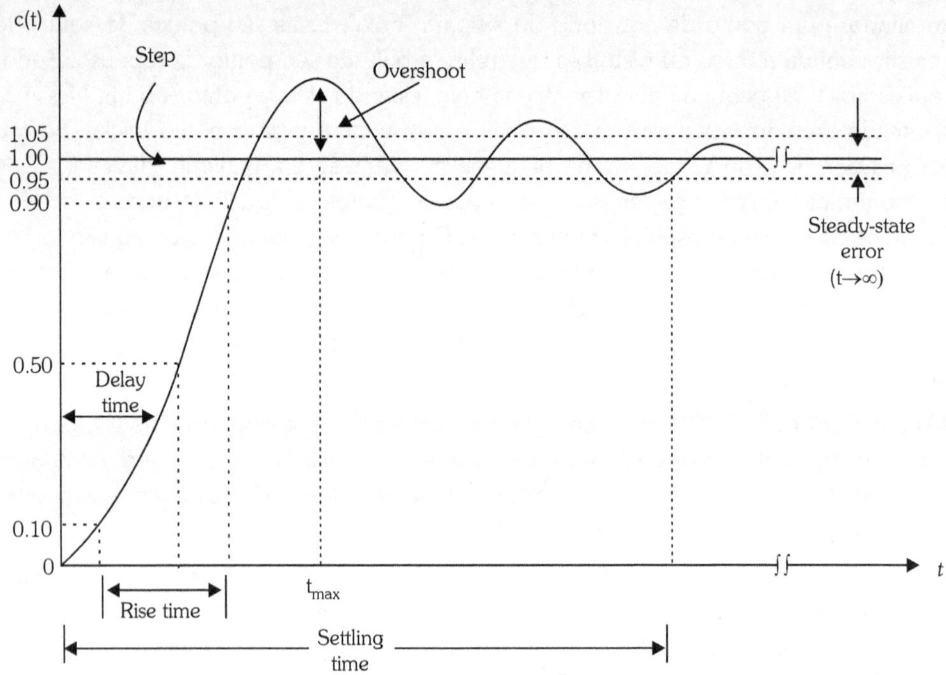

Figura 5.6 - Resposta a um degrau para sistemas realimentados.

5.4 Circuitos para Compensação em Frequência

Os circuitos de controle são realizados com amplificadores operacionais que normalmente pertencem ao circuito integrado controlador de PWM. Atualmente, existem inúmeros circuitos integrados de diversos fabricantes e que são usados de forma a controlarem determinados tipos de conversores. Como exemplo, temos o UC3842 e sua família (UC3842, UC3843, UC3844 e UC3845) que devem ser usados preferencialmente para fonte flyback (derivada do conversor Buck-Boost) e com desempenho melhor no modo descontínuo de corrente (mas também pode ser usado no modo contínuo de corrente). Esse integrado utiliza realimentação de corrente e frequência fixa.

Cada amplificador operacional interno ao circuito integrado possui características que devem ser atendidas de forma a funcionarem corretamente. Se sua saída for comparada com a rampa de tensão do oscilador de forma a gerar os pulsos PWM, a amplitude de saída do operacional deve ser capaz de variar desde a tensão mínima até a tensão máxima da rampa de comparação.

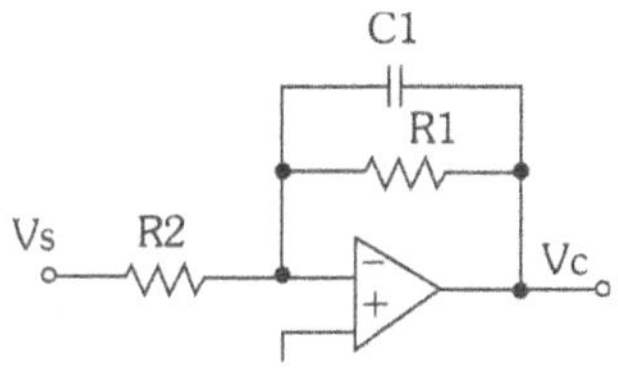

1)

$$\frac{Vc}{Vs} = \frac{R1}{R2}\,\frac{1}{s\,C1\,R1 + 1}$$

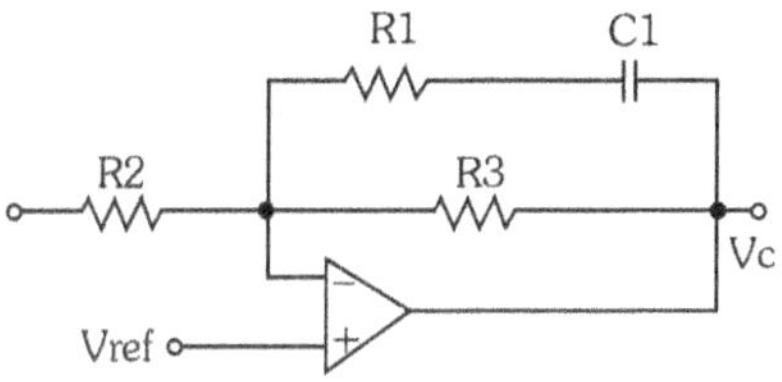

2)

$$\frac{Vc}{Vs} = \frac{R3}{R2}\,\frac{1 + s\,C1\,R1}{1 + s\,C1\,(R1 + R3)}$$

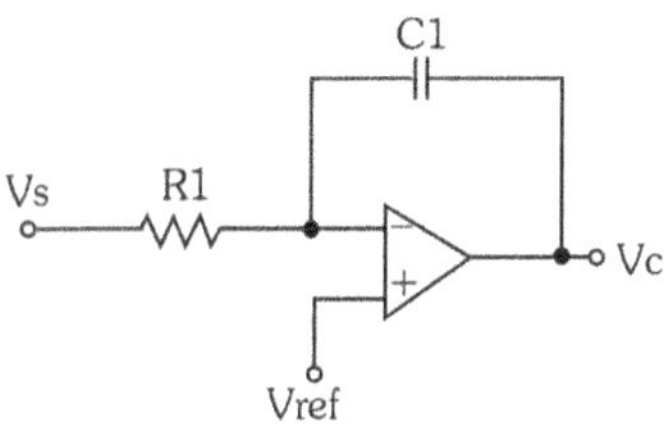

3)

$$\frac{Vc}{Vs} = \frac{1 + s\,C1\,R1}{s\,C1\,R2}$$

4)

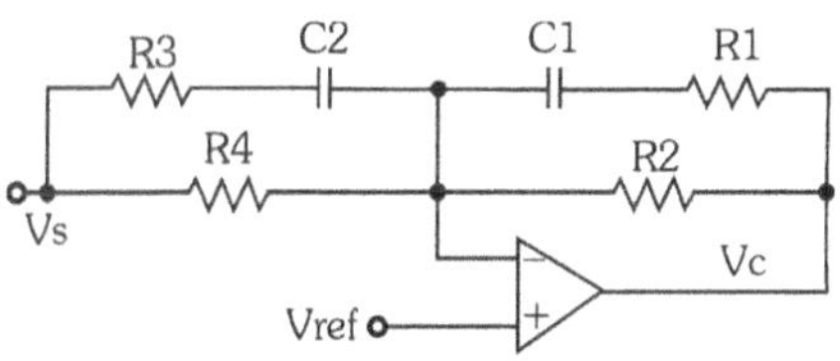

$$\frac{Vc}{Vs} = K\,\frac{\left(1 + \dfrac{s}{w_{z1}}\right)\left(1 + \dfrac{s}{w_{z2}}\right)}{\left(1 + \dfrac{s}{w_{p1}}\right)\left(1 + \dfrac{s}{w_{p2}}\right)}$$

$$w_{z1} = \frac{1}{C1\,R1} \quad w_{p1} = \frac{1}{C1\,(R1 + R2)}$$

$$w_{z2} = \frac{1}{C2\,(R3 + R4)} \quad w_{p2} = \frac{1}{C2\,R3}$$

$$K = \frac{R2}{R4}$$

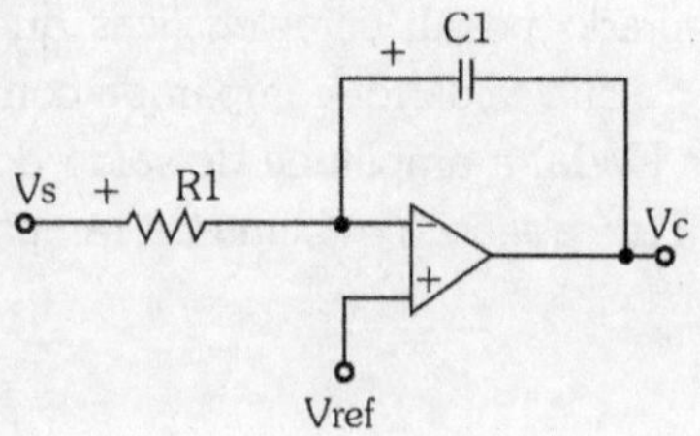

5)

$$\frac{Vc}{Vs} = \frac{1}{s\,C1\,R1}$$

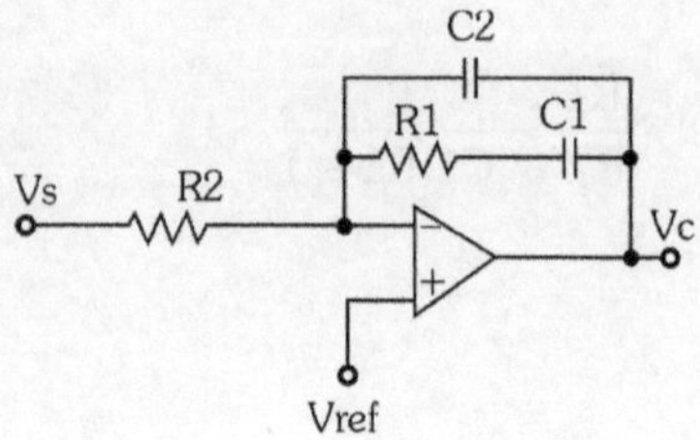

6)

$$\frac{Vc}{Vs} = \frac{1}{s\,(c1 + C2)\,R2}\;\frac{1 + s\,C1\,R1}{1 + s\left(\dfrac{C1\,C2}{C1 + C2}\right)R1}$$

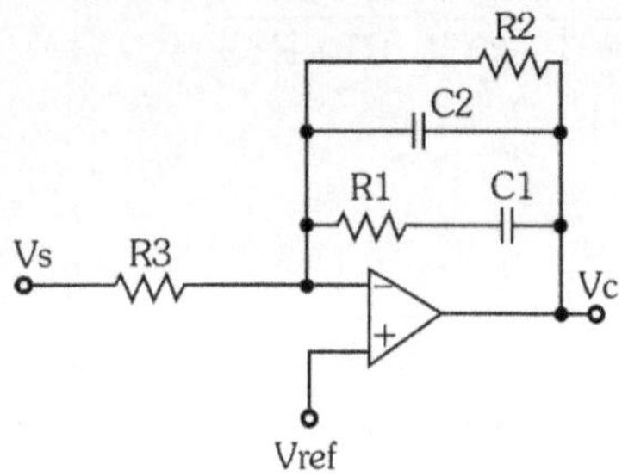

7)

$$\frac{Vc}{Vs} = \frac{R2}{R3}\;\frac{1 + s\,C1\,R1}{1 + s\,(C1\,(R1 + R2)\; + \;C2\,R2) + s^2\,C1\,C2\,R1\,R2}$$

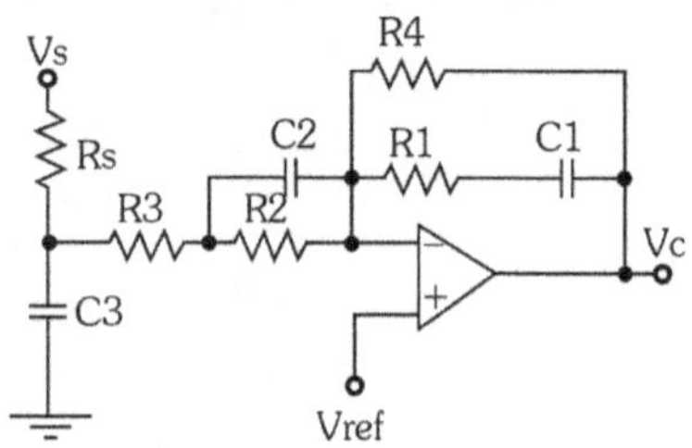

8)

$$\frac{Vc}{Vs} = G\;\frac{(1 + s/w_{z1})\,(1 + s/w_{z2})}{(1 + s/w_{p1})\,(1 + s/w_{p2})(s/w_{p3})}$$

$$w_{z1} = \frac{1}{C1\,R1} \qquad w_{z2} = \frac{1}{C2\,R2}$$

$$w_{p2} = \frac{1}{C2\,\dfrac{R2\,R3}{R2 + R3}} \qquad w_{p1} = \frac{1}{C1\,(R1 + R4)}$$

$$w_{p3} = \frac{1}{c3\,R5} \qquad G = \frac{R4}{R2 + R3 + R5}$$

$$R5 << R3$$

Figura 5.7 - Circuitos de compensação em frequência para os conversores Buck, Boost e Buck-Boost.

Muitas vezes, a corrente que esses operacionais são capazes de fornecer é menor do que a carga do resistor e capacitor que podem estar colocados em sua saída. Isso altera o funcionamento da compensação e é difícil encontrar a razão do resultado não esperado.

O ganho de tensão do compensador, em baixa frequência, define a regulação da tensão de saída do conversor.

O ganho máximo do operacional é especificado para baixa frequência e normalmente também se especifica a frequência de corte que é a frequência em que o ganho cai –3 dB em relação ao ganho máximo. Outro ponto importante é a frequência onde o ganho é 0 dB (ou igual a 1). Nesse ponto, o desvio de fase não deve ser maior (em módulo) do que –90 graus para que o sistema seja estável.

O desvio total parte de –180 graus, por ser realimentação negativa, e se chegar a –360 graus na frequência de ganho unitário, o sistema é instável (Nyquist - supondo que este cruze apenas uma vez o eixo no ganho unitário). É recomendável que a frequência do compensador, quando o ganho for zero, seja bem menor do que a frequência do operacional em malha aberta quando seu ganho for igual a um. Na Figura 5.7 vemos os circuitos de compensação normalmente usados para controle dos conversores.

Usaremos o método do cancelamento de polos e zeros, o qual é o mais simples e intuitivo. Se a função de transferência do conversor possui um zero e dois polos (Buck, por exemplo), coloque um polo do circuito de controle para cancelar o zero do conversor. Utilize um zero do circuito de controle para cancelar um polo do conversor. O polo que resta no conversor deve dar menos de 135 graus de desvio na frequência em que o ganho é unitário, para que o sistema seja estável. Se não for conseguida estabilidade do conversor, normalmente a introdução de outro polo e zero pode melhorar sua resposta.

Um sistema pode ser considerado estável se tiver margem de ganho maior do que 20 e margem de fase maior do que 45 graus. A ideia de compensar por cancelamento de polos e zeros pode não resultar no mínimo circuito de controle que estabilize o sistema. Entretanto, é válido se não conhecemos outros métodos para compensação (é óbvio que existem outros, mas deixaremos a pesquisa sobre o assunto a cargo do leitor).

A função de transferência entre Vs e Vref da Figura 5.4 será:

$$\frac{V(s)}{Vref(s)} = \frac{MOD\ C(s)\ GDS\ (s)}{1 + H(s)\ MOD\ C(s)\ GDS\ (s)} \qquad \text{Eq. 5.1}$$

Para estabilidade do sistema "conversor" será analisado o denominador da Equação 5.1.

Pela teoria de controle, se $1 + H(s)\,MOD\ C(s)\,GDS(s) = 0$, o sistema é instável. Assim, é preciso evitar a condição $H(s)\,MOD\ C(s)\ GDS(s) = -1$.

Quando trabalhamos com variáveis de Laplace, –1 significa ganho unitário e desvio de fase –180 graus.

H(s) deve ter resposta plana e ganho unitário até pelo menos a metade da frequência de chaveamento para que possamos levar em conta apenas o ganho do circuito de realimentação. Caso isso não seja verdade, H(s) deve ser levado em consideração para cálculo do circuito de controle.

MOD é o ganho do modulador PWM e já vimos que podemos considerar como 1 e desvio de fase 0 para praticamente todos os circuitos de controle PWM usuais.

C(s) será a função de transferência do circuito de controle para compensação em frequência do conversor.

GDS(s) é a função de transferência do conversor CC/CC conforme calculado pelo modelo da chave PWM. É a função de transferência que queremos compensar com C(s).

O método usado para cálculo de C(s) será o de cancelamento de polos e zeros na função de transferência dada por:

$$G(s) = H(s)\,MOD\ \ C(s)\,GDS\ (s) \qquad \text{Eq. 5.2}$$

Como já dissemos, a ideia é cancelar um polo de GDS(s) com um zero de C(s) e um zero de GDS(s) com um polo de C(s). Inserir outro polo em C(s) pode ser usado para permitir que o sistema fique com resposta rápida.

Como vimos no Capítulo 3, as posições dos polos de GDS(s) podem variar conforme o ponto de operação do conversor. Entretanto, podemos escolher os polos e zeros de C(s) de forma que no pior caso, o sistema conversor ainda seja estável.

5.5 Compensação em Frequência para o Conversor Buck

5.5.1 Modo Contínuo de Corrente

Para projetar o circuito de controle, vamos utilizar o MATLAB e sua ferramenta de controle "sisotool" que é parte do "Control System Toolbox". Não é preciso ter conhecimentos avançados em sistemas de controle nem ter profundo conhecimento do MATLAB para acompanhar o projeto do circuito de controle.

Vimos na Figura 5.7 os diversos circuitos que podem ser usados como controle. Todos fornecem sua resposta ao sinal de entrada (degrau) com ganho, polos e zeros definidos por resistores e capacitores. Assim, a função de transferência obtida com MATLAB deve ter o mesmo tipo de funcionamento que um dos circuitos de controle fornecidos na Figura 5.7. Encontrada a função de transferência desejada, é só escolher o circuito de compensação que realize a mesma função de transferência. Se o circuito resultante fornecido pelo MATLAB for diferente do proposto na Figura 5.7, devemos fazer as devidas alterações no circuito de controle para adaptar ao circuito sugerido.

O cálculo do ganho, polos e zeros do conversor tem de ser o primeiro passo para conseguirmos calcular o circuito de controle. Esses cálculos foram implementados em um arquivo que é executado no MATLAB (.m) e serve para cálculo dos polos e zeros do conversor e após isso inicia a ferramenta sisotool com a função de transferência do conversor (também são calculados o indutor e o capacitor do circuito de potência). Em seguida, os componentes do controlador serão calculados no mesmo arquivo do MATLAB. Edite o arquivo "buckc.m" e seu conteúdo é visto conforme a seguir:

```
%% Projeto Compensador para conversor Buck - Modo contínuo de corrente
% Inicialize dados para projeto
% Vemax = tensão de entrada máxima
% Vemin = tensão de entrada mínima
% Vs = tensão de saída regulada
% Ismax = corrente de saída máxima
```

```
% Ismin = corrente de saída mínima
% Fs = Frequência de chaveamento
% VrippleC = ondulação na saída devido ao capacitor
% rC = resistência série do capacitor
% rL = resistência série do indutor
% Vcesat = tensão de saturação do transistor
% Vf = tensão direta de condução do diodo
% REG = máxima variação de tensão de saída (regulação=(Vs_max-Vs_min)/Vs_nominal)
% Vrpp = valor pico a pico da rampa do oscilador PWM
clear

Vemax = 20; %Volt
Vemin = 10; %Volt
Vs = 5;     %Volt
Ismax = 5;  %Amper
Ismin = 1;  %Amper
Fs = 20000; %Hertz
VrippleC = 0.01; %Volt
rC = 0.02;  %Ohm
rL = 0.1;   %Ohm
Vcesat = 1; %Volt
Vf = 1;     %Volt
REG = 0.01; %Volt
Vrpp = 4;   %Volt

%% Cálculo da largura de pulso Dmax e Dmin
% Vs = D*Ve - Vcesat*D - (1-D)*Vf

Dmax = (Vs+Vf)/(Vemin-Vcesat+Vf);
Dmin = (Vs+Vf)/(Vemax-Vcesat+Vf);

%% Cálculo do indutor

L1 = Dmin*(1-Dmin)*Vemax/(2*Ismin*Fs)

%% Cálculo do capacitor

C1 = Dmin*(1-Dmin)*Vemax/(8*L1*VrippleC*Fs^2)

%% Cálculo da variação do resistor de saída

Rsmax = Vs/Ismin;
Rsmin = Vs/Ismax;

%% Define ponto de operação

Ve = 15;
Is = 3;
Rs = Vs/Is;
D = (Vs+Vf)/(Ve-Vcesat+Vf);

%% Ganho em baixa frequência do compensador
%  deve atender regulação

Kcomp = (Dmax-Dmin)*Vrpp/(REG*Vs)

%% Define ganho, polos e zeros para controle
Kd = Ve
wza = 1/(rC*C1)
w0 = sqrt((Rs+rL)/(L1*C1*(Rs+rC)))
Q = (w0*L1)/(rC+rL+L1/(C1*(Rs+rC)))
```

```
sys_buck_c = tf(Kd*[1/wza 1],[1/w0^2 1/(w0*Q) 1])

pause
%% Carrega ferramenta de controle
% com função de transferência a ser compensada

sisotool(sys_buck_c)

% defina C(s) em sisotool e aperte qualquer tecla para continuar
pause
%% Cálculo dos componentes do compensador

switch ( order(C) )
    case 1
    {
        R2=1000;
        R3=dcgain(C)*R2;
        R1=-(dcgain(C)*R2*pole(C))/(zero(C)-pole(C));
        C1=(zero(C)-pole(C))/(dcgain(C)*R2);
        R1
        R2
        R3
        C1
    }
    case 2
    {
        R4=1000;
        R2=dcgain(C)*R4;
        R1=-dcgain(C)*R4*abs(max(pole(C)))/(abs(max(pole(C)))-abs(zero(C)));
        R3=-R4*abs(zero(C))/(abs(zero(C))-abs(min(pole(C))));
        C1=(abs(zero(C))-
abs(max(pole(C))))/(dcgain(C)*R4*abs(zero(C))*abs(max(pole(C))));
        C2=(abs(min(pole(C)))-abs(zero(C)))/(R4*abs(zero(C))*abs(min(pole(C))));
        R1
        R2
        R3
        R4
        C1
        C2
    }
```

O arquivo inicializa os parâmetros para projeto, tais como tensão de entrada, tensão de saída, corrente de saída, ondulação e outros. Também é escolhido o ponto de operação em que o controle será calculado. Normalmente, é necessário calcular em um determinado ponto de operação e checar, nos pontos extremos de operação, se o circuito continua estável. No exemplo, um ponto de operação foi escolhido e o arquivo calcula todos os parâmetros necessários para projeto. Escreva buckc (não coloque .m) no "Command Windows" do MATLAB e ele apresenta os seguintes resultados (não se esqueça de indicar o diretório onde está o arquivo buckc.m no "Current Directory" do MATLAB):

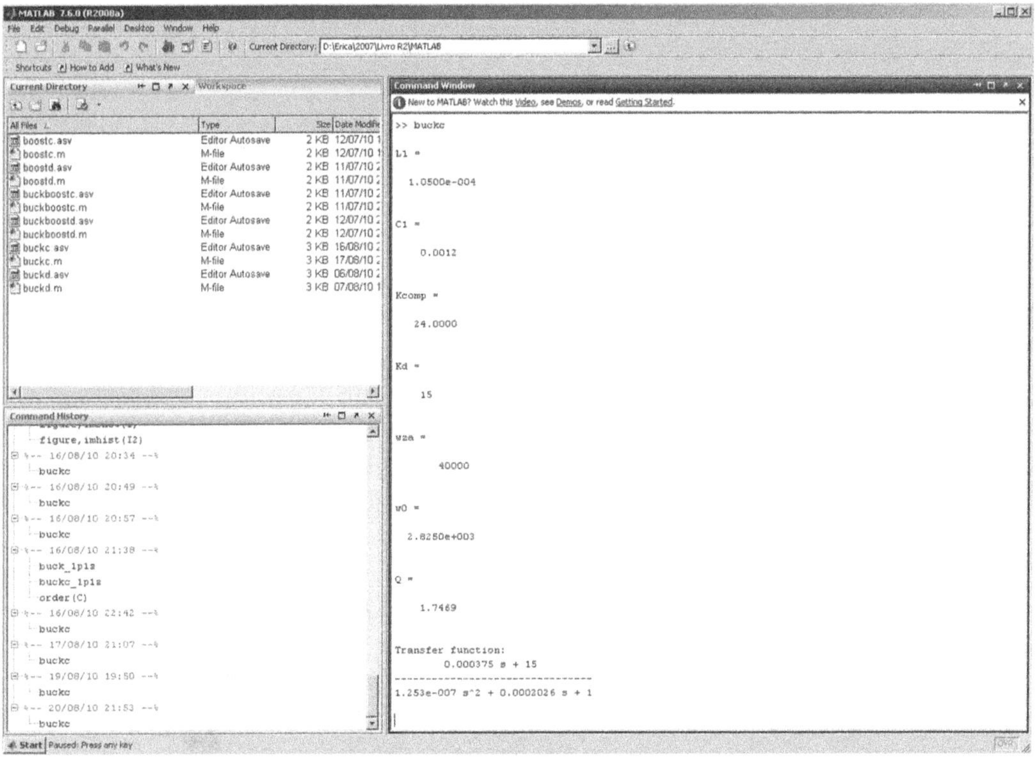

Figura 5.8 - Cálculo do MATLAB para o arquivo "buckc.m".

Se o leitor quiser visualizar outros dados como largura de pulso máxima (Dmax), é só retirar o ponto e vírgula do final da expressão de Dmax no arquivo buckc.m e o MATLAB fornece seu resultado. O arquivo buckc.m pode ser editado com um duplo clique no nome do arquivo na área "Current Directory" no MATLAB ou em "File" → "Open" → "buckc.m". O editor pode ser visto na Figura 5.9.

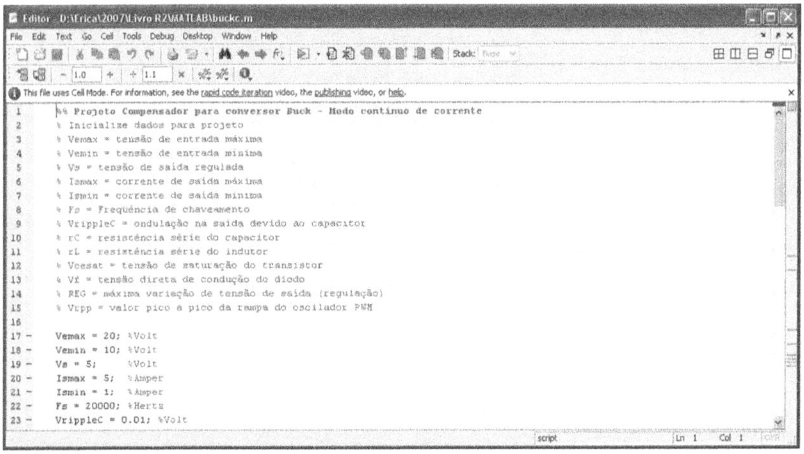

Figura 5.9 - Editor do arquivo .m do MATLAB carregado com buckc.m.

Para alterar qualquer parâmetro de entrada, como, por exemplo, a corrente de saída, basta alterar seu valor no texto e salvar a alteração. O MATLAB executa o arquivo com o novo valor alterado (aperte a "seta para cima" no teclado e veja que o MATLAB colocou a última entrada que foi buckc, tecle "enter" e o arquivo será calculado com o novo valor que foi alterado).

No resultado mostrado pelo MATLAB, foram calculados os valores do indutor e do capacitor de saída do conversor (L1 e C1) conforme visto no Capítulo 2. O passo seguinte é calcular o ganho que o controlador deve ter para atender à especificação de regulação (Kcomp). O valor é calculado levando-se em consideração a variação da largura de pulso, a regulação de tensão e a variação de tensão do modulador PWM para atender a variação da largura de pulso.

A seguir, é calculado o ganho do conversor (Kd) e seus polos e zeros. Finalmente, é calculada a função de transferência do conversor e que é carregado na ferramenta sisotool `(sisotool(sys_buck_c))`. Todas as equações usadas nos arquivos (.m) já foram vistas nos Capítulos 2, 3 ou 4. Vamos ver como funciona a ferramenta do MATLAB para cálculo do circuito de controle.

Antes de carregar a função de transferência em "sisotool", programamos uma pausa para que possamos ver os valores calculados (comando "pause"). Estando tudo correto, aperte qualquer tecla e o MATLAB inicia a ferramenta para cálculo do compensador (demora se não estiver em um PC "rápido"). Quando executa a instrução "sisotool", o MATLAB abre a ferramenta e carrega a função de transferência do conversor para ser usado como sistema a ser compensado. Duas novas janelas são abertas, como visto na Figura 5.10.

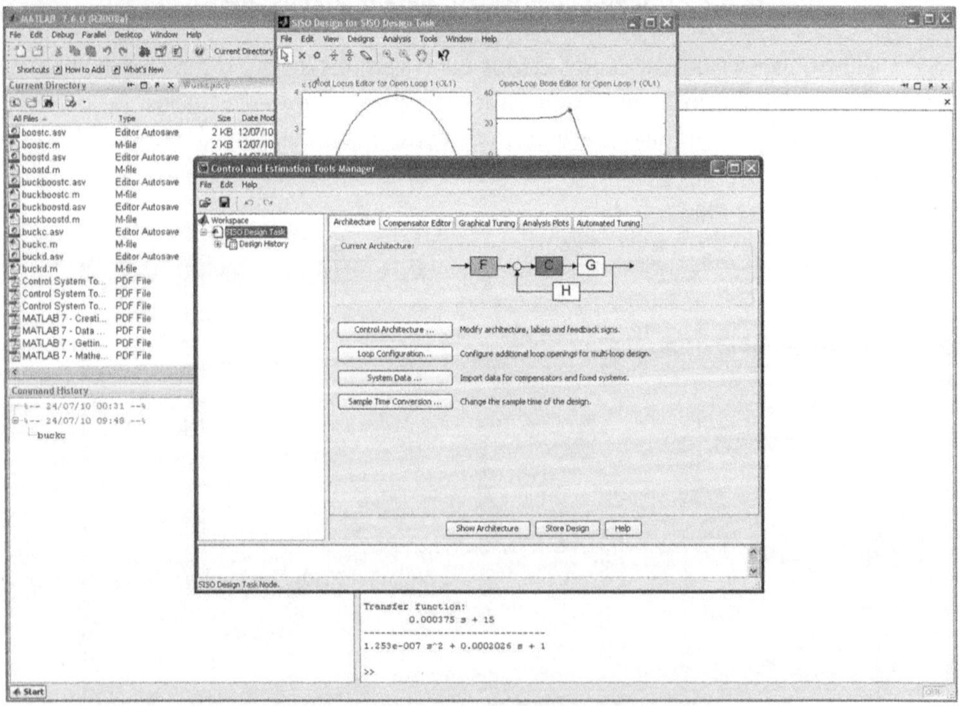

Figura 5.10 - Visualização da ferramenta "sisotool".

A janela "Control and Estimation Tools Manager" é a área principal para projeto do compensador C(s) e a janela "SISO Design for SISO Design Task" será usada para visualizar o posicionamento dos polos e zeros no diagrama de Bode em malha aberta (também é visualizado o root locus).

Vamos começar analisando a arquitetura do controle. Verifique que o diagrama em blocos mostrado na Figura 5.4 é semelhante ao visualizado na área "Current Architecture". No caso, o bloco F terá valor 1 e não influenciará no projeto. O bloco H é similar ao H(s). Se a realimentação usar um circuito com ganho diferente de 1 e/ou possuir polos e zeros, o bloco H deve ser carregado e terá de ser levado em conta no projeto do controlador. No caso atual, deixe o bloco H igual a 1. O bloco G é o GDS(s) e foi automaticamente carregado no sistema. O bloco C é o que queremos calcular. Outras arquiteturas de controle são possíveis e podem ser vistas com um clique no botão "Control Architecture..." e será aberta a janela "Control Architecture", como visto na Figura 5.11. Existem seis arquiteturas de controle disponíveis e é só teclar em uma delas para tornar a arquitetura a ser usada. No caso, a primeira arquitetura será a utilizada. Nessa janela, podemos clicar na aba "Blocks and Signals" e veremos a identificação e o nome de cada bloco, que pode ser renomeado para melhor representar o projeto. No caso vamos deixar como está. Feche a janela "Control Architecture".

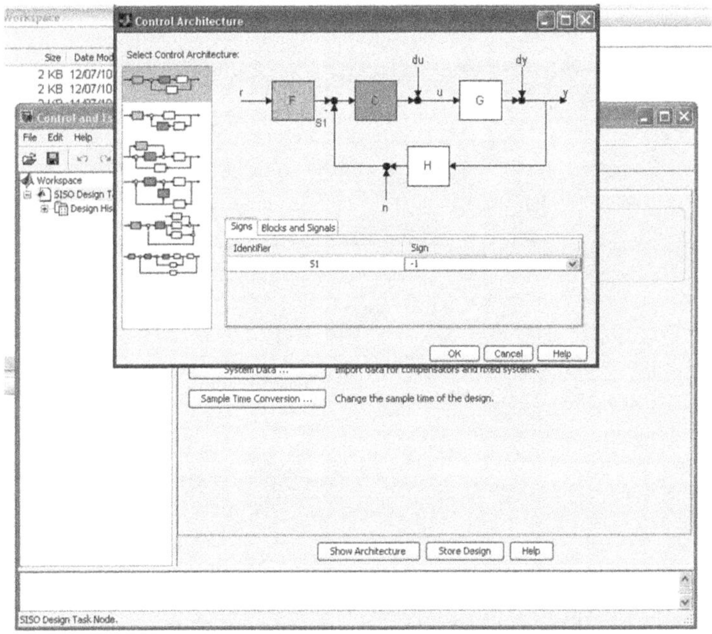

Figura 5.11 - Visualização de "Control Architecture".

Tecle agora em "System Data..." e podemos ver os valores carregados no sistema para compensação. Vemos que G é a função de transferência que foi carregada quando iniciamos a ferramenta "sisotool". Os outros valores são iguais a 1 como definimos anteriormente (é o padrão se não colocado outro valor). Se quisermos introduzir H(s), por exemplo, podemos usar essa janela de forma que, se denominamos sys_buck_h o H(s), devemos digitar "<sys_buck_h>" (no lugar do 1 ao lado do H). No exemplo, usaremos H = 1, portanto deixe como está (se for carregada em "sisotool", a função de transferência sys_buck_h já deve estar previamente definida no MATLAB). Feche a janela "System Data".

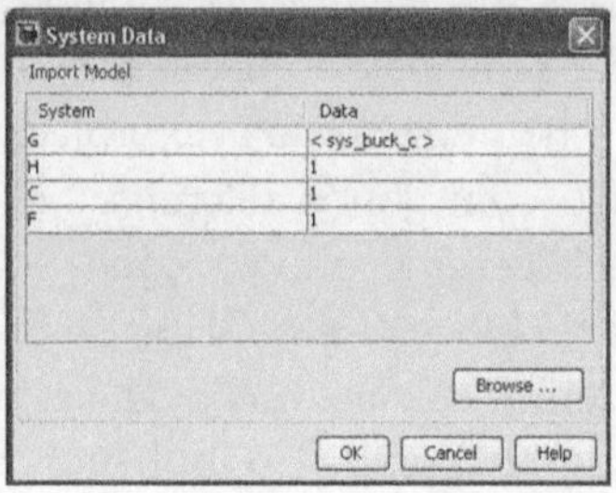

Figura 5.12 - Janela "System Data".

Na janela "Control and Estimation Tools Manager" tecle na aba "Graphical Tuning", na qual pode ser selecionado o gráfico que será usado para projeto.

Estes são os gráficos vistos na janela "SISO Design for SISO Design Task". O padrão é Open-Loop Bode e Root-Locus. Para o exemplo, deixe apenas Open-Loop Bode. Retire o Root-Locus clicando ao lado do nome e escolhendo "None".

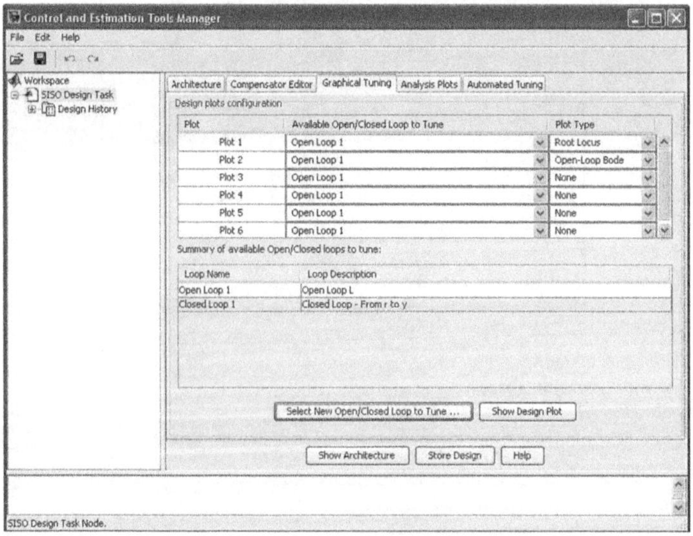

Figura 5.13 - Janela "Graphical Tuning".

Agora clique na aba "Analysis Plots". Temos de escolher o tipo de perturbação que será colocada como entrada. A entrada será no sinal r e que é similar a Vref do controlador. A saída y é similar à tensão de saída Vs. Em "Plot 1" selecione "Step" para definir um degrau como o sinal de entrada. Selecione "Close Loop r to y" para visualizarmos a resposta do sistema ao degrau. A janela fica da seguinte forma:

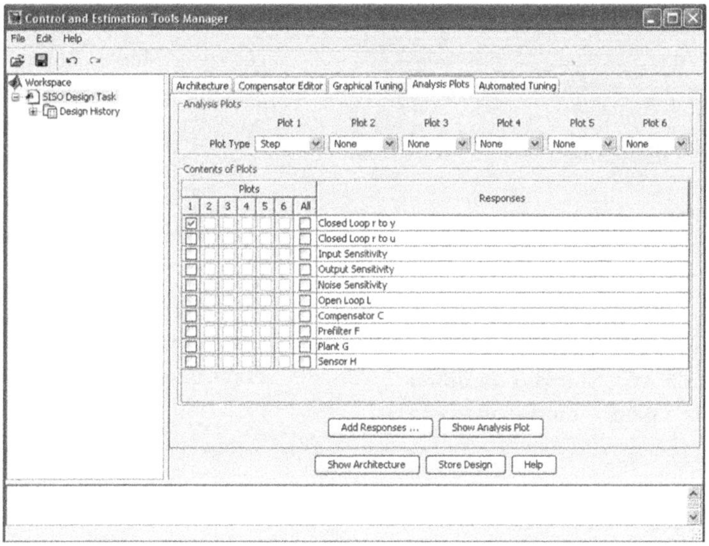

Figura 5.14 - Janela com aba "Analysis Plots".

Veja que outra janela foi aberta com a resposta do sistema ao degrau (LTI Viewer for SISO Design Task). É nessa janela que visualizaremos a resposta do circuito ao degrau e avaliaremos sua estabilidade de forma que atenda aos requisitos de overshoot, delay time, rise time e settling time; veja a Figura 5.15. Repare no overshoot do sistema sem compensador.

Tecle na aba "Compensator Editor" para iniciarmos o projeto do compensador. Na área denominada "Compensator" veremos a função de transferência do compensador.

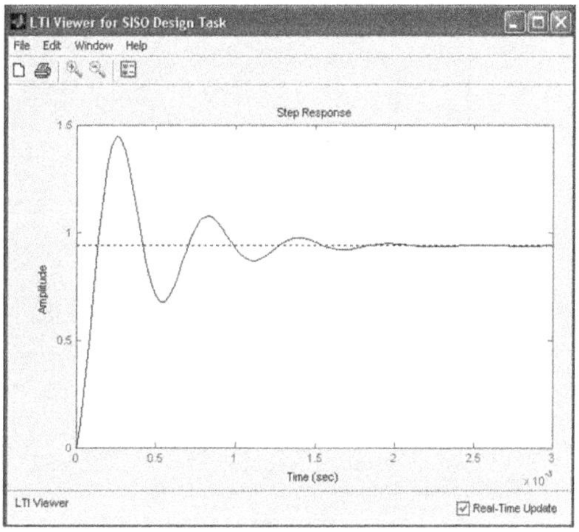

Figura 5.15 - Janela "LTI Viewer...".

Na janela "SISO Design for SISO Design Task" repare que na curva "Open Loop Bode..." aparece um x azul no gráfico de Bode para ganho e também para fase. Os polos são marcados com x azul e os zeros são marcados com o azul. Esse diagrama de Bode é do conversor (como temos polos complexos, existem dois x azuis, vistos como apenas um [estão no mesmo ponto]). Vemos a curva de ganho acima e a curva de fase abaixo. Se a frequência não estiver em Hz, tecle em Edit e a seguir "SISO Tool Preferences... . Na caixa de diálogo que aparece tecle na aba "Units" e selecione "Frequency in". Tecle em "Hz" para selecionar e depois "ok". O gráfico estará em Hz.

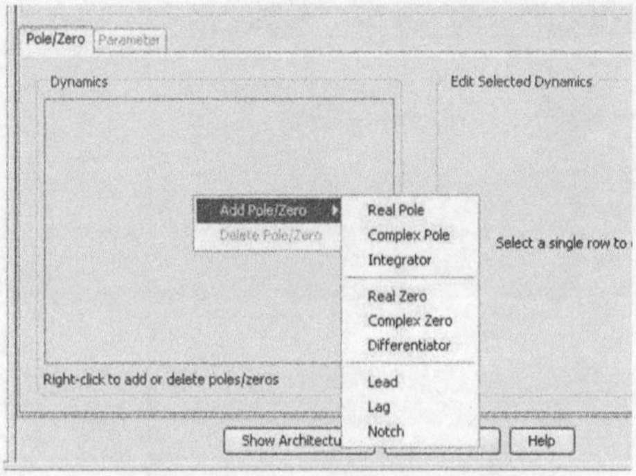

Figura 5.16 - Seleção de polos e zeros para o compensador.

Vamos introduzir um polo e um zero para tentar cancelar o zero e um dos polos de G. Inicialmente, coloque o ganho obtido em Kcomp (24) na área "Compensator". Na aba "Pole/Zero", da área "Dinamics", dê um clique com o lado direito do mouse. Aparecem as opções de zeros e polos para serem inseridos na função de transferência do compensador. Selecione "Real Pole", conforme a Figura 5.16. Como resultado aparecem o ganho e o polo, como visto na Figura 5.17.

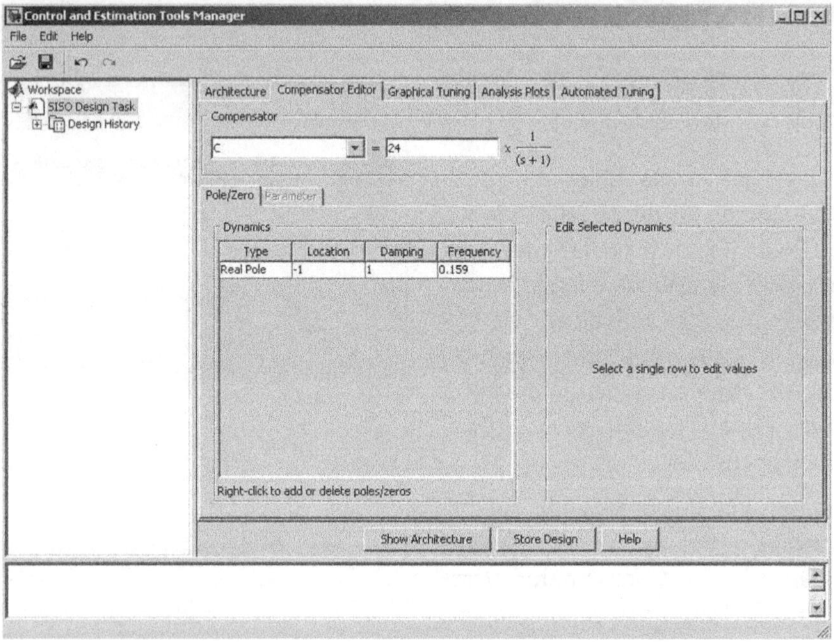

Figura 5.17 - Resultado da inserção de um polo no compensador.

Veja que ao lado do valor do ganho do compensador (Kcomp = 24), temos um polo colocado na frequência 0,159 ($1/2\pi$) Hz. Na janela "SISO Design for SISO..." podemos ver na curva de Bode para o ganho um x vermelho, o qual representa o polo do compensador que acabamos de inserir; veja a Figura 5.18.

O gráfico fornece também informações da margem de ganho (G.M.), margem de fase e se o sistema é instável ou estável. A margem de fase é mostrada no gráfico de Bode para fase (P.M.). Veja que a informação fornecida é que o loop está estável.

Com a janela "SISO Design for SISO..." ativa, passe o mouse em cima da curva azul. Note que o indicador do mouse passa a ser uma mão.

Com o mouse em cima do polo do compensador (e se o indicador do mouse for uma mão) que acabamos de inserir, arraste o polo (x vermelho) até o zero do conversor (o azul), clicando (e mantendo o botão do mouse apertado) e arrastando para a direita o x do compensador.

O ganho pode ser alterado arrastando o mouse para cima ou para baixo e a posição do polo ou zero do compensador pode ser alterada, arrastando o mouse para a direita ou para a esquerda.

Outro modo de reposicionar o polo é clicando na área "Dynamics" em "Real Pole" (preferido pelo autor). Na área "Edit Selected Dynamics", é aberto um local para editar o valor do polo (selecione o polo clicando em "Real Pole"). O MATLAB forneceu o valor de wza igual a 40000. Tecle esse valor nessa área e "entre"(não retire o sinal negativo). Repare que o x vermelho se deslocou para a posição do o azul (o zero do conversor).

Vendo o gráfico em "LTI viewer...", notamos que o sistema não possui ganho suficiente para atingir o estado estável com mesma amplitude do degrau de entrada. Apesar do sistema estável e sem overshoot, não atende ao requisito de projeto. Vamos introduzir agora um zero para cancelar um dos polos do conversor. Repita o mesmo procedimento feito para o polo do compensador, portanto escolha agora um Zero Real. Arraste o zero para a posição do polo do conversor (ou edite o valor de 2825). Repita para o segundo zero.

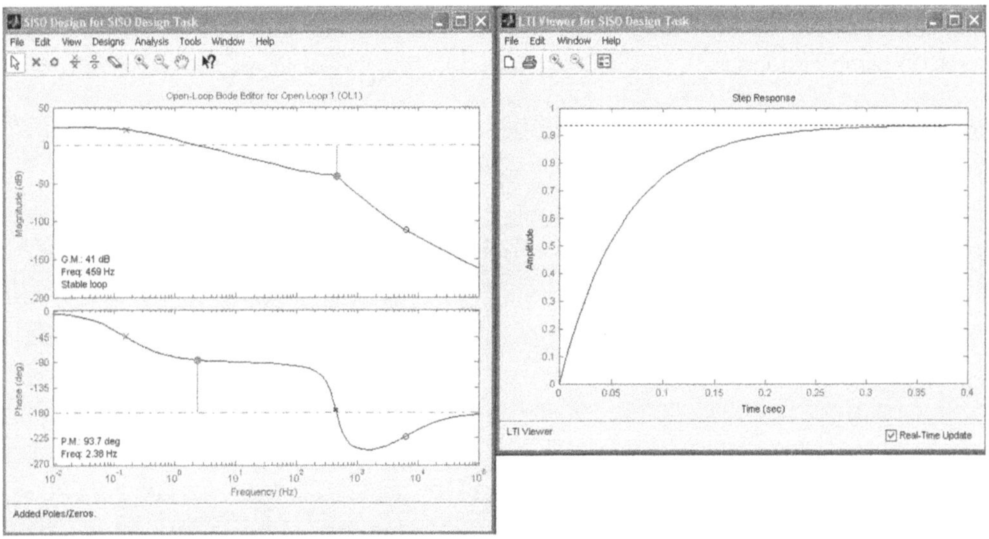

Figura 5.18 - Diagrama de Bode com polos e zeros do conversor e a resposta ao degrau.

Estamos colocando dois zeros reais para cancelar os dois polos complexos do conversor. Isso pode ocasionar um aumento do desvio de fase na curva de Bode e aumentar a possibilidade de instabilidade. Entretanto, esse desvio de fase pode ser compensado colocando o zero do compensador em uma frequência um pouco abaixo da frequência dos polos do conversor. Por enquanto, posicione o zero na mesma frequência dos polos. Note que os circuitos do compensador com amplificador operacional geram polos e zeros não complexos.

Vendo a função de transferência do compensador, notamos que possui dois zeros e um polo. Os circuitos de compensação, vistos na Figura 5.7, possuem o número de polos igual ou maior do que o número de zeros. Portanto, o circuito encontrado não é prático e devemos introduzir mais um polo. Faça o procedimento já mencionado para introduzir outro polo no compensador.

Vemos que o loop resultante é estável e sem overshoot. Mas repare no tempo de subida, Figura 5.18. Será que é possível obter um sistema mais rápido? Veja que a resposta não possui ganho suficiente para atingir a tensão do degrau de entrada. Coloque 100 para o outro polo do compensador.

A resposta ao degrau ficou similar a um sistema de primeira ordem. O overshoot é da ordem de 1% e o delay time é da ordem de três microssegundos. Verifique que o overshoot pode ser quase cancelado, diminuindo a frequência dos zeros (experimente 239 Hz), como nas Figuras 5.19 e 5.20. Vamos considerar que esse compensador serve para estabilizar o conversor Buck.

Devemos exportar o resultado para o MATLAB. Na janela "Control and Estimation" selecione "File" e em seguida "Export". Clique em "Compensator C" e em seguida em "Export to Workspace".

Vamos verificar se o funcionamento do conversor é o esperado, simulando o circuito completo do conversor com o software PSIM. Primeiramente temos de calcular os componentes do compensador.

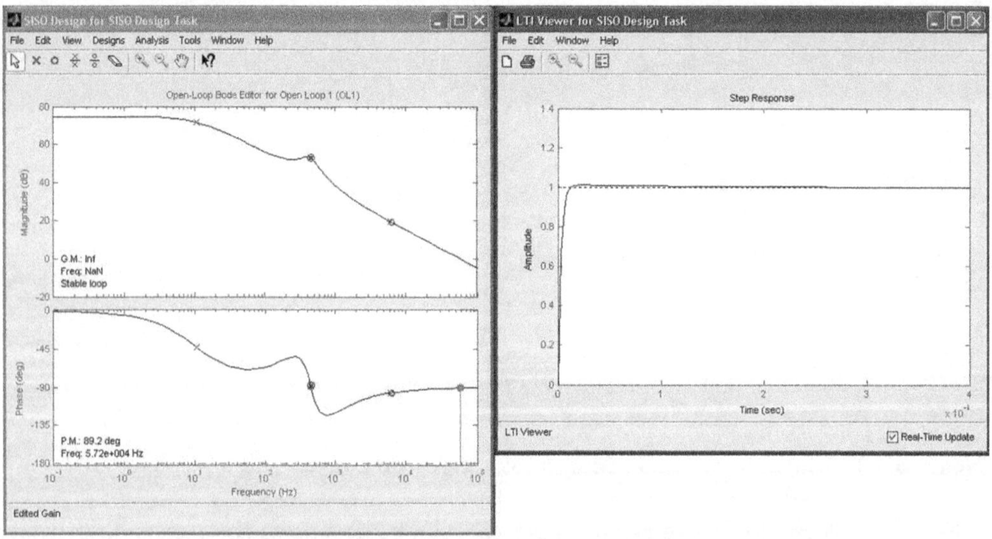

Figura 5.19 - Compensador com dois polos e dois zeros.

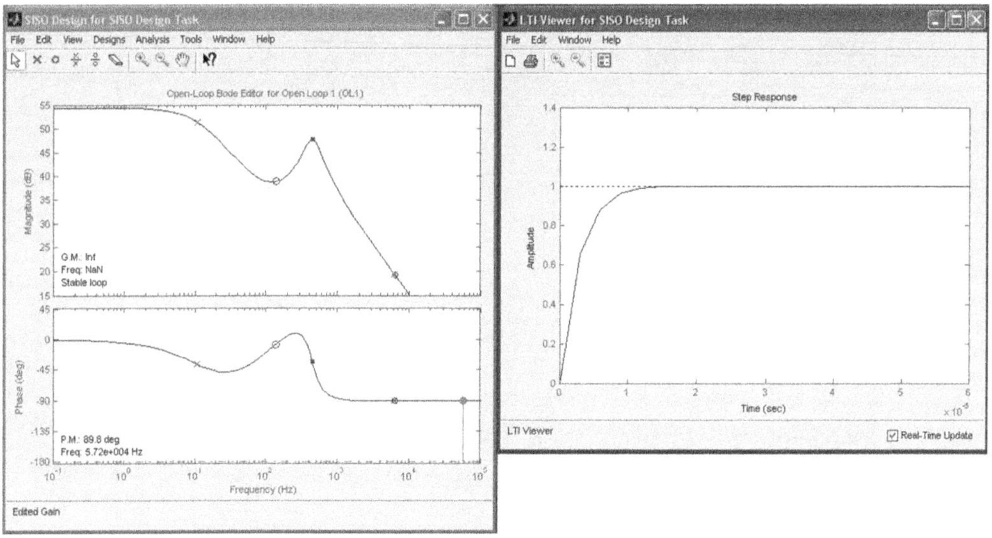

Figura 5.20 - Compensador com os zeros reposicionados em 239 Hz.

Após exportar a função de transferência do compensador para o MATLAB, coloque o cursor do mouse em ">>" (no "Command Windows") e tecle espaço. O MATLAB fornece os valores de resistores e capacitores do circuito do compensador que atende à função de transferência. O arquivo "buckc.m" calcula os componentes do compensador verificando se o compensador possui dois polos ou um polo. Veja a listagem dada para o arquivo "buckc.m".

Anote os valores fornecidos pelo MATLAB, abra o software PSIM 9.0, selecione File → Open → e procure pelo arquivo "buckc.psimsch". Carregue o arquivo e aparecem o esquema elétrico do conversor e o circuito de compensação, como visto na Figura 5.21. Pode ser visto o circuito modulador PWM, composto por um comparador e pela tensão de rampa. Também temos um circuito de partida lenta formado por Rref e Cref. As posições dos resistores e capacitores do compensador e seu amplificador operacional são iguais ao esquema do circuito da Figura 5.7. Este é o circuito mais simples para ser simulado. Os circuitos PWM possuem, normalmente, um flip-flop para fornecer apenas uma transição liga-desliga por período. No caso, por simplificação e como usarmos um software de demonstração, retiramos o flip-flop.

Para editar um componente, selecione, por exemplo, R1 dando dois cliques em cima do componente. Aparece uma janela conforme visto na Figura 5.22. Nessa janela, podemos alterar o nome do resistor, o seu valor e o parâmetro "current flag" que quando em 1, indica que queremos visualizar a corrente que circula pelo resistor. Esse parâmetro está presente em todos os componentes. Como estamos usando um "demo", não coloque todos os flags de corrente em 1 ao mesmo tempo.

Verifique os valores de todos os componentes antes de iniciar a simulação. Certifique-se de que todos os valores fornecidos pelo MATLAB estão corretos. No lado direito do esquema elétrico há um círculo com formato de relógio. Selecione dando dois cliques e verá a janela conforme a Figura 5.23.

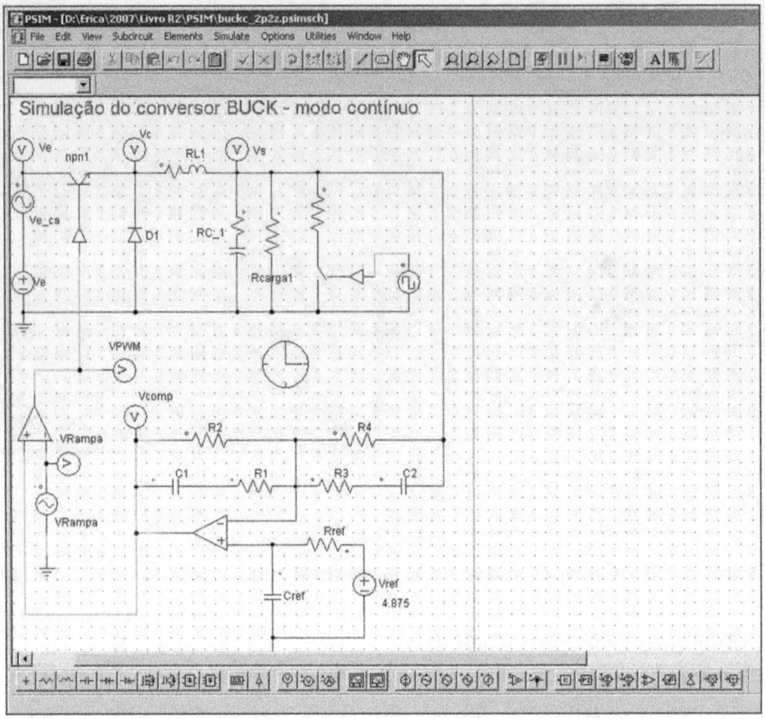

Figura 5.21 - Área de edição de componentes do PSIM (esquema elétrico).

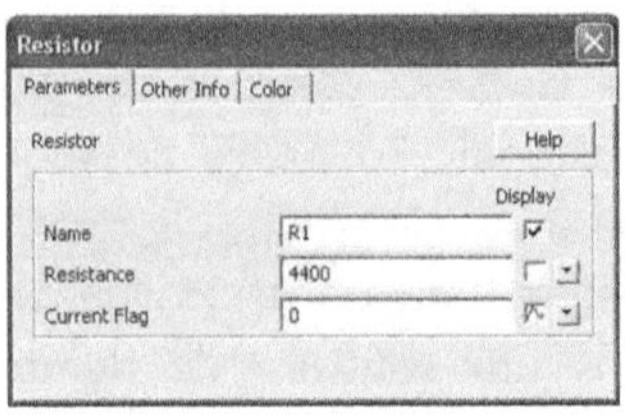

Figura 5.22 - Alteração dos parâmetros de um resistor.

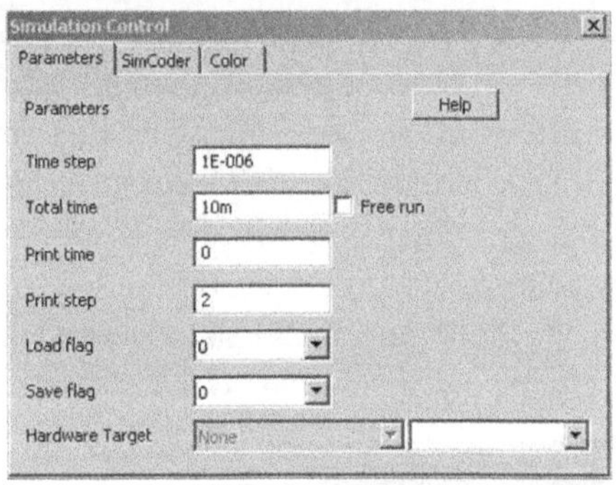

Figura 5.23 - Edição do "controle da simulação".

Esses parâmetros controlam a duração da simulação (Total time), o intervalo de tempo entre cada ponto simulado (Time step) e o tempo a partir do qual a simulação pode ser vista (Print time). Estes são os parâmetros mais importantes. O simulador pode ser obtido no site do fabricante: www.powersimtech.com. Neste caso (por ser um "demo"), existem certas limitações e a principal é a quantidade de pontos que podem ser visualizados e a quantidade de gráficos "plotados". O parâmetro (Print step) permite visualização dos resultados com menos pontos do que o total simulado.

Coloque o controle da simulação como visto na Figura 5.23. A simulação inclui variação de corrente e variação de tensão. Veja que Ve é igual a 15 volts e Ve_ca é uma fonte de tensão senoidal com frequência de 250 Hz e inicia em 6 ms (antes é igual a zero). Vemos um gerador de onda quadrada acionando uma chave que comuta um resistor. O valor colocado para o resistor deve ser 1,25 ohms (não coloque vírgula no valor, já que o software está em inglês - coloque ponto). O valor do resistor fixo deve se 5 ohms para que a corrente máxima seja 5 amperes e a corrente mínima seja 1 ampere. O pulso de corrente é acionado em 4 ms e retirado em 5 ms. Tecle F8 e a simulação é iniciada e quando termina, o visualizador do PSIM é iniciado com as variáveis que queremos medir, como visto na Figura 5.24.

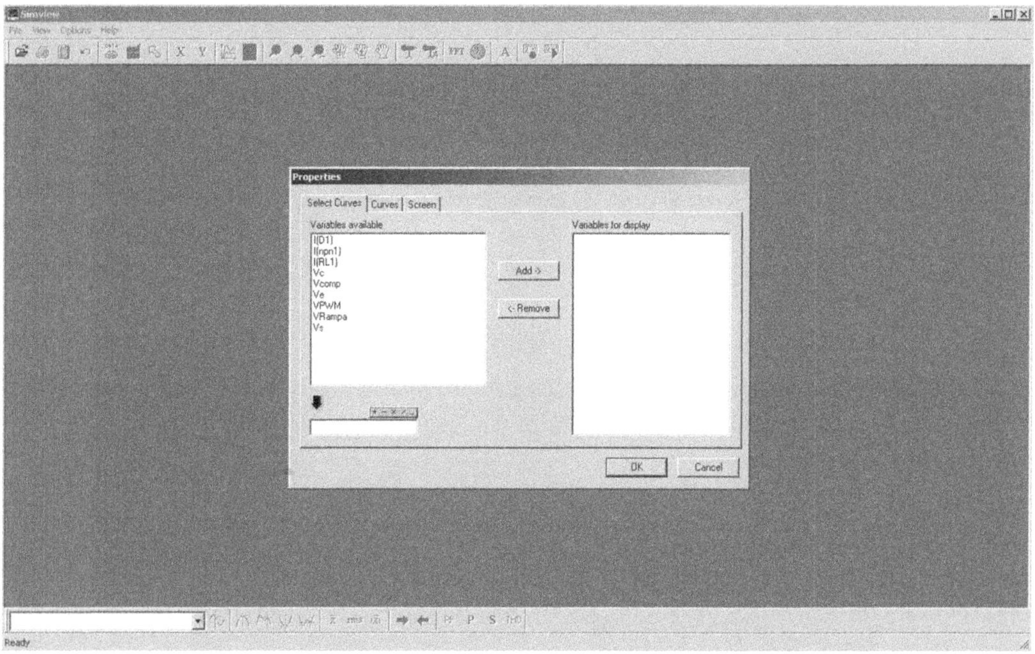

Figura 5.24 - Início do visualizador da simulação - Simview.

Escolha Vs e tecle Add+, então veremos o resultado da simulação durante os 10 milissegundos, como visto na Figura 5.25. Verifique que a tensão de saída possui transiente quando a corrente passa de 1 A para 5 A. A tensão, momentaneamente, tende a cair e logo em seguida o circuito de controle altera a largura de pulso de forma a compensar a variação de tensão e corrente. Vemos também que, durante a variação senoidal na entrada, a tensão de saída apresenta uma tensão senoidal que representa a audiossusceptibilidade (As) do conversor. Para reduzir a audiossusceptibilidade, podemos aumentar o ganho do controle, entretanto isso pode acarretar maior overshoot. Veja a Figura 5.26.

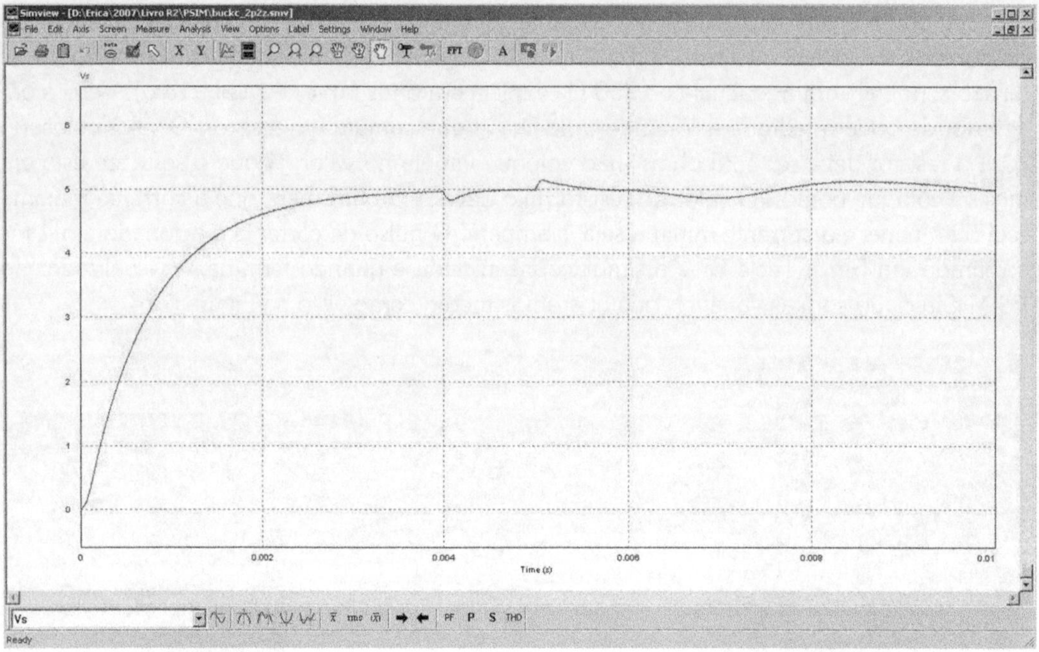

Figura 5.25 - Resultado da simulação da tensão de saída Vs.

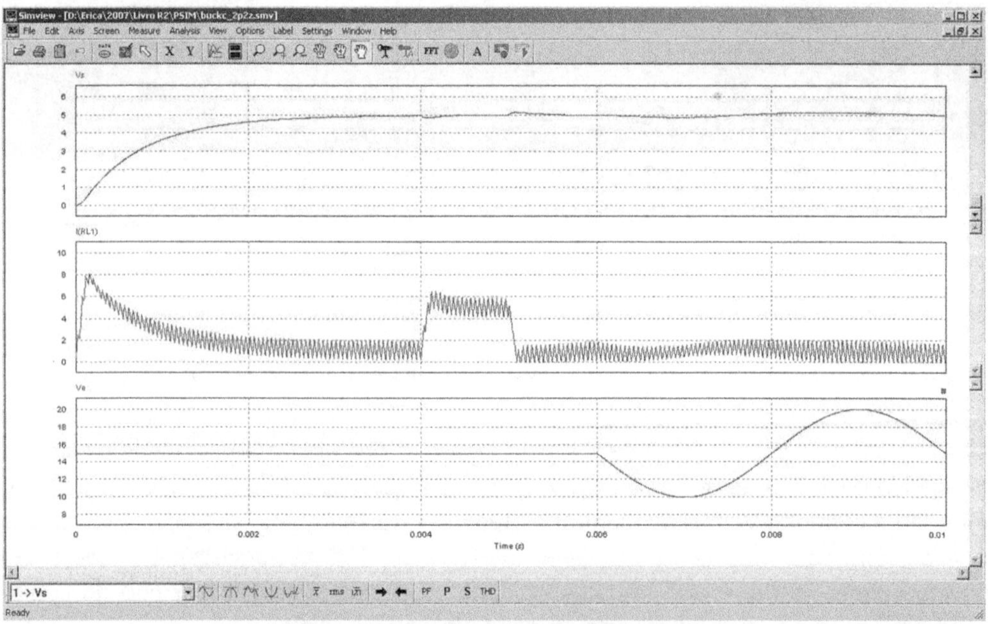

Figura 5.26 - Resultado da simulação.

Insira a corrente do indutor I(RL1) e a tensão de entrada no gráfico. O resultado é visto na Figura 5.26 (use o ícone para abrir outros gráficos). Insira os outros valores disponíveis que desejar e verifique o resultado da simulação.

A forma de onda da tensão de saída durante a partida (início da simulação) é fornecida pela tensão dada por Vref e Cref. O capacitor Cref está inicialmente descarregado e a aplicação da tensão Vref faz com que este se carregue na forma exponencial crescente até atingir o valor igual a Vref. Essa exponencial deve ser mais lenta do que a partida do conversor com degrau de tensão. O leitor pode experimentar alterando o valor do capacitor para 10 nF, por exemplo.

Insira a curva VPWM e note que no início do aumento da corrente (transiente de corrente), a largura de pulso é máxima. Quando a corrente volta a 1 A, a largura de pulso é praticamente zero. A explicação é dada pela quantidade de energia no indutor. Quando o indutor passa de 1 A para 5 A, o capacitor de saída deve fornecer a corrente no início do transiente de corrente. Como a corrente descarrega a tensão do capacitor, sua tensão diminui até que a energia no indutor seja suficiente para recuperar a tensão do capacitor e continuar fornecendo a corrente de 5 A. Quando a corrente passa de 5 A para 1 A, o indutor possui muita energia e o único caminho é transferir essa energia para o capacitor e assim, a tensão no capacitor aumenta. Portanto, em conversores que funcionam no modo contínuo de corrente, sempre teremos transientes de tensão como consequência de variações bruscas de corrente em sua saída.

Em conversores que funcionam no modo descontínuo de corrente, é esperado que esse transiente seja menor tanto em tempo quanto em tensão. Isso pode ser deduzido se lembrarmos que no modo descontínuo de corrente, a corrente do indutor cai a zero em cada período de chaveamento. Assim, a energia do indutor é inicialmente zero a cada ciclo, não sendo necessário transferir energia extra do indutor para o capacitor, como veremos a seguir.

5.5.2 Modo Descontínuo de Corrente

Os conversores, quando funcionam no modo descontínuo de corrente, apresentam características ideais com relação à resposta a transientes de correntes. A audiossusceptibilidade também fica bastante reduzida. O motivo é basicamente o fato de a corrente no indutor aumentar durante a condução do transistor e retornar a zero durante a condução do diodo. Isso faz com que não exista energia em excesso no sistema.

O conversor Buck, quando funciona no modo descontínuo de corrente, possui dois polos e um zero. Se um dos polos e o zero possuem frequências próximas, podemos considerar que esse polo e zero se cancelam. O outro polo está em baixa frequência e deve ser cancelado com um zero do compensador. Devemos colocar um polo no compensador de forma a ajustar o tempo de resposta do sistema.

Vemos a seguir o arquivo "buckd.m" que será usado para calcular seu circuito de controle. No modo descontínuo de corrente, devemos usar preferencialmente circuito de controle com apenas um polo já que apenas um polo do conversor é representativo para o circuito.

```
%% Projeto Compensador para conversor Buck - Modo descontínuo de corrente
% Inicialize dados para projeto
% Vemax = tensão de entrada máxima
% Vemin = tensão de entrada mínima
```

```
% Vs = tensão de saída regulada
% Ismax = corrente de saída máxima
% Fs = Frequência de chaveamento
% VrippleC = ondulação na saída devido ao capacitor
% rC = resistência série do capacitor
% rL = resistência série do indutor
% Vcesat = tensão de saturação do transistor
% Vf = tensão direta de condução do diodo
% REG = máxima variação de tensão de saída (regulação)
% Vrpp = valor pico a pico da rampa do oscilador PWM
close all

Vemax = 20; %Volt
Vemin = 10; %Volt
Vs = 5;     %Volt
Ismax = 5;  %Amper
Fs = 20000; %Hertz
VrippleC = 0.01; %Volt
rC = 0.005;  %Ohm
rL = 0.1;    %Ohm
Vcesat = 1; %Volt
Vf = 1;     %Volt
REG = 0.01; %
Vrpp = 4;   %Volt

%% Cálculo da variação do resistor de saída
% Rs >= Rsmin

Rsmin = Vs/Ismax;

%% Cálculo do indutor
% Mmax = Vs/Vemin   Mmin = Vs/Vemax
% Kc = 1-Mmax  Kc = 2*L1*Fs/Rsmin
% 1-Mmax = 2*L1*Fs/Rsmin
% 1-Vs/Vemin = 2*L1*Fs/Rsmin

RL1 = (1-Vs/Vemin)*Rsmin/(2*Fs)

%% Cálculo da largura de pulso máxima
% D = M*sqrt(K/(1-M))
% Dmax = Mmax*sqrt(Kc/(1-Mmax))

Mmax = Vs/Vemin;
Kc = 1-Mmax;
Dmax = Mmax*sqrt(Kc/(1-Mmax));

%% Cálculo do capacitor

RC_1 = Dmax*(1-Dmax)*Vemin/(8*L1*VrippleC*Fs^2)

%% Define ponto de operação

Ve = 15;
Is = 5;
Rs = Vs/Is;
D = (Vs/Ve)*sqrt(Kc/(1-(Vs/Ve)));
K = 1-(Vs/Ve);
M = Vs/Ve;

%% Ganho em baixa frequência do compensador
%  deve atender regulação

Kcomp = Dmax*Vrpp/REG
```

```
%% Define ganho, polos e zeros para controle

Kd = ((2*Vs*(1-M))/(M*(2-M)))*sqrt((1-M)/K);
wza = 1/(rC*C1)
a1 = (C1*Rs*(1-M)+L1/Rs)/(2-M);
a2 = (L1*C1)/(2-M);
wf1 = (a1-sqrt(a1^2-4*a2))/(2*a2)
wf2 = (a1+sqrt(a1^2-4*a2))/(2*a2)
sys_buck_d = tf(Kd*[1/wza 1],[a2 a1 1])

pause
%% Carrega ferramenta de controle
%  com função de transferência a ser compensada

sisotool(sys_buck_d)

%  defina C(s) em sisotool e exporte C(s) para o MATLAB
%  e tecle qualquer tecla para continuar
pause
%% Cálculo dos componentes do compensador

switch order(C)
    case 1

        if numel(zero(C)) == 0
            R2=1000;
            R1=dcgain(C)*R2;
            C1=-1/(R1*pole(C));
            R1
            R2
            C1
        end

        if numel(zero(C)) == 1
            R2 = 1000;
            R3 = Kcomp*R2;
            R1 = -(Kcomp*R2)/((pole(C)/zero(C))-1);
            C1 = -1/(zero(C)*R1);
            R1
            R2
            R3
            C1
        end

    otherwise
        error(' circuito não implementado  ')
end
```

Verifique que o ponto de operação escolhido é igual ao do conversor Buck do caso contínuo calculado anteriormente. Fizemos isso para comparação dos resultados.

Execute o MATLAB e estando no "Command Window" e o "Current Directory" posicionado onde está o arquivo "buckd.m", tecle buckd e enter. O MATLAB calcula os componentes do conversor. Tecle espaço (ou qualquer tecla) e o MATLAB inicia a ferramenta "sisotool".

Faça o mesmo procedimento para iniciar a ferramenta conforme descrito no item anterior. Introduza o ganho do conversor (Kcomp = 200) na área "compensator". Introduza um polo e um zero na área "Dinamics". O zero vai cancelar o polo de baixa frequência do conversor. Coloque –401 para o zero e experimente o polo com –10. Esse valor resulta em uma resposta ao degrau sem overshoot, como pode ser visto em "LTI Viewer...", Figura 5.27, e com tempo de subida da ordem de 100 us. Vamos considerar esses valores para usar na simulação. Exporte a função de transferência do compensador para o MATLAB, tecle espaço e os componentes do compensador serão calculados.

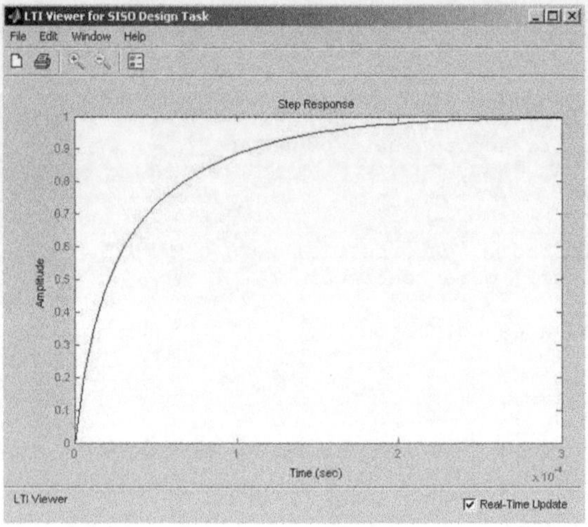

Figura 5.27 - Resposta do conversor Buck modo descontínuo de corrente.

Então, encontramos R1 = 205 k, R2 = 1 k, R3 = 200 k e C1 = 12 nF.

Inicie o simulador PSIM, carregue o arquivo "buckd.psimsch" e veremos o esquema elétrico do conversor, o compensador e o conversor PWM.

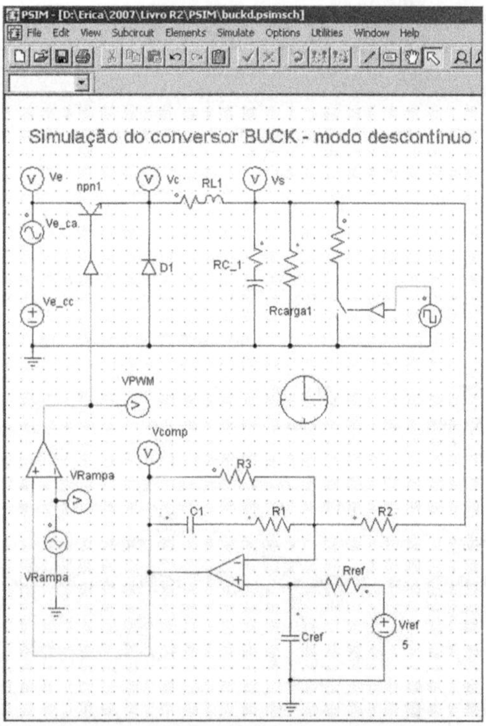

Figura 5.28 - Esquema elétrico usado para simulação.

Verifique que todos os componentes estão com os valores calculados pelo MATLAB e inicie a simulação (com um clique no ícone).

A resposta da tensão de saída Vs e saída do compensador Vcomp é vista na Figura 5.29.

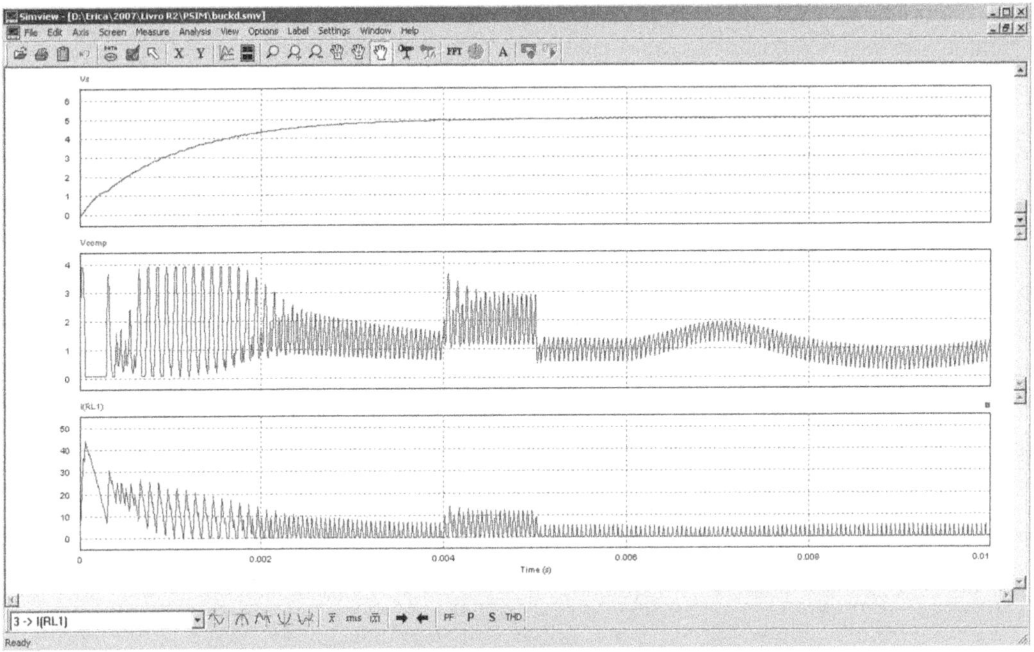

Figura 5.29 - Resultado da simulação do conversor Buck funcionando no modo descontínuo de corrente.

Veja que a tensão de saída Vs praticamente não possui transientes de tensão devido à variação de corrente na saída. A audiossusceptibilidade também não é significativa. Isso se deve a resposta rápida do sistema. O conversor Buck, quando funciona no modo descontínuo de corrente, possui resposta ao degrau semelhante a um sistema do primeiro grau, portanto sem overshoot.

5.5.3 Modo Contínuo e Feed-Forward de Tensão de Entrada

No exemplo anterior, vimos que a audiossusceptibilidade é desprezível quando o conversor Buck funciona no modo descontínuo de corrente. Entretanto, funcionando no modo contínuo de corrente, o conversor Buck (e seus derivados - Forward, meia ponte, ponte completa etc.) apresenta uma ondulação na tensão de saída que é proporcional à tensão de entrada. No Capítulo 4 foi apresentado um método que permite eliminar a audiossusceptibilidade de forma que o conversor Buck apresente baixa ondulação devido a variações da tensão de entrada. Esse método é conhecido por "feed-forward" da tensão de entrada. Esse tipo de controle atua no oscilador, ocasionando alteração na largura de pulso do conversor, sem que ocorra alteração da tensão de controle para correção da tensão de saída quando a tensão de entrada se altera. Alguns circuitos integrados modernos utilizam feed-forward para melhorar o funcionamento de fontes de alimentação.

Para o caso do conversor Buck, a tensão de pico da rampa do oscilador (Vrpp) deve ser proporcional à tensão de entrada Ve. Essa tensão deve ser escolhida de forma a não ocasionar falha no funcionamento normal do conversor. O arquivo "buckcf.m" do MATLAB fará as contas necessárias para calcular o conversor e o circuito de compensação em frequência do conversor. Edite o arquivo "buckcf.m" e ele estará como a seguir:

```
%% Projeto Compensador para conversor Buck
%  Modo contínuo de corrente com feedforward

% Inicialize dados para projeto
% Vemax = tensão de entrada máxima
% Vemin = tensão de entrada mínima
% Vs = tensão de saída regulada
% Ismax = corrente de saída máxima
% Ismin = corrente de saída mínima
% Fs = Frequência de chaveamento
% VrippleC = ondulação na saída devido ao capacitor
% rC = resistência série do capacitor
% rL = resistência série do indutor
% Vcesat = tensão de saturação do transistor
% Vf = tensão direta de condução do diodo
% REG = tensão de compensação fixa (D*Vrpp/Kcomp=REG)
% Vrpp = valor pico a pico da rampa do oscilador PWM
clear

Vemax = 20; %Volt
Vemin = 10; %Volt
Vs = 5;     %Volt
Ismax = 5;  %Amper
Ismin = 1;  %Amper
Fs = 20000; %Hertz
VrippleC = 0.01; %Volt
rC = 0.02;  %Ohm
rL = 0.1;   %Ohm
Vcesat = 1; %Volt
Vf = 1;     %Volt
REG = 0.01;
Vrpp = 4;   %Volt

%% Cálculo da largura de pulso Dmax e Dmin
% Vs = D*Ve - Vcesat*D - (1-D)*Vf

Dmax = (Vs+Vf)/(Vemin-Vcesat+Vf);
Dmin = (Vs+Vf)/(Vemax-Vcesat+Vf);

%% Cálculo do indutor

L1 = Dmin*(1-Dmin)*Vemax/(2*Ismin*Fs)

%% Cálculo do capacitor

C1 = Dmin*(1-Dmin)*Vemax/(8*L1*VrippleC*Fs^2)
```

```
%% Cálculo da variação do resistor de saída

Rsmax = Vs/Ismin;
Rsmin = Vs/Ismax;

%% Define ponto de operação
 Ve = 15;
Is = 3;
Rs = Vs/Is;
D = (Vs+Vf)/(Ve-Vcesat+Vf);
alfa = Vrpp/Ve;

%% Ganho em baixa frequência do compensador
%  deve atender regulação

Kcomp = D*Vrpp/REG

%% Define ganho, polos e zeros para controle

Kd = 1/alfa
wza = 1/(rC*C1)
w0 = sqrt((Rs+rL)/(L1*C1*(Rs+rC)))
Q = (w0*L1)/(rC+rL+L1/(C1*(Rs+rC)))
sys_buck_c = tf(Kd*[1/wza 1],[1/w0^2 1/(w0*Q) 1])

pause
%% Carrega ferramenta de controle
%  com a função de transferência a ser compensada

sisotool(sys_buck_c)

%  defina C(s) em sisotool e exporte C(s) para o MATLAB
%  e tecle qualquer tecla para continuar
pause
%% Cálculo dos componentes do compensador

switch  order(C)
    case 1
        R2=10000;
        R3=dcgain(C)*R2;
        R1=-(dcgain(C)*R2*pole(C))/(zero(C)-pole(C));
        C1=(zero(C)-pole(C))/(dcgain(C)*R2);
        R1
        R2
        R3
        C1
    case 2
        R4=10000;
        R2=dcgain(C)*R4;
        R1=-dcgain(C)*R4*abs(max(pole(C)))/(abs(max(pole(C)))-abs(zero(C)));
        R3=-R4*abs(zero(C))/(abs(zero(C))-abs(min(pole(C))));
        C1=(abs(zero(C))-
abs(max(pole(C))))/(dcgain(C)*R4*abs(zero(C))*abs(max(pole(C))));
        C2=(abs(min(pole(C)))-abs(zero(C)))/(R4*abs(zero(C))*abs(min(pole(C))));
        R1
        R2
        R3
        R4
```

```
        C1
        C2
    otherwise
        error('Ordem de C deve ser 1 ou 2')
end
```

Verifique que o valor de alfa é aplicado para calcular o ganho do conversor (Kd) e será usado, também, para calcular o resistor que fará com que a tensão de pico Vrpp seja proporcional à tensão de entrada Ve. Verifique os valores de projeto e o ponto de operação escolhido. Inicie o MATLAB e com "Current Directory" mostrando o arquivo "buckcf.m" e no "Command Windows" digite buckcf e enter. O MATLAB calcula os componentes do conversor e seus polos e zeros. Tecle "espaço" e o MATLAB inicia a ferramenta "sisotool". Proceda da forma usual para configurar "Control and Estimation Tools Manager". Se o arquivo "buckcf.m" não foi alterado, teremos Kcomp = 160. Na aba "Compensator Editor", introduza o valor 160 para o ganho do compensador. Na área "Dynamics" introduza dois zeros e dois polos. Os dois zeros devem cancelar os polos do conversor em 2825 rd (450 Hz). Um dos polos deve compensar o zero do conversor em 40000 rd. O outro polo pode ser experimental, entretanto usamos o valor 500 rd. Veja na Figura 5.30 como ficou a função de transferência do compensador.

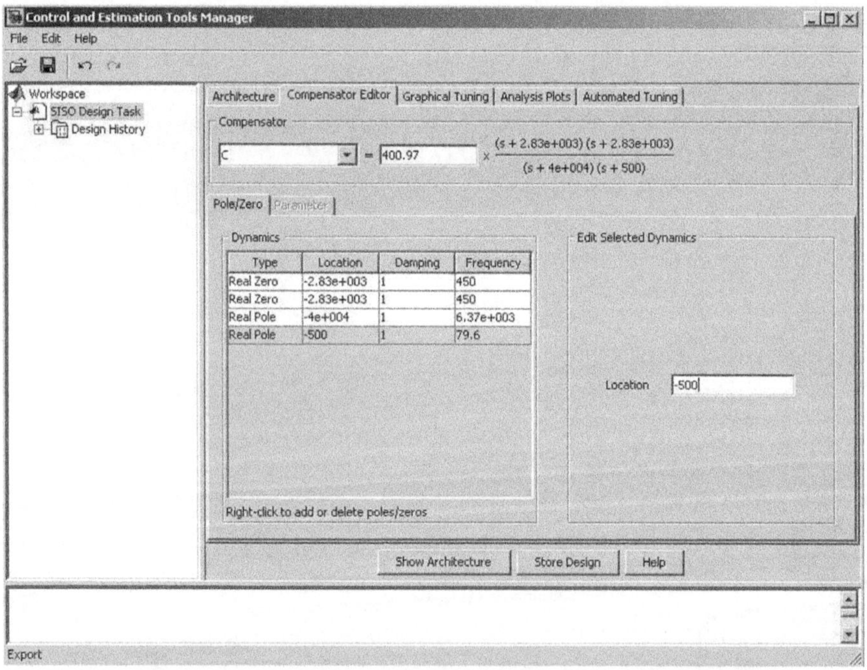

Figura 5.30 - Compensador para Conversor Buck com feed-forward.

Exporte a função de transferência do compensador para o MATLAB e tecle espaço (no MATLAB - Command Window).

Anote os valores calculados pelo MATLAB e inicie agora o simulador PSIM. O arquivo a ser simulado é o "buckcf.psimsch". Note que temos algumas alterações no esquema elétrico em relação ao arquivo de simulação do Buck no modo contínuo de corrente. Como é necessário fazer a tensão de rampa do oscilador variar proporcionalmente com a tensão de entrada, o circuito do oscilador foi alterado. Temos um resistor que está conectado à tensão de entrada e gera corrente para carregar o capacitor da rampa do oscilador. O capacitor é descarregado por um gerador de pulso na frequência de 20 kHz. Com isso, a tensão de rampa varia proporcionalmente com a tensão de entrada. Colocamos um flip-flop na saída do PWM para garantir apenas uma variação do pulso a cada período de chaveamento. O circuito é visto na Figura 5.31.

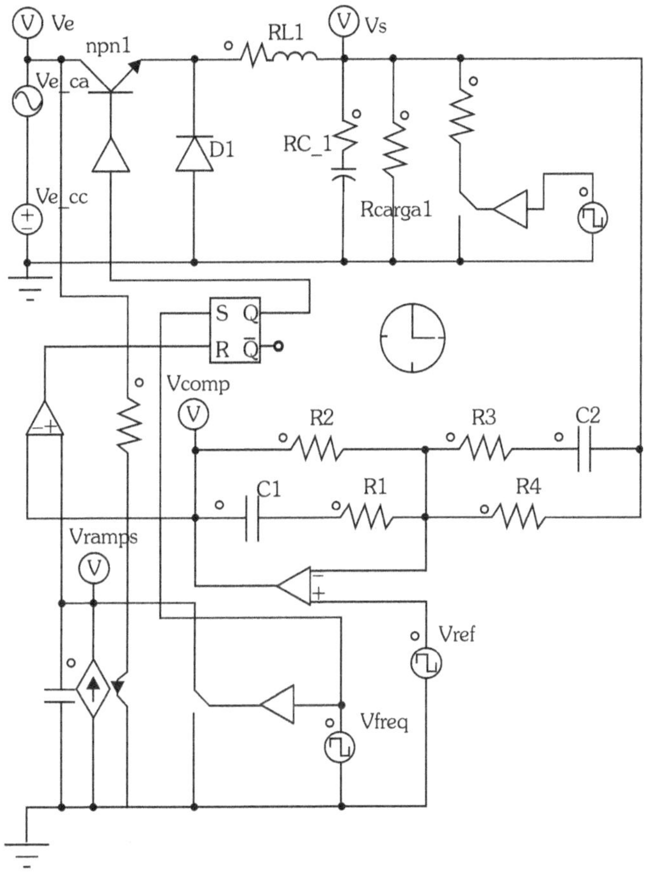

Figura 5.31 - Circuito do conversor Buck para compensação com feed-forward.

Verifique que os valores dos componentes são iguais ao calculado pelo MATLAB e inicie a simulação. O valor do resistor, que gera a corrente do oscilador proporcionalmente à tensão de entrada, é de 24 kΩ. O resultado da simulação é visto na Figura 5.32.

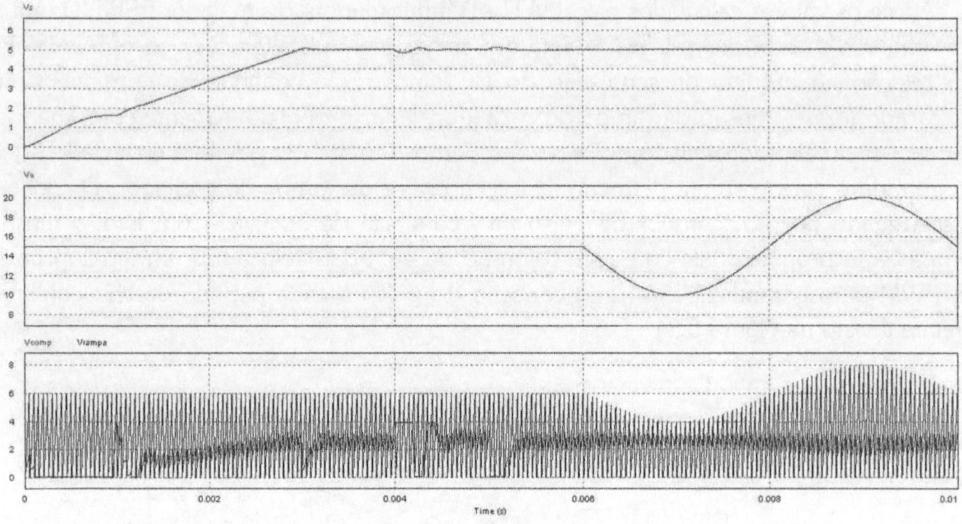

Figura 5.32 - Resultado da simulação (Vs, Ve, Vcomp e Vrampa).

Veja que aparentemente não existe mais variação da tensão de saída durante a variação da tensão de entrada (região senoidal). Aplique um zoom em Vs e verifique se há variação. Note que a variação de Vs com variação da corrente de saída ainda permanece. Para reduzir a variação de tensão de saída (com modo contínuo de corrente) com variações na corrente de saída vamos usar realimentação de corrente, como veremos a seguir.

5.5.4 Modo Contínuo e Realimentação de Corrente

Vamos continuar com o projeto do conversor Buck agora funcionando no modo contínuo de corrente e com realimentação de corrente. Existem dois laços de realimentação, sendo uma a realimentação de tensão normalmente realizada por um amplificador operacional e a outra obtida pela amostragem da corrente do indutor transformada em tensão pelo resistor Ri. A tensão em Ri é comparada com a tensão do compensador acrescido da rampa de compensação e nesse instante o pulso de PWM é desligado. Para ligar o pulso de PWM usamos um oscilador que inicializa em 1 um flip-flop SR a cada ciclo do chaveamento. Veja esquema elétrico na Figura 5.23 para simulação.

O arquivo de projeto do MATLAB é o "bucki.m", visto a seguir:

```
%% Projeto Compensador para conversor Buck
%  Modo contínuo de corrente com realimentação de corrente
%
% Inicialize dados para projeto
% Vemax = tensão de entrada máxima
% Vemin = tensão de entrada mínima
% Vs = tensão de saída regulada
% Ismax = corrente de saída máxima
% Ismin = corrente de saída mínima
% Fs = Frequência de chaveamento
```

```
% VrippleC = ondulação na saída devido ao capacitor
% rC = resistência série do capacitor
% rL = resistência série do indutor
% Vcesat = tensão de saturação do transistor
% Vf = tensão direta de condução do diodo
% REG = máxima variação de tensão de saída (regulação=(Vs_max-Vs_min)/Vs_nominal)
% Vrpp = valor pico a pico da rampa do oscilador PWM
clear

Vemax = 20; %Volt
Vemin = 10; %Volt
Vs = 5;     %Volt
Ismax = 5;  %Amper
Ismin = 1;  %Amper
Fs = 20000; %Hertz
VrippleC = 0.01; %Volt
rC = 0.02;  %Ohm
rL = 0.1;   %Ohm
Vcesat = 1; %Volt
Vf = 1;     %Volt
REG = 0.01; %Volt
Vrpp = 4;   %Volt

%% Cálculo da largura de pulso Dmax e Dmin
% Vs = D*Ve - Vcesat*D - (1-D)*Vf

Dmax = (Vs+Vf)/(Vemin-Vcesat+Vf)
Dmin = (Vs+Vf)/(Vemax-Vcesat+Vf)

%% Cálculo do indutor

L1 = Dmin*(1-Dmin)*Vemax/(2*Ismin*Fs)

%% Cálculo do capacitor

C1 = Dmin*(1-Dmin)*Vemax/(8*L1*VrippleC*Fs^2)

%% Cálculo da variação do resistor de saída

Rsmax = Vs/Ismin;
Rsmin = Vs/Ismax;

%% Define ponto de operação

Ve = 15;
Is = 3;
Rs = Vs/Is;
D = (Vs+Vf)/(Ve-Vcesat+Vf);

%% Ganho em baixa frequência do compensador
%  deve atender regulação
%  Calcula corrente máxima e mínima (pico)
IM = Ismax + ((1-Dmax)*Dmax*Vemin)/(2*L1*Fs);
Im = Ismin - ((1-Dmax)*Dmax*Vemin)/(2*L1*Fs);

%  Calcula resistor de amostragem de corrente
%  Limite de 80% do valor máximo de Vrpp
Ri = 0.8*Vrpp/IM

Kcomp = Ri*(IM-Im)/(REG*Vs)
```

```
%% Define ganho, polos e zeros para controle

m1 = (Ve-Vs)*Ri/L1;
m2 = -Vs*Ri/L1;

Sn = m1

% Sem oscilações sub-harmônicas -> mc > m2/2
% Para obter resposta rápida -> mc = m2
% escolha a forma de compensação(coloque % na frente)
mc = 1.2*abs(m2)/2;          %<-- sem oscilações sub-harmônicas
%mc = abs(m2);               %<-- resposta rápida

cs = 4/(L1*(2*pi*Fs)^2)

if Dmax >= 0.5
    Se = mc
    Vrampa_comp = mc/Fs
else
    Se = 0   %não é necessário compensação de rampa
    Vrampa_comp = 0
end

g0 = ((1-D)*(Se/Sn)+0.5-D)/(L1*Fs);
k0 = 1/Ri;
gf = D*g0-D*(1-D)/(2*L1*Fs);
ki = D/Ri;
gi = D*(gf-Is/Ve);
gr = (Is/Ve)-g0*D;
Kd = Rs*k0/(1+(Rs+rL)*g0);  %Rs->ponto de operação

%zero
wza = 1/(rC*C1)

%polos
B0 = 1+g0*(Rs+rL);
B1 = L1*g0+C1*(Rs+rC)+cs*(Rs+rL)+C1*Rs*g0*(rC+rL);
B2 = L1*(cs+C1*g0*(Rs+rC))+C1*cs*(Rs+rC)*(rC+rL);
B3 = C1*cs*L1*(Rs+rC);
P = [B3/B0 B2/B0 B1/B0 1];
roots(P) %calcula os valores dos polos do conversor

sys_buck_c = tf(Kd*[1/wza 1],[B3/B0 B2/B0 B1/B0 1])

pause
%% Carrega ferramenta de controle
%  com a função de transferência a ser compensada

sisotool(sys_buck_c)

%  defina C(s) em sisotool e exporte C(s) para o MATLAB
%  e tecle qualquer tecla para continuar
pause
%% Cálculo dos componentes do compensador
%  Compensador deve ser de primeira ordem ou com integrador
%
if pole(C) == 0
   R2 = 1000;
   R1 = (C.k)*R2;
   C1 = 1/(R1*abs(zero(C)));
   R1
```

```
    R2
    C1
else
    R2 = 1000;
    R3 = dcgain(C)* R2;
    R1 = R3/((zero(C)/pole(C))-1);
    C1 = 1/(abs(zero(C))*R1);
    R1
    R2
    R3
    C1
end
```

Inicie o MATLAB e estando no diretório que contenha o arquivo "bucki.m" escreva "bucki" no Command Windows" do MATLAB e tecle enter. Veja que os valores de Ri e dos polos e zero do conversor foram calculados. O valor da amplitude da rampa de compensação também foi calculado em "Vrampa_comp". O valor da rampa de compensação é dependente se escolhemos para compensar apenas para não termos oscilações sub-harmônicas ou se queremos resposta rápida do circuito de compensação. Foi deixada a compensação para o primeiro caso. Pressione alguma tecla e será iniciada a ferramenta "sisotool". Inicialize Analysis Plots com um "step" e passe para "Compensator Editor". Introduza um zero real e um integrador. Para o valor do zero coloque –577 rd que é o valor do polo real encontrado pelo MATLAB. Para ganho coloque 20. Veja nas Figuras 5. 33 e 5.34 como ficou o projeto e a resposta esperada.

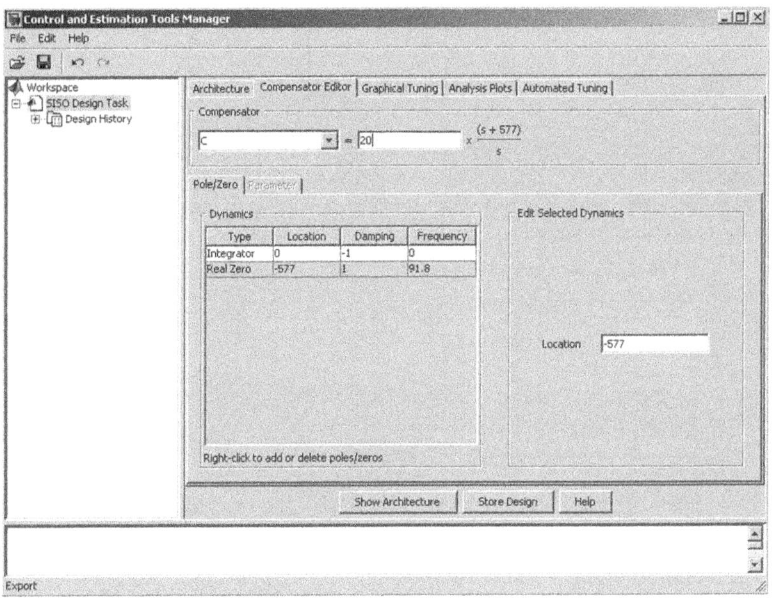

Figura 5.33 - Integrador, zero e ganho do compensador.

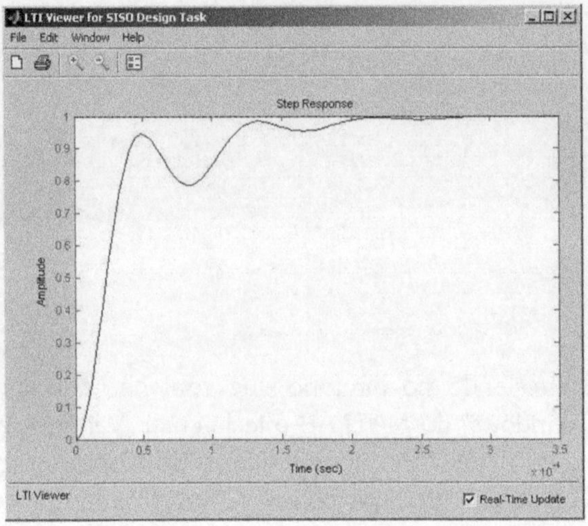

Figura 5.34 - Resposta a um degrau em malha fechada do conversor Buck com realimentação de corrente.

Note que a resposta esperada vista na Figura 5.34 possui oscilações amortecidas, mas que não causam overshoot.

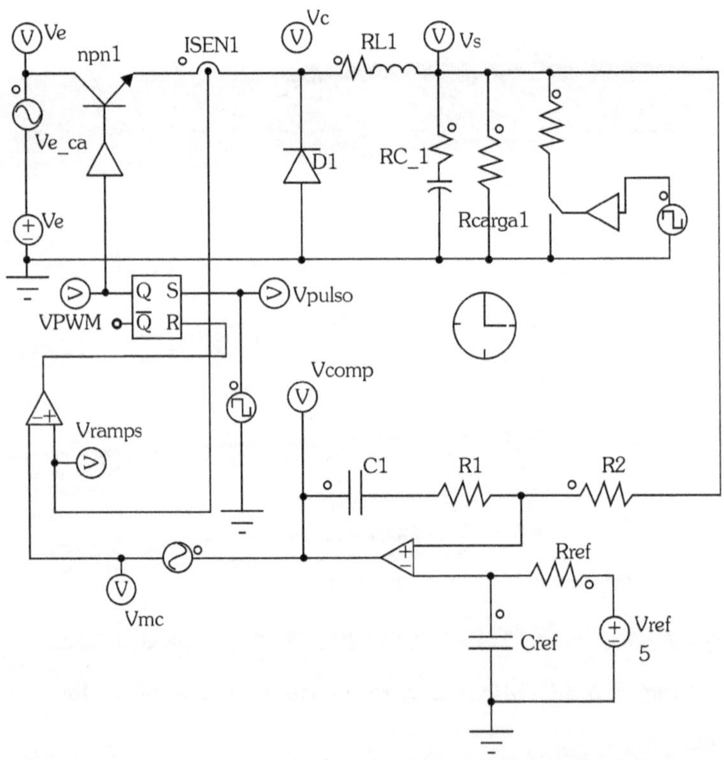

Figura 5.35 - Esquema elétrico do conversor Buck funcionando no modo contínuo de corrente e com realimentação de corrente.

Exporte para o MATLAB a função C(s) do conversor, como já visto. Feito isso, pressione qualquer tecla e o MATLAB calcula os componentes usados para simulação. Copie os componentes para o PSIM. Inicie o arquivo "bucki.psimsch" e verifique o esquema elétrico para simulação. O valor do resistor Ri é colocado no sensor de corrente como ganho, já que o valor da tensão será igual à corrente amostrada no transistor multiplicada pelo valor de Ri. O valor da tensão de compensação é colocado no gerador de onda triangular "VTRI1".

Veja que todos os componentes são iguais ao calculado e inicie a simulação. Visualize Vs, Ve, Vcomp, Vmc e Vrampa conforme a Figura 5.36.

Verifique como a variação de tensão de saída Vs com variação de corrente de saída ficou bem menor do que nos casos anteriores estudados. De qualquer forma, não é possível anular totalmente a variação de tensão com corrente de saída, a não ser que seja uma variação de corrente muito pequena ou o capacitor de saída seja muito grande. A audiossusceptibilidade é praticamente zero.

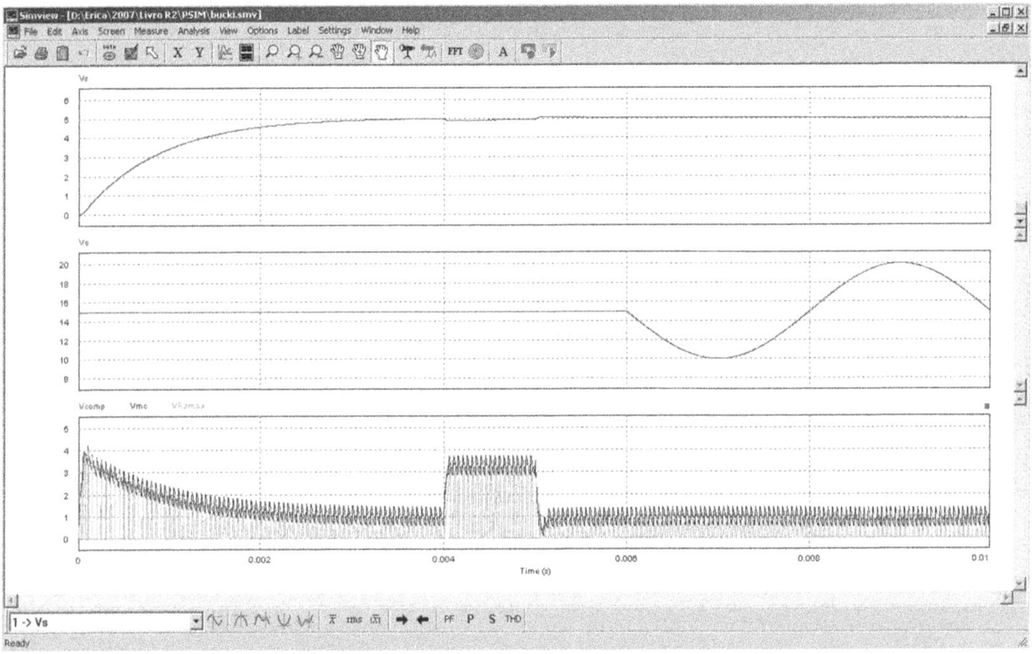

Figura 5.36 - Formas de onda obtidas com simulação para o conversor Buck funcionando no modo contínuo de corrente e com realimentação de corrente.

Como resumo dos casos estudados, podemos concluir que o tipo de realimentação que se usa em um conversor pode melhorar seu desempenho. Os conversores são sistemas que devem ser controlados de forma a atender aos requisitos de um projeto. Pode-se dizer que não há fonte de tensão fixa (ou corrente fixa) sem realimentação.

A realimentação de tensão pode manter estável um conversor, mas não garante um ótimo desempenho dele. A audiossusceptibilidade só está presente quando temos modo contínuo de corrente e realimentação de tensão. Neste caso, deve-se usar feed-forward para reduzir a audiossusceptibilidade. Se usarmos modo descontínuo de corrente ou realimentação de corrente, sua presença é desprezível. Um sistema de segunda ordem, se não for corretamente compensado, pode apresentar overshoot na tensão de saída e que é totalmente inaceitável.

No modo descontínuo de corrente, o conversor funciona como um sistema de primeira ordem, portanto sem overshoot. O circuito de controle é simples e a resposta do conversor a transientes de corrente é rápida devido à não existência de energia armazenada no indutor no fim do período de chaveamento. Isso garante que toda energia necessária para manter a tensão de saída do conversor é gerada durante a condução do transistor e transferida totalmente até o fim do período de chaveamento. A audiossusceptibilidade é inexistente.

As características ótimas vistas para o modo descontínuo de corrente podem ser observadas com modo contínuo de corrente se o conversor funciona com realimentação de corrente e tensão. Neste caso, o transiente de tensão com variação de corrente de saída fica bastante reduzido e a audiossusceptibilidade é praticamente inexistente.

Os conversores Boost e Buck-Boost, quando funcionando no modo contínuo de corrente, são sistemas de segunda ordem com dois zeros. Um zero normal dado pelo capacitor de saída e sua resistência em série e outro zero está posicionado no lado direito do plano complexo, portanto são sistemas de fase mínima diferente de zero. Isso leva a maiores complicações para seu circuito de compensação. E é por isso que, preferencialmente, esses conversores devem funcionar no modo descontínuo de corrente e/ou com realimentação de corrente, pois nesse caso, o zero do lado direito do plano complexo estará posicionado em uma frequência acima da metade da frequência de chaveamento do conversor e não influenciará em seu desempenho. Vamos ver como projetar compensação para esses conversores.

5.6 Compensação em Frequência para o Conversor Buck-Boost

5.6.1 Modo Contínuo de Corrente

Vamos projetar um conversor Buck-Boost funcionando no modo contínuo de corrente e realimentação de tensão para avaliar os problemas que podem surgir com esse tipo de conversor.

O zero no lado direito do plano complexo presente na função de transferência dos conversores Buck-Boost introduz desvio de fase de −180 graus além dos desvios causados pelos polos e zero normais. Isso implica em maiores dificuldades para estabilizar esse conversor. Para entender o problema, suponha uma função de transferência, G(s) e F(s), como dado pela Equação 5.3 a seguir:

$$G(s) = \frac{1+\frac{s}{wz}}{1+\frac{s}{wp}} \quad \text{e} \quad F(s) = \frac{1-\frac{s}{wz}}{1+\frac{s}{wp}} \qquad \text{Eq. 5.3}$$

G(s) é de fase mínima zero e F(s) não é fase mínima zero.

Sendo wz = 1000 e wp = 10, obtemos os gráficos da Figura 5.37.

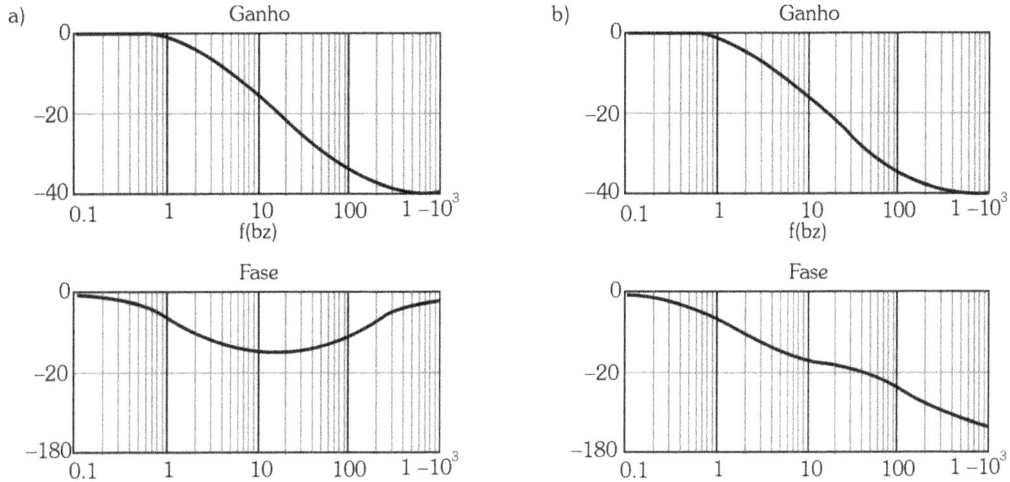

Figura 5.37 - Comparação entre funções G(s) em a) e F(s) em b).

A função G(s) tem seu diagrama de Bode visto em a) e notamos que o desvio de fase retorna a zero em alta frequência. Em b), podemos ver o diagrama de Bode para a função F(s). O desvio de fase tende a −180 graus para funções que não são de fase mínima zero. Isso ocasiona uma redução da margem de fase do sistema conversor-compensador e deve ser corretamente compensada para não ocasionar instabilidade no conversor.

O arquivo do MATLAB para cálculo do compensador é encontrado em "buckboostc_T.m", como visto a seguir:

```
%% Projeto Compensador para conversor Buck-Boost - Modo contínuo de corrente
% sem ou com transformador isolador
% Inicialize dados para projeto
% Vemax = tensão de entrada máxima
% Vemin = tensão de entrada mínima
% Vs = tensão de saída regulada
% Ismax = corrente de saída máxima
% Ismin = corrente de saída mínima
% Fs = Frequência de chaveamento
% VrippleC = ondulação na saída devido ao capacitor
% rC = resistência série do capacitor
% rL = resistência série do indutor
% Vcesat = tensão de saturação do transistor
% Vf = tensão direta de condução do diodo
% REG = máxima variação de tensão de saída (regulação)
% Vrpp = valor pico a pico da rampa do oscilador PWM
% configure se conversor é realizado com transformador isolador ou não
clear

Trafo = 1;  %Trafo=0 -> sem transformador
            %Trafo=1 -> com transformador
```

```
if Trafo == 0
    % sem transformador
    Vemax = 20; %Volt
    Vemin = 10; %Volt
    Vs = -15;     %Volt
    Ismax = 5;  %Amper
    Ismin = 1;  %Amper
    Fs = 20000; %Hertz
    VrippleC = 0.1; %Volt
    rC = 0.02;  %Ohm
    rL = 0.1;   %Ohm
    Vcesat = 1; %Volt
    Vf = 1;     %Volt
    REG = 0.05; %Volt
    Vrpp = 4;   %Volt
    %% Cálculo da largura de pulso máxima e mínima
    % (-Vs-Vf)/(Ve-Vcesat-Vs+Vf)

    Dmin = (-Vs+Vf)/(Vemax-Vcesat-Vs+Vf)
    Dmax = (-Vs+Vf)/(Vemin-Vcesat-Vs+Vf)


    %% Cálculo do Indutor


    L1=(Dmin*(1-Dmin)*Vemax)/(2*Ismin*Fs)
    %% Define ponto de operação


    Ve = 15;
    Is = 3;
    Rs = -Vs/Is;


    D = (-Vs+Vf)/(Ve-Vcesat-Vs+Vf);


end


if Trafo == 1
    % com transformador
    Vemax = 370; %Volt
    Vemin = 120; %Volt
    Vs = 15;      %Volt
    Ismax = 5;  %Amper
    Ismin = 1;  %Amper
    Fs = 20000; %Hertz
    VrippleC = 0.1; %Volt
    rC = 0.02;  %Ohm
    rL = 0.1;   %Ohm
    Vcesat = 1; %Volt
    Vf = 1;     %Volt
    REG = 0.05; %Volt
    Vrpp = 4;   %Volt
    %% Largura de pulso máxima e mínima
    % Escolha Dmax = 0.5 -> n = (Ve/Vs)*(Dmax/(1-Dmax))

    Dmax = 0.5  %pode ser escolhido qualquer valor
    n = ((Vemin-Vcesat)/(Vs+Vf))*(Dmax/(1-Dmax))   %relação de espiras
```

```
    Dmin = n*(Vs+Vf)/(n*(Vs+Vf)+Vemax-Vcesat)
    %% Cálculo do Indutor (primário e secundário do trafo)
    Lpri = (n*Dmin*(1-Dmin)*Vemax)/(2*Ismin*Fs)
    Lsec = Lpri/n^2
    L1 = Lsec;

    %% Define ponto de operação

    Ve = 120;
    Is = 5;
    Rs = Vs/Is;

    D = n*(Vs+Vf)/(n*(Vs+Vf)+Ve-Vcesat)
end

%% Cálculo da variação do resistor de saída

Rsmax = abs(Vs)/Ismin;
Rsmin = abs(Vs)/Ismax;

%% Cálculo do capacitor

C1 = (Dmax*Ismax)/(VrippleC*Fs)

%% Ganho em baixa frequência do compensador
%  deve atender regulação

Kcomp = (Dmax-Dmin)*Vrpp/REG

%% Define ganho, polos e zeros para controle

Kd = abs(Vs)/(D*(1-D))  %valor aproximado
wza = 1/(rC*C1)
wzb = (Rs*(1-D)^2)/(D*L1)
w0 = sqrt((Rs*(1-D)^2)/(L1*C1*(Rs+rC)))  %valor aproximado
Q = (w0*L1)/((1-D)*rC+rL+L1/(C1*(Rs+rC)))

sys_buckboost_c = tf(Kd*[-1/(wza*wzb) (1/wza-1/wzb) 1],[1/(w0^2) 1/(Q*w0) 1])

%% Carrega ferramenta de controle
%  com função de transferência a ser compensada
pause

sisotool(sys_buckboost_c)

pause

%% Cálculo dos componentes do compensador
%  Vamos supor solução com 3 polos e 2 zeros no compensador
%  Estamos supondo que foi colocado w0, wza e wzb
%  para cancelamento de polos e zeros.
```

```
% O único polo que necessita ser encontrado é o de baixa frequência
R3=10000;      %valor inicial
R5 = 470;      %valor inicial
C3 = 1/(R5*wzb);
R4=dcgain(C)*R3*wza/w0;
R1=dcgain(C)*R3*wza*abs(max(pole(C)))/(w0*(w0-abs(max(pole(C)))));
R2=R3*(wza-abs(max(pole(C))))/w0;
C1=(w0-abs(max(pole(C))))/(dcgain(C)*R3*wza*abs(max(pole(C))));
C2=1/(R3*(wza-w0));
R1
R2
R3
R4
R5
C1
C2
C3
```

A variável "Trafo" define se o projeto será realizado com transformador isolador ou sem isolação (flyback). Coloque "Trafo=1" se quiser fazer o projeto com transformador. Neste caso, será calculada a indutância do primário do transformador e a relação de espiras (n) entre enrolamento primário e enrolamento secundário. Quando usamos transformador, é normal usarmos a tensão de rede CA como tensão de entrada. Use valores de tensão de entrada que representem o valor da tensão contínua proveniente da retificação da tensão de rede CA. Por exemplo, Vemin = 120 volts e Vemax = 360 volts. Os valores mostrados são os usados para cálculo do conversor e, no caso, será feito o projeto com transformador.

Inicie o MATLAB , coloque o arquivo "buckboostc_T.m" visível em "Current Directory" do MATLAB. No "Command Window" digite "buckboostc_T" e tecle enter. O MATLAB calcula todos os componentes necessários para o projeto. Para iniciar a ferramenta "sisotool", tecle espaço, por exemplo.

Note que o sistema é inicialmente instável e necessita de compensação (estamos supondo que são usados os valores especificados no arquivo original do autor). O tipo de compensação que adotamos é o de cancelamento de polos e zeros, como já vimos ao longo deste capítulo. Coloque o ganho do compensador com 20,5 como calculado pelo MATLAB (Kcomp). Introduza dois polos e dois zeros na área "dinamics". Coloque como zeros a frequência w0 com o valor calculado e como polos a frequência wza e wzb. Repare que o sistema continua instável. Introduza mais um polo. Note agora que o sistema passa a estável, entretanto, com overshoot de mais de 20%. Para reduzir o overshoot, coloque o valor de "Location" em –0.6 e clique "enter". O overshoot passa a um valor menor do que 10%.

Os valores colocados em "Control and Estimation Tools Manager" são vistos na Figura 5.38. A resposta ao degrau para o conversor Buck-Boost com a compensação proposta pode ser vista na Figura 5.39. Verifique que ainda temos overshoot e o tempo de subida é da ordem de 1 milissegundo, o que ocasiona um conversor com resposta lenta com relação a variações de corrente em sua saída. Verifique, também, que perto do zero a resposta se inicia com valores negativos, significando que uma variação inicialmente positiva produz uma variação inicialmente negativa para depois se recuperar e atingir a resposta esperada. Este é o funcionamento normal para sistemas de fase mínima diferentes de zero.

Exporte os valores encontrados para o MATLAB e tecle espaço (no MATLAB) para ver os valores calculados dos componentes do compensador.

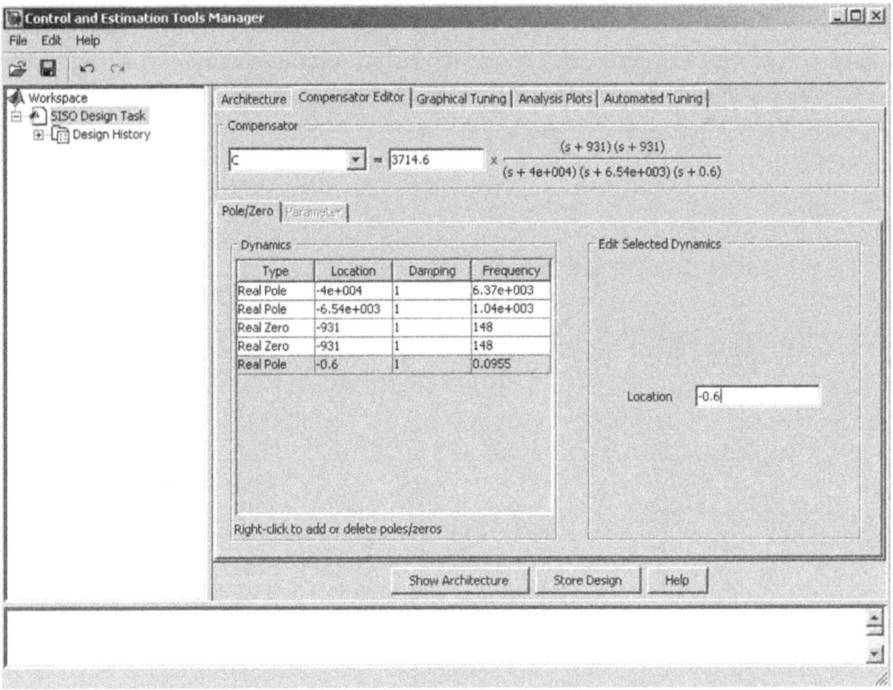

Figura 5.38 - Valores usados para compensar o conversor Buck-Boost.

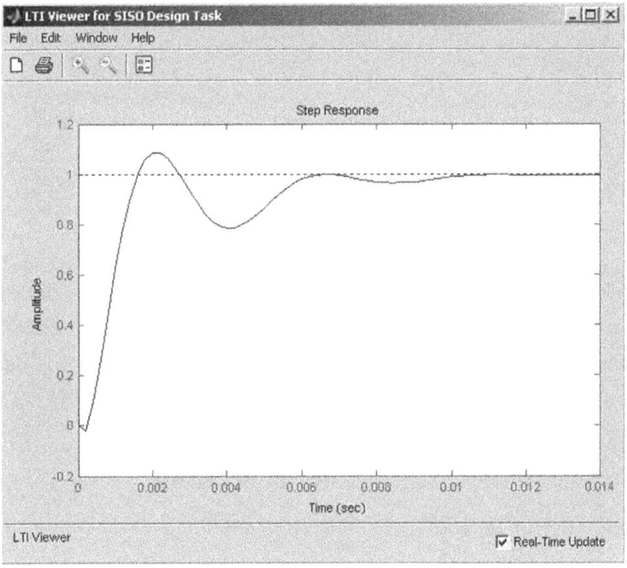

Figura 5.39 - Resposta ao degrau do conversor Buck-Boost.

Anote os valores calculados e inicie o PSIM para simulação do conversor. Inicie o arquivo "buckboostc_trafo.psimsch" e confira todos os valores do projeto antes de iniciar a simulação. No "Simulation Control", alteramos alguns parâmetros por causa da resposta esperada do conversor. Dê dois cliques no trafo e verifique como foi editado. Podem ser introduzidos os valores resistivos dos enrolamentos primário e secundário e suas indutâncias de dispersão. A indutância de magnetização (Lm) é a indutância do enrolamento primário do transformador. O esquema elétrico pode ser visto na Figura 5.40. Se estiver tudo correto, inicie a simulação.

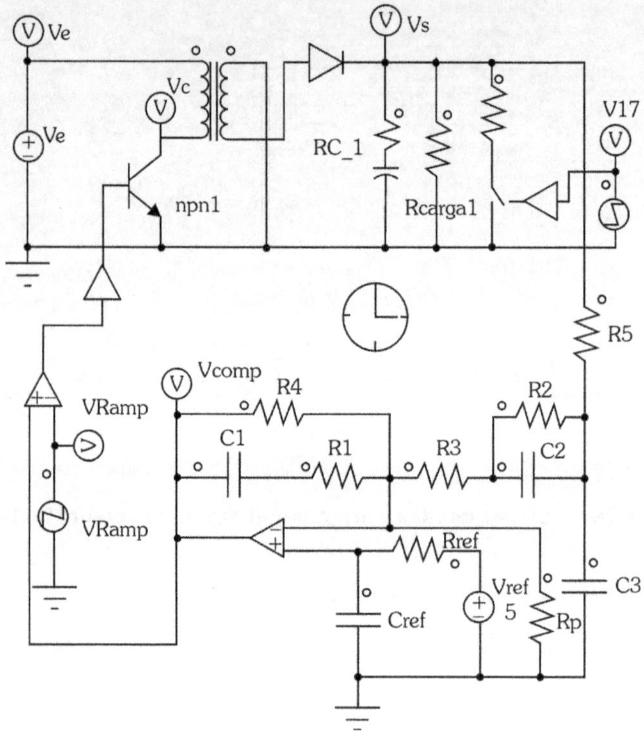

Figura 5.40 - Esquema elétrico do conversor Buck-Boost usado para simulação.

Na simulação, colocamos a corrente variando de 10% a 100% do valor máximo. A resposta é oscilatória, como pode ser vista na Figura 5.41. O leitor deve usar o zoom para verificar que o conversor está funcionando no modo contínuo de corrente. Para simular sem transformador, utilize o arquivo "buckboostc.psimsch" (os componentes da compensação são os mesmos usados no caso com transformador).

Para evitar funcionamento com resposta oscilatória, é necessário usar o modo descontínuo de corrente ou realimentação de corrente (ou os dois).

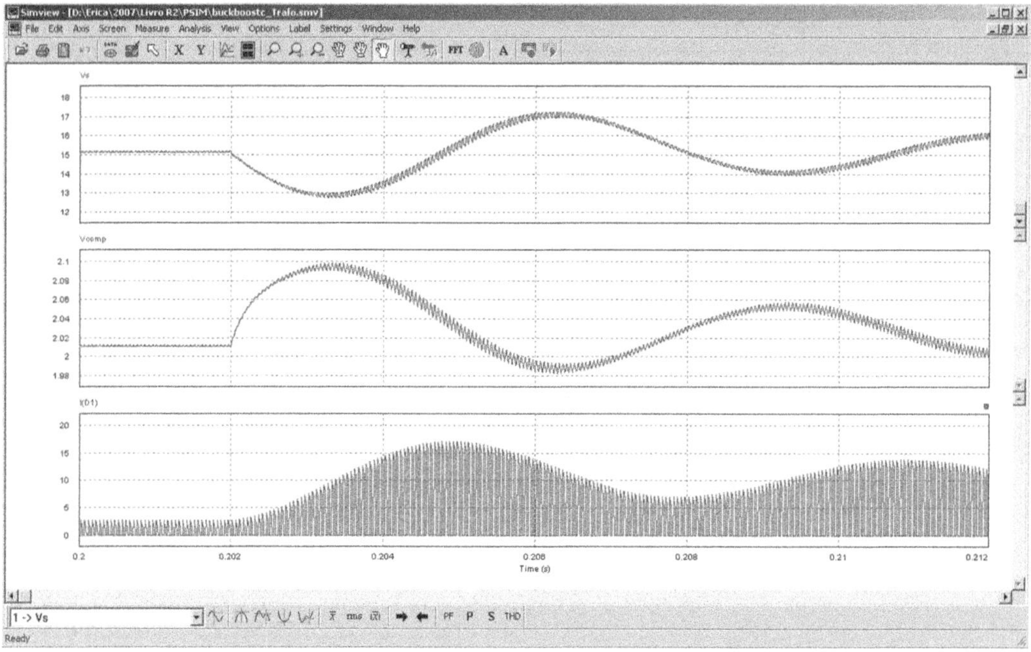

Figura 5.41 - Resultado da simulação do conversor Buck-Boost funcionando no modo contínuo de corrente.

5.6.2 Modo Descontínuo de Corrente

Inicie o MATLAB e proceda conforme já vimos anteriormente. Edite o arquivo "buckboostd_T.m" e escolha se o projeto deve ter transformador ou sem transformador, colocando a variável "Trafo" em 1 ou 0 respectivamente. Neste exemplo vamos usar a versão com transformador. Salve o arquivo e execute no MATLAB o arquivo "buckboostd_T". Os componentes de potência serão calculados e teclando espaço, será iniciada a ferramenta "sisotool". Verifique que o sistema é inicialmente estável. A resposta ao degrau não possui overshoot e é semelhante a um sistema de primeiro grau. Coloque o ganho do compensador conforme Kcomp (=40) e insira um polo com valor 40000 (=wza) e um zero com valor 506 (valor de r de baixa frequência - um dos polos do conversor). Introduza outro polo e coloque valor de −10. A janela "Control and Estimation Tools Manager" pode ser vista na Figura 5.42 e a resposta ao degrau é vista na Figura 5.43.

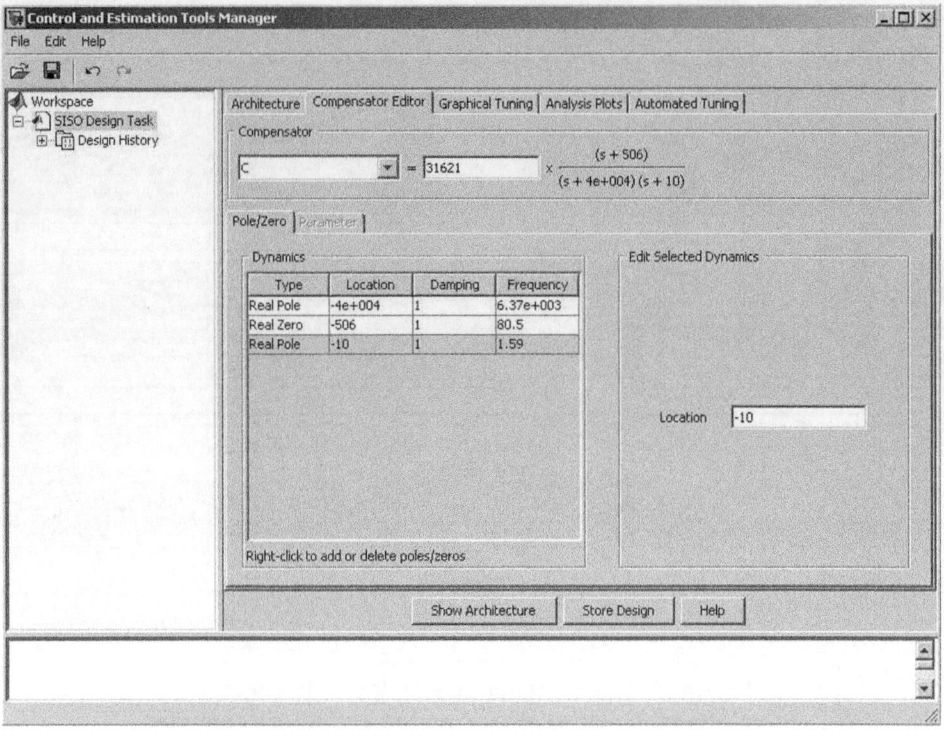

Figura 5.42 - Posição dos polos e zeros do compensador para conversor Buck-Boost funcionando no modo descontínuo de corrente.

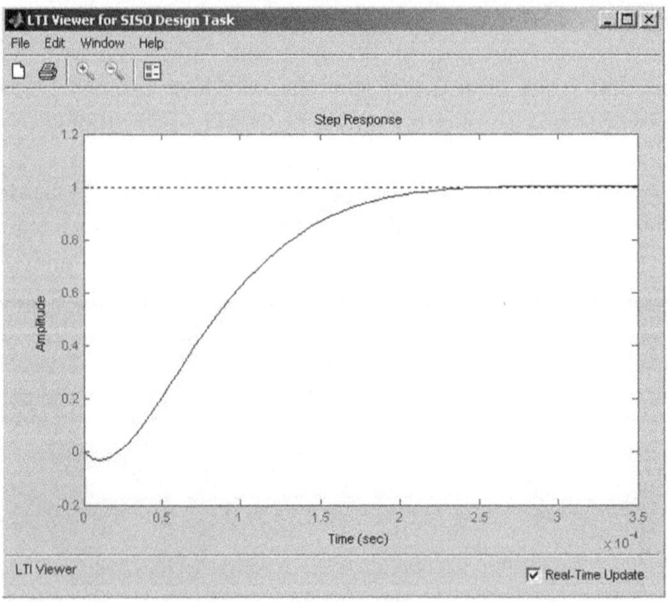

Figura 5.43 - Resposta ao degrau do conversor Buck-Boost funcionando no modo descontínuo de corrente.

Exporte os dados dos polos e zeros para o MATLAB e tecle espaço. O MATLAB calcula os componentes do compensador. Anote os valores e inicie o simulador PSIM. Carregue o arquivo "buckboostd_Trafo.psimsch". Verifique se todos os valores foram colocados corretamente. O esquema elétrico é semelhante ao visto na Figura 5.40. Inicie a simulação. O resultado é visto na Figura 5.44.

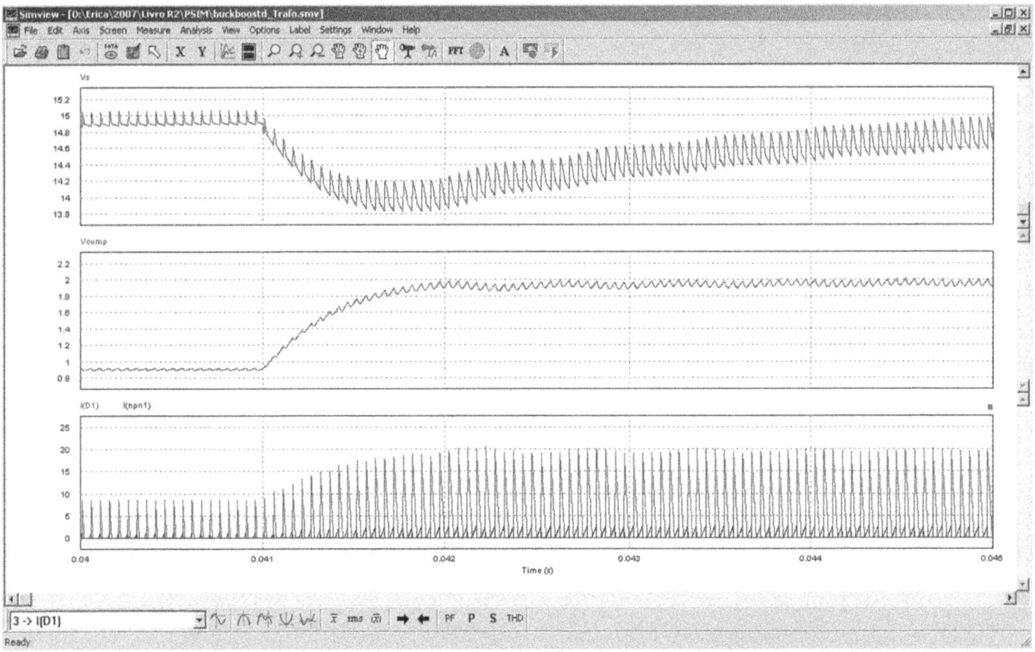

Figura 5.44 - Resultado da simulação do conversor Buck-Boost funcionando no modo descontínuo de corrente.

Com o resultado da simulação vemos que o conversor Buck-Boost funcionando no modo descontínuo de corrente possui resposta não oscilatória e sem overshoot. Este é o resultado esperado para conversores (de segunda ordem, mas funcionam como primeira ordem) funcionando no modo descontínuo de corrente. Resultado semelhante pode ser obtido usando realimentação de corrente e com modo contínuo de corrente. Como será visto a seguir, a resposta ao degrau de tensão será mais lenta do que com modo descontínuo de corrente. A grande vantagem de usarmos realimentação de corrente reside no fato de o circuito de compensação não se alterar, quando passamos do modo contínuo de corrente para o modo descontínuo de corrente, já que as duas funções de transferências são semelhantes.

5.6.3 Modo Contínuo com Realimentação de Corrente

A maioria dos conversores Flyback usados atualmente opera tanto no modo descontínuo de corrente quanto no modo contínuo. Se calcularmos o circuito de compensação para o modo contínuo, o conversor certamente funcionará, também, no modo descontínuo. Existem inúmeros circuitos integrados projetados especificamente para controle de fontes Flyback e que usam realimentação de corrente. Já vimos como calcular os componentes de potência e dimensionar corretamente o transistor e diodo (Capítulo 2). Vamos ver agora como projetar o circuito de compensação em frequência.

O conversor Flyback é derivado do conversor Buck-Boost e vimos no Capítulo 4 que ele possui na função de transferência entre tensão de saída e largura de pulso três polos. Um dos polos é dominante para o sistema e os outros dois ocorrem na metade da frequência de chaveamento. Esses dois polos servem para representar a oscilação sub-harmônica que é vista nos conversores que usam realimentação de corrente. Apesar de gerar essa oscilação, os benefícios decorrentes do uso desse tipo de realimentação melhoram o desempenho do conversor. A oscilação sub-harmônica pode ser evitada se o conversor não opera com largura de pulso maior do que 50% ou funciona no modo descontínuo de corrente.

No modo contínuo de corrente, esses polos são complexos e estão posicionados na metade da frequência de chaveamento. Se o Q do circuito é alto (maior do que 1), o pico de ressonância pode levar à instabilidade do conversor, mesmo se a largura de pulso D for menor do que 0,5. Para reduzir o Q, devemos introduzir uma compensação de rampa, mesmo para funcionamento com $D<0,5$.

Para o funcionamento no modo descontínuo, não há necessidade de compensação de rampa. Vimos que esses dois polos estão separados e se deslocaram para frequências acima da metade da frequência de chaveamento, portanto podem ser ignorados.

No modo contínuo de corrente ainda temos a influência do zero posicionado no lado direito do plano complexo, portanto temos um sistema de fase mínima diferente de zero. No modo descontínuo, esse zero está posicionado acima da metade da frequência de chaveamento e pode ser ignorado.

O arquivo "buckboosti_T.m" realiza o projeto do compensador juntamente com o cálculo de todos os seus componentes de potência. Abra o MATLAB e edite o arquivo. Deixe o arquivo como está no texto a seguir para fins de exemplo.

```
%% Projeto de Compensador para conversor Buck-Boost
%  Modo contínuo de corrente com realimentação de corrente
%
% Inicialize dados para projeto
% Vemax = tensão de entrada máxima
% Vemin = tensão de entrada mínima
% Vs = tensão de saída regulada
% Ismax = corrente de saída máxima
% Ismin = corrente de saída mínima
% Fs = Frequência de chaveamento
% VrippleC = ondulação na saída devido ao capacitor
% rC = resistência série do capacitor
% rL = resistência série do indutor
% Vcesat = tensão de saturação do transistor
% Vf = tensão direta de condução do diodo
% REG = máxima variação de tensão de saída (regulação=(Vs_max-Vs_min)/Vs_nominal)
% Vrpp = valor pico a pico da rampa do oscilador PWM
clear
% configure se conversor é realizado com transformador isolador
```

```
Trafo = 1;  %Trafo=0 -> sem transformador
            %Trafo=1 -> com transformador

if Trafo == 0
    % sem transformador

    Vemax = 20; %Volt
    Vemin = 10; %Volt
    Vs = -5;     %Volt
    Ismax = 5;  %Amper
    Ismin = 1;  %Amper
    Fs = 20000; %Hertz
    VrippleC = 0.01; %Volt
    rC = 0.002;  %Ohm
    rL = 0.1;   %Ohm
    Vcesat = 1; %Volt
    Vf = 1;     %Volt
    REG = 0.01; %Volt
    Vrpp = 4;   %Volt

    %% Cálculo da largura de pulso máxima e mínima
    Dmax = (abs(Vs)+Vf)/(Vemin-Vcesat+abs(Vs)+Vf)
    Dmin = (abs(Vs)+Vf)/(Vemax-Vcesat+abs(Vs)+Vf)

    %% Cálculo do Indutor
    %limite do modo contínuo/descontínuo -> Vemin e Ismin
    L1 = Dmax*(1-Dmax)*Vemin/(2*Ismin*Fs)

    %% Cálculo do Capacitor
    C1 = Dmax*Ismax/(VrippleC*Fs)

    %% Define ponto de operação

    Ve = Vemin
    Is = Ismin
    Rs = abs(Vs)/Is
    D = abs(Vs)/(Ve+abs(Vs))

    %%  Calcula corrente máxima e mínima (pico)
    IM = Ismax/(1-Dmax) + Dmax*Vemin/(2*L1*Fs)
    Im = Ismax/(1-Dmax) - Dmax*Vemin/(2*L1*Fs)

    IMmin = Ismin/(1-Dmax) + Dmax*Vemin/(2*L1*Fs)
    Immin = Ismin/(1-Dmax) - Dmax*Vemin/(2*L1*Fs)

    %% Calcula resistor de amostragem de corrente
    %  Limite de 80% do valor máximo de Vrpp
    Ri = 0.8*Vrpp/IM

    %% Ganho em baixa frequência do compensador
    %  deve atender regulação
    Kcomp = Ri*(IM-Immin)/(REG*abs(Vs))
    %% Compensação por rampa
```

```
    if Dmax > 0.5         %altere o limite de 0.5 se quiser
                          %compensação de rampa de valor menor do que 0.5
        m1 = Ve*Ri/L1;
        m2 = -abs(Vs)*Ri/L1;
        Sn = (Ve+abs(Vs))*(1-D)*Ri/L1;

        % Para garantir ausência de oscilações sub-harmônicas -> Se >= m2/2
        % Para obter resposta rápida  -> Se = m2
        % escolha a forma de compensação
        Se = abs(m2)/2;      %<-- ausência de oscilações sub-harmônicas
        %Se = abs(m2);              %<-- resposta rápida


        Vrampa_comp = Se/Fs
    else
        Sn = (Ve+abs(Vs))*(1-D)*Ri/L1;
        Se = 0   %não é necessário compensação de rampa
        Vrampa_comp = 0
    end
end

if Trafo == 1
    % com transformador
    Vemax = 370; %Volt
    Vemin = 120; %Volt
    Vs = 5;      %Volt
    Ismax = 5;  %Amper
    Ismin = 1;  %Amper
    Fs = 20000; %Hertz
    VrippleC = 0.1; %Volt
    rC = 0.002;  %Ohm
    rL = 0.1;   %Ohm
    Vcesat = 1; %Volt
    Vf = 1;     %Volt
    REG = 0.01; %Volt
    Vrpp = 4;   %Volt

    %% Cálculo da relação de espiras do transformador
    Dmax = 0.4       % para não usar compensação de rampa
    n = (Vemin/Vs)*(Dmax/(1-Dmax))
    Dmin = (n*Vs)/(n*Vs+Vemax)

    %% Cálculo do Indutor
    %limite do modo contínuo/descontínuo -> Vemin e Ismin
    Lpri = n*Dmax*(1-Dmax)*Vemin/(2*Ismin*Fs)
    Lsec = Lpri/n^2
    L1 = Lpri/n^2
    % Corrente de pico máxima no primário do transformador
    IM = Ismax/(n*(1-Dmax)) + Dmax*Vemin/(2*Lpri*Fs)
    % Energia máxima no transformador
    En = (Lpri*IM^2)/2;

    %% Cálculo do Capacitor
    C1 = Dmax*Ismax/(VrippleC*Fs)
    %% Define ponto de operação
    Ve = 300;
    Is = Ismax;
```

```
    Rs = Vs/Is
    D = n*Vs/(Ve+n*Vs)

    %% Calcula resistor de amostragem de corrente no primário
    %  Limite de 80% do valor máximo de Vrpp
    Ri = 0.8*Vrpp/IM

    %% Compensação por rampa
    if Dmax > 0.5           %altere o limite de D se quiser
                            %compensação de rampa para valores de D menores do que 0.5
        % Supondo compensação e usando a corrente do
        % primário do transformador.
        m1 = Ve*Ri/Lpri;
        m2 = -abs(n*Vs)*Ri/Lpri;
        Sn = (Ve+abs(n*Vs))*(1-D)*Ri/Lpri;

        % Para garantir ausência de oscilações sub-harmônicas -> Se >= m2/2
        % Para obter resposta rápida  -> mc = m2
        % escolha a forma de compensação
        Se = abs(m2)/2;     %<-- ausência de oscilações sub-harmônicas
        %Se = abs(m2);           %<-- resposta rápida

        Vrampa_comp = Se/Fs
    else
        Sn = (Ve+abs(n*Vs))*(1-D)*Ri/Lpri;
        Se = 0   %não é necessário compensação de rampa
        Vrampa_comp = 0
    end
end

%% Define ganho, polos e zeros para controle
% Parâmetros da chave PWM

% frequência de oscilação sub-harmônica em Fs/2
cs = 1/(L1*(pi*Fs)^2)
% O Q é usado para avaliar se o pico de ressonância pode influir
% na estabilidade. Se possível, Q deve ser menor ou igual a 1
% Só é possível reduzir o Q introduzindo compensação de rampa
% mesmo se D<0,5.
Q = 1/(pi*((1-D)*(Se/Sn)+0.5-D))

ki = D/Rs;
ko = 1/Rs;
go = (((1-D)*Se/Sn)+0.5-D)/(Fs*L1);
gr = D/(Rs*(1-D))-D*go;
gf = D*go-D*(1-D)/(2*L1*Fs);
gi = D*(gf-D/(Rs*(1-D)));
cs = 4/(L1*(2*pi*Fs)^2);

% equações auxiliares
h1 = go+Rs*(gi*go+gf*gr);
A0 = ki-ko+rL*(ki*go+ko*gr);
A1 = L1*(go*ki+gr*ko);
A2 = cs*L1*ki;
```

```
B0 = 1+Rs*(gi+go+gr-gf)+rL*h1;
B1 = L1*h1+(C1+cs)*Rs+C1*rC*(h1-go)+C1*rL*go*(Rs+rC)+cs*rL*(1+gi*Rs)+C1*rC*rL*(h1-
go);
B2 = L1*cs*(1+gi*Rs)+cs*C1*(rC+rL)*(Rs+rC)+C1*L1*(Rs+rC)*(rC*(gi*go+gf*gr)+go);
B3 = C1*cs*L1*(Rs+rC)*(1+gi*rC);

Kd = abs(Rs*A0/B0);

%zeros
wza = 1/(rC*C1)
Z = [(A2/(A0*wza)) (A2+A1/wza)/A0 (A1/A0+1/wza) 1];

%polos
P = [B3/B0 B2/B0 B1/B0 1];

% Raizes
RZ = roots(Z)
RP = roots(P)

sys_buck_i = tf(Kd*[(A2/(A0*wza)) (A2+A1/wza)/A0 (A1/A0+1/wza) 1],[B3/B0 B2/B0
B1/B0 1])

pause
%% Carrega ferramenta de controle
%  com a função de transferência a ser compensada

sisotool(sys_buck_i)


%  defina C(s) em sisotool e exporte C(s) para o MATLAB
%  e tecle qualquer tecla para continuar
pause
%% Cálculo dos componentes do compensador
%  Compensador deve ser de segunda ordem


if order(C) == 2
    %  2 polos e 1 zero (Circuito 7 da Figura 5.7)
    wp2 = abs(max(pole(C)))
    wp1 = abs(min(pole(C)))
    wz1 = abs(zero(C))


    R3 = 1000;
    R2 = dcgain(C)*R3;
    R1 = -R2*wp1*wp2/((wp1-wz1)*(wp2-wz1));
    C2 = wz1/(R2*wp1*wp2);
    C1 = (1/wp1+1/wp2-1/wz1-wz1/(wp1*wp2))/R2;
    R1
    R2
    R3
    C1
    C2
end
 if order(C) == 1
    %  1 polo e 1 zero (Circuito 2 da Figura 5.7)
    wp1 = abs(pole(C))
    wz1 = abs(zero(C))
```

```
    R2 = 1000;
    R3 = dcgain(C)*R2;
    R1 = R3*wp1/(wz1-wp1);
    C1 = (wz1-wp1)/(R3*wp1*wz1);
    R1
    R2
    R3
    C1
End
```

Vamos usar o conversor com transformador, portanto coloque Trafo = 1.

Como o circuito deve funcionar nos modos contínuo e descontínuo de corrente, vamos usar o ponto de operação no modo contínuo, na corrente máxima e tensão de entrada alta (pior caso).

Inicie o MATLAB, posicione o "Current Directory" no diretório onde se encontra o arquivo "buckboosti_T.m", escreva no "Command Window" o nome do arquivo "buckboosti_T" e clique enter. O MATLAB calcula os valores dos componentes de potência com seus polos e zeros e escreve a função de transferência do conversor. Pressione qualquer tecla e o MATLAB inicia a ferramenta "sisotools". Note que o sistema é estável. Na aba "Analysis Plots" inicie em "plot 1" o degrau de tensão para verificação da resposta do conversor. Podemos notar que o ganho apresentado é um pouco menor do que 0,35 e o ideal é 1. Teremos que acrescentar ganho ao compensador. Para facilitar a visualização, retire o "root locus" em "Graphical Tuning". Na aba "Compensator Editor", compense o polo em 1470 com um zero. Note que o sistema passou a ser instável. Acrescente um polo para compensar o zero em 51690. Por último acrescente mais um polo.

Com o "mouse" na curva de ganho em "SISO Design for SISO Design Task", e posicionado na parte plana em baixa frequência, espere que o indicador se transforme em uma "mão" e arraste para cima a curva para aumentar o ganho. Coloque o ganho aproximadamente em 50 dB. Veja a Figura 5.46. Verifique que o ganho em "LTI Viewer for..." está em 1 como requerido. O loop está estável, mas a resposta é lenta, pois o tempo de resposta está em cerca de 2 milissegundos. Mude o lugar do polo introduzido por último para 10. O tempo de resposta passou para aproximadamente 250 microssegundos. Vamos considerar o sistema compensado com esses valores. Exporte C(s) para o MATLAB. Pressione qualquer tecla e o MATLAB calcula os componentes do compensador. Os valores que o leitor encontrar podem ser diferentes do que foi encontrado pelo autor, pois existe uma variável que é o ganho do compensador e este foi ajustado manualmente. Os valores encontrados foram:

R1 = 3,2 kΩ   R2 = 453 kΩ   R3 = 1 kΩ

C1 = 212 nF   C2 = 6,2 nF

Inicie o simulador PSIM e carregue o arquivo "buckboosti_T.psimsch". Verifique se os valores encontrados estão colocados nos componentes. Verifique também que não foi colocada compensação de rampa (confira que a tensão de rampa é zero). O esquema elétrico a ser simulado é visto na Figura 5.47. Inicie a simulação.

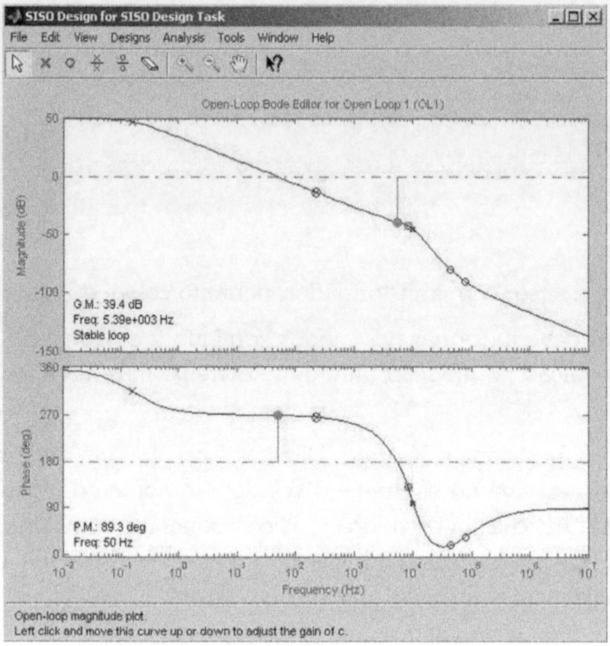

Figura 5.45 - Ajuste do ganho em 50 dB.

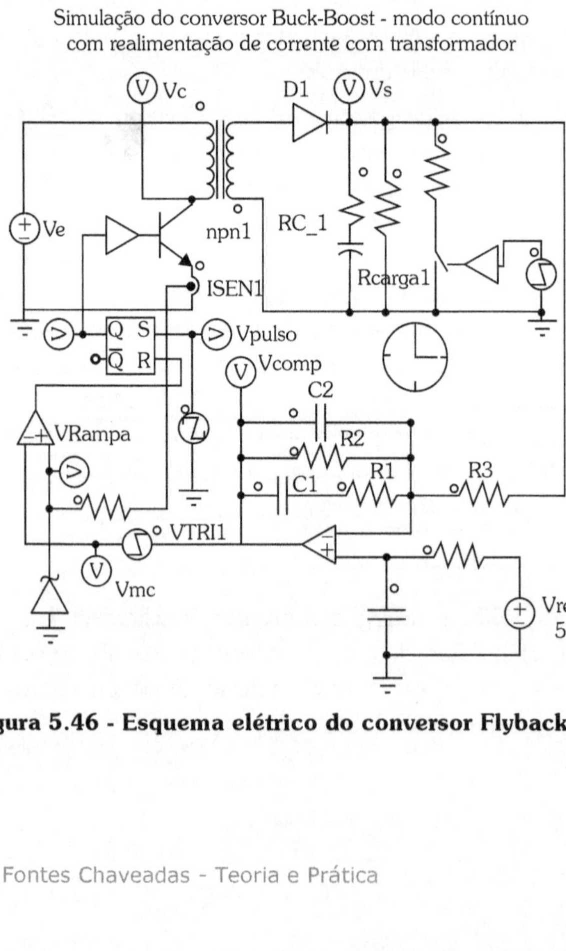

Figura 5.46 - Esquema elétrico do conversor Flyback.

O resultado da simulação é visto na Figura 5.47.

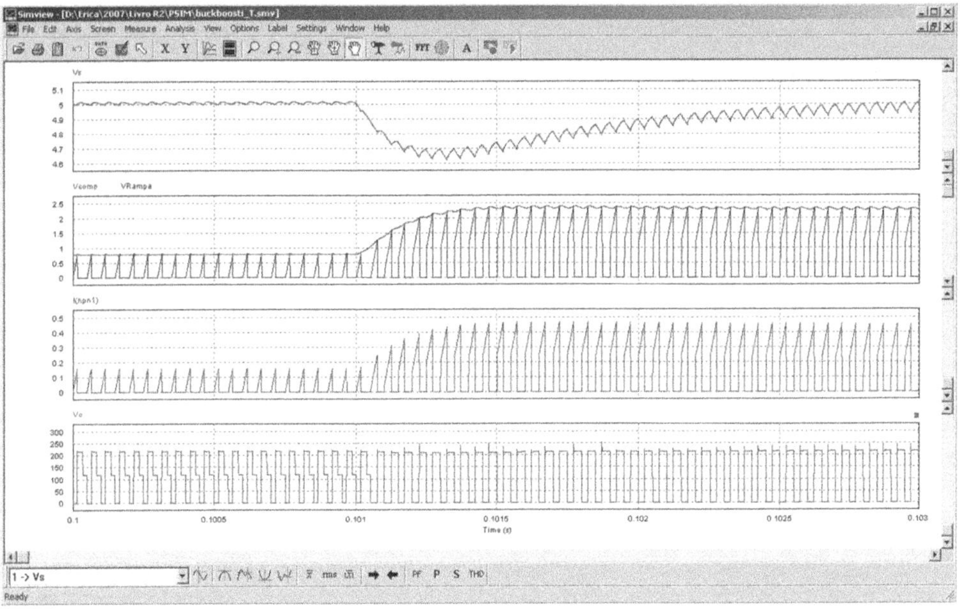

Figura 5.47 - Resultado da simulação do conversor Flyback (ou Buck-Boost com transformador) com realimentação de corrente e funcionando tanto no modo descontínuo quanto no modo contínuo de corrente e sem compensação de rampa.

Foram "plotados" Vs, Vcomp, Vrampa, I(npn1) e Vc.

O transiente de corrente ocorre em 101 milissegundos. Anteriormente, o conversor estava no modo descontínuo de corrente, fornecendo 0,5 A para o resistor de saída. Quando a chave fecha, são acrescentados mais 2,5 A, totalizando 3,0 A. Com essa corrente o conversor passa a operar no modo contínuo de corrente. Note que não há "overshoot" na forma de onda de "Vcomp" e a queda de tensão em "Vs" é normal, tratando-se de uma variação de 2,5 A. O funcionamento do conversor é estável nos dois modos de condução de corrente.

5.7 Exercícios Propostos

1. Refaça os exemplos deste capítulo ajustando os valores de ganho, zeros e polos manualmente no MATLAB. Simule o resultado no PSIM.
2. No caso do projeto para o conversor Buck-Boost, existe a solução com transformador e sem transformador. Qual a influência do transformador no circuito de compensação?
3. Quando usando realimentação de corrente com compensação de rampa, a compensação de rampa foi somada à tensão de controle Vc. Qual outra forma de se realizar essa compensação? (dica: será que podemos alterar a rampa do PWM?)

4. As fontes de PC utilizam a conversão meia ponte com realimentação de tensão. Esse conversor é derivado do conversor Buck (como visto no Capítulo 2). O que podemos dizer sobre a audiossusceptibilidade das fontes de PC? Que tipo de compensação pode-se escolher para diminuirmos sua influência no conversor?

5. Tente escrever um arquivo "meia_ponte_c.m" para o conversor meia ponte. Use as equações obtidas no Capítulo 2 e inicie do arquivo "buckc.m". Suponha que o circuito de controle usado é o TL494. Obtenha na Internet o data sheet do circuito integrado. Estude seu circuito PWM.

6. Refaça o exemplo do conversor Buck para o modo contínuo de corrente. Tente usar apenas um polo para compensação.

Apêndice

A

Transistores e Diodos

O bom funcionamento dos conversores CC/CC depende de componentes que possam simular uma chave (que abre e fecha um circuito) e trabalhar em uma frequência elevada. Se esse componente funciona com uma chave ideal, fica mais fácil compreender a operação do conversor.

Existem muitos tipos de componentes capazes de funcionar como uma chave, tais como diodos, tiristores, MOSFETs, transistores bipolares e IGBT.

As chaves ativas devem permitir o controle do instante de condução do componente, ou seja, podemos comandar o instante de ligar e desligar a chave. Para chaves ativas podemos usar os transistores bipolares, os MOSFETs e os IGBT.

As chaves passivas não permitem o controle de sua condução (depende da condição do circuito). Elas são implementadas por diodos.

Vamos conhecer um pouco do funcionamento desses componentes quando usados para conversores CC/CC.

A.1 Transistores Bipolares

A.1.1 Características Gerais

O transistor bipolar é um componente semicondutor com capacidade de controle e amplificação de corrente. Na Figura A.1, vemos um transistor NPN na configuração emissor comum. A corrente injetada na base, Ib, resulta em uma corrente no coletor Ic e que estão relacionados por:

$$Ic = h_{FE} Ib \qquad \text{Eq. A.1}$$

Desprezando a corrente de fuga I_{CBO} entre coletor e base, as correntes no transistor estão dadas por:

$$Ie = Ic + Ib \qquad \text{Eq. A.2}$$

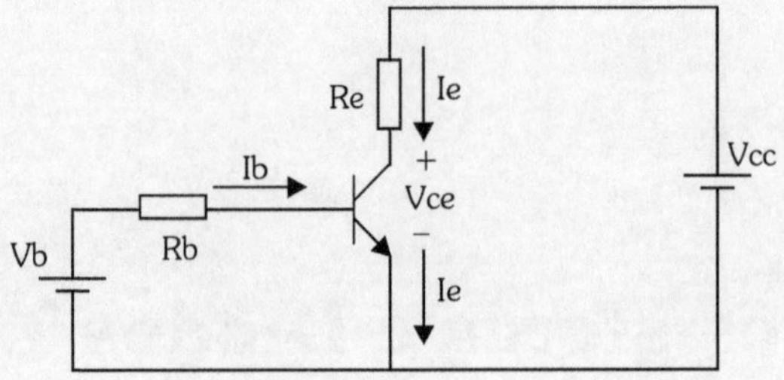

Figura A.1 - Correntes em um transistor bipolar.

Na Equação A.1, h_{FE} é o ganho de corrente constante, que rege a característica de controle de corrente em um transistor. Ao injetarmos corrente Ib na base, teremos circulando pelo coletor a corrente h_{FE} Ib. Na Figura A.2 vemos a curva h_{FE} versus Ic. Vemos que h_{FE} pode variar com Ic e temperatura.

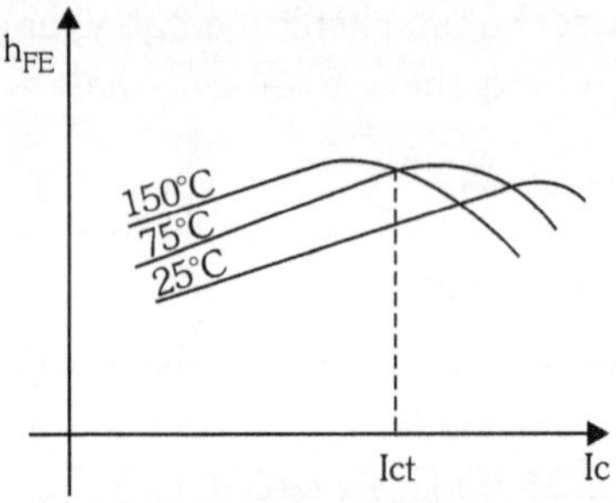

Figura A.2 - Característica h_{FE} x Ic com temperatura em um transistor bipolar.

Devemos notar o aumento do h_{FE} com o aumento da temperatura até um certo valor Ict. A partir de Ict, o h_{FE} tende a diminuir com a temperatura para alguns tipos de transistores.

Se na Figura A.1 injetarmos uma corrente Ib e variarmos Vcc, encontraremos a curva Ic versus Vce como na Figura A.3.

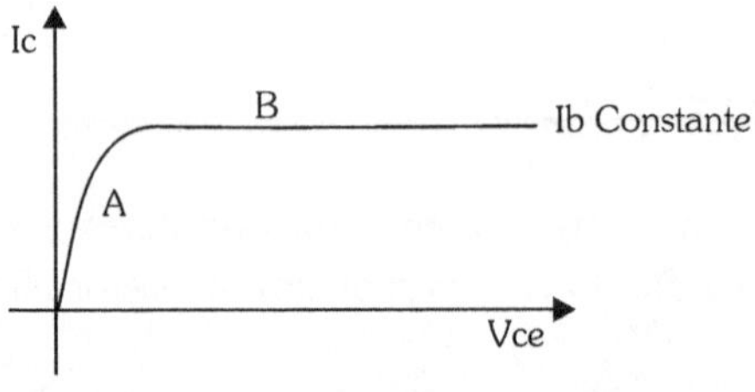

Figura A.3 - Curva Ic x Vce em um transistor para um dado Ib constante.

Podemos notar duas regiões distintas. A região A, chamada de região de saturação, mostra que se fizermos Ic<h_{FE}Ib, a tensão Vce não varia muito com variações de Ic e é da ordem de 1 a 2 volts para transistores de potência. A tensão Vce nessa região é chamada de tensão de saturação (Vcesat). Para visualizarmos melhor a tensão de saturação de um transistor, podemos traçar uma curva Vce x Ib (com Ib fixo), como mostra a Figura A.4.

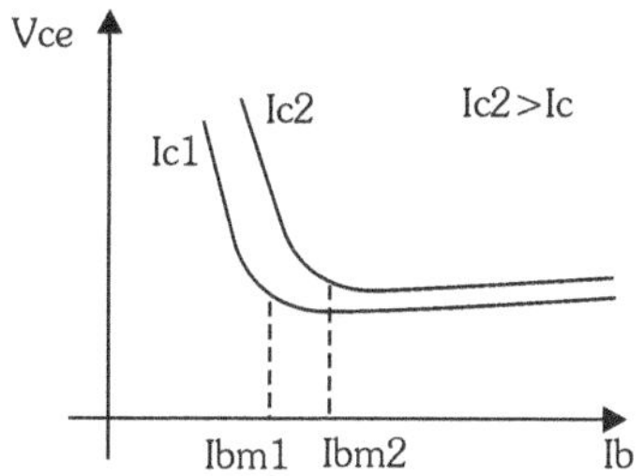

Figura A.4 - Curva Vce x Ib em um transistor bipolar.

A partir de um valor de corrente de base Ibm, a tensão Vce é aproximadamente constante para uma corrente de coletor fixa. Se quisermos utilizar um transistor na região de saturação, devemos saber qual a mínima corrente de base capaz de manter o transistor na saturação para suportar variações de corrente de coletor. Na Figura A.4, se a corrente de coletor for no máximo Ic1, podemos utilizar Ibm1 como corrente fixa para saturar o transistor. O valor de Vcesat é importante, pois o produto Ic Vcesat representa perda de potência do transistor quando funcionando como chave. Na Figura A.5 vemos a curva Vcesat versus Ic típica em função da temperatura.

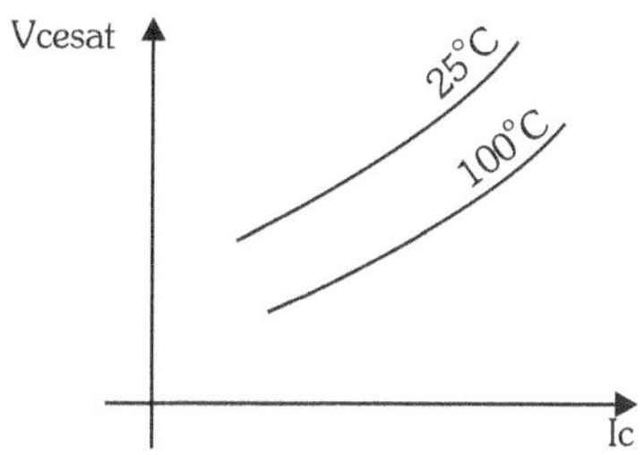

Figura A.5 - Curva Vcesat x Ic em um transistor bipolar.

A região B, na Figura A.3, chama-se região ativa do transistor e possui pouco interesse no projeto de fontes chaveadas, pois nessa região o transistor dissipa bastante potência pelo fato de trabalhar com tensão Vce e corrente Ic de valores elevados. Se na Figura A.1 retirarmos a corrente de base (abrindo o resistor Rb, por exemplo), a corrente de base Ib será zero, ocasionando Ic = 0.

Nessa circunstância dizemos que o transistor está na região de corte. O corte de um transistor é conseguido com a polarização de base, que resulta corrente de emissor igual a zero (Ie = 0). Na realidade, a corrente de coletor Ic não é zero quando Ie = 0, pois existe uma corrente de fuga I_{CBO} entre coletor e base.

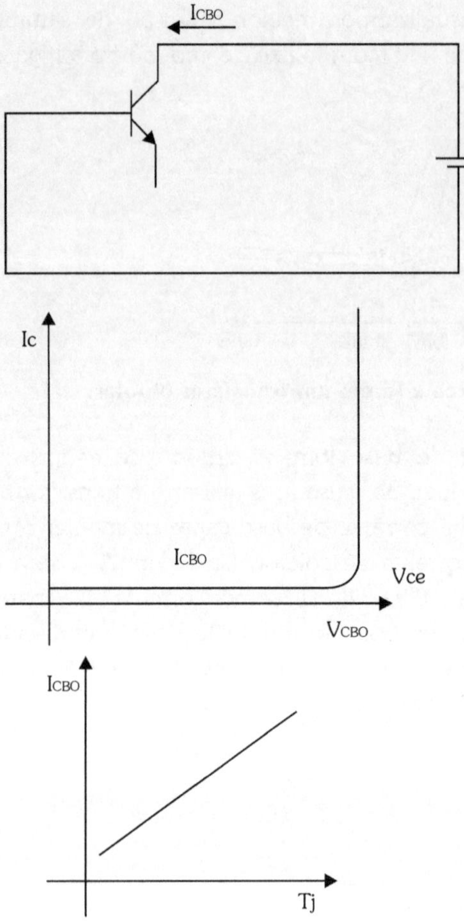

a) Circuito para medir I_{CBO} e V_{CBO}

b) Curva Ic X Vce com emissor aberto

c) Variação de I_{CBO} com a temperatura da junção

Figura A.6

Na Figura A.6c, vemos a variação de I_{CBO} com a temperatura na junção (Tj) e em A.6b, vemos a variação de I_{CBO} contra Vce. Notamos que a partir de certo valor de Vce, a corrente Ic aumenta rapidamente e assim temos outra região característica em transistores: a região de Breakdown. A causa do aumento rápido de Ic a partir de certa tensão Vce deve-se à multiplicação da corrente I_{CBO} devido ao efeito avalanche.

Em transistores que funcionam como chave aberta, o aumento da corrente de fuga devido ao Breakdown é indesejável, pois além de não estarmos simulando uma chave ideal, um acréscimo de potência razoável deve ser dissipado pelo transistor, o que pode ocasionar sua queima ao atingir a região de segundo Breakdown (veremos mais adiante). Na Figura A.7 vemos as mais diversas situações capazes de levar um transistor ao Breakdown.

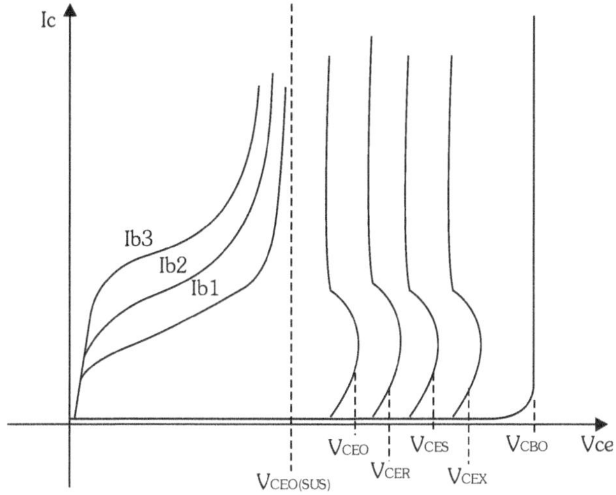

Figura A.7 - Curva Ic x Vce para vários tipos de polarização de base.

Se injetarmos corrente na base, conforme a Figura A.1, ao aumentarmos a tensão Vce, chegaremos a uma certa tensão tal que a corrente de coletor começa a crescer rapidamente, conforme a Figura A.3. Teremos o gráfico apresentado na Figura A.8.

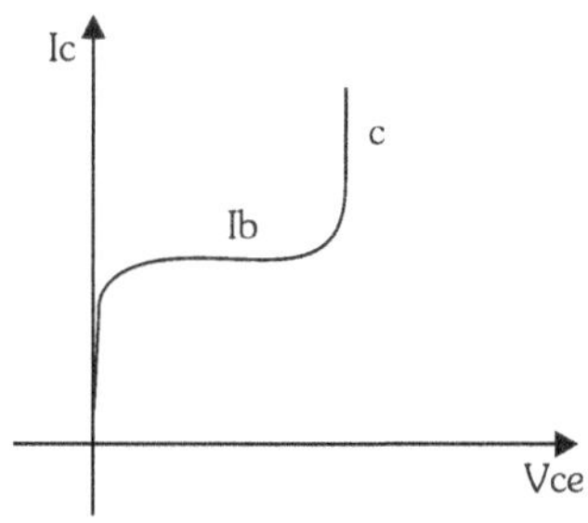

Figura A.8 - Curva Ic x Vce quando Ib > 0.

Na região c, a corrente de coletor não está sob controle, podendo ocasionar a queima do transistor. Ao abrirmos a base do transistor e aumentamos a tensão Vce, obtemos a curva da Figura A.9.

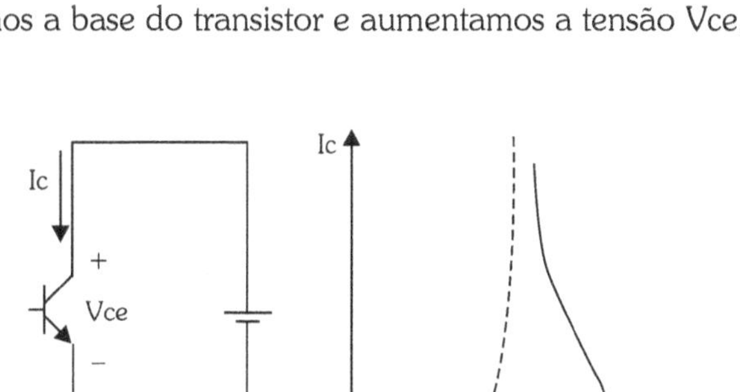

Figura A.9 - Curva Ic x Vce quando Ib = 0.

Devemos notar que a tensão V_{CBO} é a máxima tensão obtida com base aberta e $V_{CEO(SUS)}$ é a mínima tensão. Para alguns transistores a curva é a tracejada como na figura, e normalmente só é especificado $V_{CEO(SUS)}$. Se colocarmos um resistor entre base e emissor, notamos que conseguimos atingir uma tensão máxima de Breakdown maior do que V_{CEO}. Quanto menor for o valor do resistor, maior será a tensão V_{CER}. Quando o resistor for um curto-circuito, teremos V_{CES}. Assim,

$$V_{CEO} < V_{CEX} < V_{CES}$$

Ao polarizarmos reversamente a base do transistor, Figura A.10, notamos que a tensão máxima atingida V_{CEX} é maior do que V_{CES}, mas é menor que V_{CBO}.

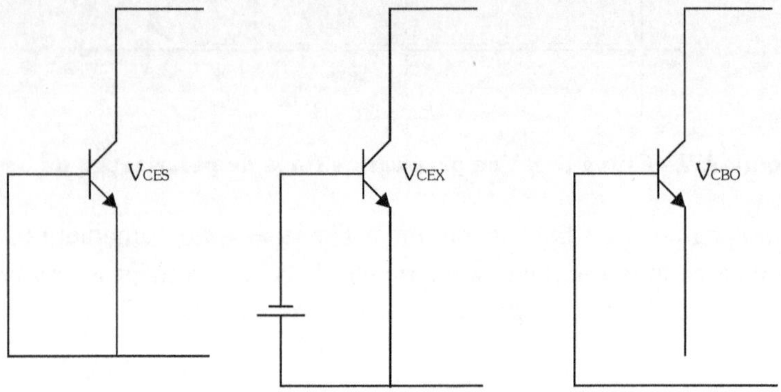

Figura A.10 - Circuitos que definem Vce para várias condições de polarização de base em um transistor bipolar.

Como em uma configuração emissor comum não temos a condição de emissor aberto, a tensão máxima, que pode ser atingida por um transistor em configuração emissor comum, é com a base reversamente polarizada, e quanto maior for sua tensão reversa maior será V_{CEX}. Mas lembre-se de que a tensão reversa de base tem limite em torno de 6 a 9 volts, dependendo do transistor.

Vimos que para utilizar transistores com tensão elevada entre coletor e emissor, devemos escolher o transistor que seja capaz de suportar tensão Vce com o drive de base escolhido. Se o circuito de drive de base não fornece tensão negativa, nem possui resistor de valor baixo entre base e emissor, devemos selecionar o transistor pelo parâmetro $V_{CE(SUS)}$. Mais adiante veremos alguns tipos de circuitos de drive de base, utilizados em fontes chaveadas.

A região de Breakdown, que vimos até agora, não danifica o transistor se a corrente de coletor permanecer com níveis baixos. No entanto, se deixarmos a corrente de coletor aumentar sem limite, na região de Breakdown, um fenômeno conhecido como segundo Breakdown toma lugar e, normalmente, danifica o transistor.

Essa destruição ocorre devido à alta densidade de corrente, que origina uma região de temperatura elevada, resultando na modificação da distribuição da dopagem do semicondutor. O segundo Breakdown pode ser evitado, operando o transistor fora da região de

Breakdown e mantendo a temperatura da junção dentro dos limites especificados pelos fabricantes.

Todo transistor deve operar dentro de certos limites; caso contrário, danos irreversíveis podem ocorrer em sua estrutura. Esses limites são corrente máxima, temperatura, segundo Breakdown e tensão máxima. Normalmente, os fabricantes de transistores fornecem diagramas que mostram tais limites e são conhecidos por FBSOA (Forward Biased Safe Operating Area).

Vamos ver como interpretar tal diagrama, para garantir a operação de um transistor fora dos limites destrutivos. Na Figura A.11, vemos a curva típica de FBSOA para um transistor de potência, com operação contínua (não pulsada).

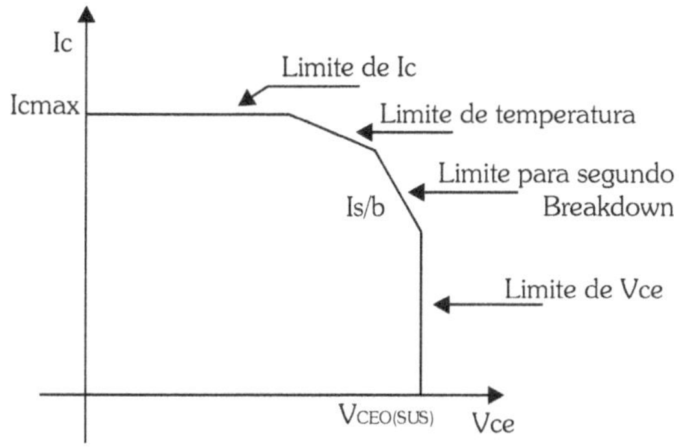

Figura A.11 - Curva FBSOA para corrente contínua.

Dois limites são facilmente reconhecidos, sendo o limite de corrente máxima contínua e o de tensão máxima que, normalmente, é especificado $V_{CE(SUS)}$. Os outros dois limites são a temperatura e o segundo Breakdown. O limite de Breakdown é, normalmente, especificado pelo fabricante como sendo a corrente Is/b a uma certa região de tensão Vce. Ultrapassar esse limite de corrente significa a destruição do transistor. O limite de temperatura está diretamente ligado à potência a ser dissipada no transistor. Essa potência é dada por:

$$P = Ic\ Vce + Ib\ Vbe \qquad \text{Eq. A.3}$$

Grande parte dessa potência é dissipada na junção coletor-base como forma de calor, e flui através da resistência térmica entre a junção e o invólucro do transistor. Essa temperatura na junção limita também a potência máxima do transistor. Sendo $R_{\theta JC}$ a resistência térmica entre a junção e o invólucro (case) do transistor, teremos:

$$P = \frac{Tj - Tc}{R_{\theta JC}} \qquad \text{Eq. A.4}$$

$R_{\theta JC}$ depende do tipo de encapsulamento do transistor. Assim, para conseguirmos utilizar o transistor com alta potência, devemos fazer Tj – Tc maior possível. No entanto, baixas temperaturas no invólucro significam a utilização de grandes dissipadores de calor, e o funcionamento a temperaturas perto da máxima temperatura da junção diminui, consideravelmente, o tempo de vida do componente. Nos transistores utilizados em fontes chaveadas, pelo fato de o funcionamento com Vce saturado e com pulso de duração Ton, o limite máximo da potência será dado por:

$$P = (Ic\ Vcesat + Ib\ Vbe)\frac{Ton}{T} \qquad \text{Eq. A.5}$$

sendo Ton = tempo de saturação do transistor

T = período entre pulsos de saturação do transistor

Normalmente, essa potência não atinge o limite máximo como especificado pela FBSOA, entretanto outros tipos de potência são dissipados pelo transistor, tais como a potência devido à transição entre corte e saturação Ps (e vice-versa) e a potência ocasionada pela corrente de fuga entre coletor e emissor (Pf). Assim, chamando a potência devido à condução, Equação A.5, por Pc, a potência total em um transistor é:

$$Pt = Pc + Pf + Ps \qquad \text{Eq. A.6}$$

A potência devido à fuga (Pf) é normalmente desprezada, em transistores de silício, devido à baixa corrente de fuga. A potência Ps devido ao chaveamento é ocasionada pela entrada na região ativa durante a transição do corte para saturação (e vice-versa). Se o transistor não for devidamente polarizado com um drive de base, que permita rápidas transições entre corte e saturação, a potência Ps pode ser consideravelmente alta, inclusive podendo correr o risco de ultrapassar os limites ditados pela FBSOA. Generalizando a Equação A.4, podemos estender a fórmula para a potência total, utilizando um dissipador de calor:

$$Tj = Tamb + Pt\,R_{\theta JA} \qquad \text{Eq. A.7}$$

Sendo $$Pt = Pc + Ps + Pf \quad \text{e} \quad R_{\theta JA} = R_{\theta JC} + R_{\theta CS} + R_{\theta SA} \qquad \text{Eq. A.8}$$

$R_{\theta JC}$ = resistência térmica entre junção e encapsulamento

$R_{\theta CS}$ = resistência térmica entre encapsulamento e dissipador

$R_{\theta SA}$ = resistência térmica entre dissipador e ambiente

Tamb = temperatura ambiente (normalmente usado valor máximo)

Quando certa potência Pe é aplicada ao transistor, por possuir uma capacidade térmica bem definida ele não atinge imediatamente temperatura estável. Pode ser mostrado que o transistor possui um aumento exponencial da temperatura, até atingir o ponto de regime (Tc), como mostrado pela Figura A.12.

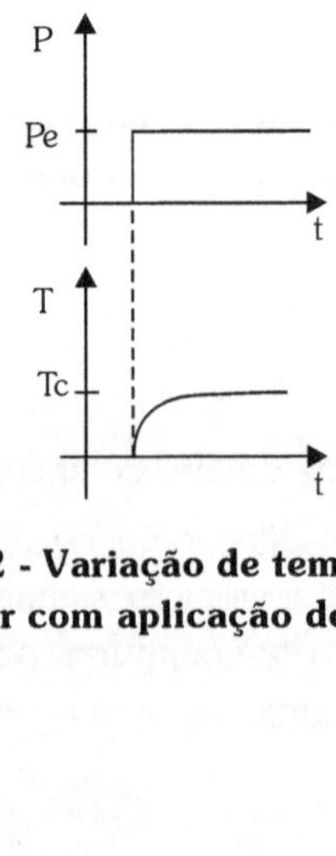

Figura A.12 - Variação de temperatura em um transistor com aplicação de potência P_E.

Assim, para um regime pulsado de potência, a potência instantânea aplicada ao transistor pode ser maior do que a potência no regime estático. O FBSOA fornece também os limites de funcionamento com pulso único, como mostra a Figura A.13.

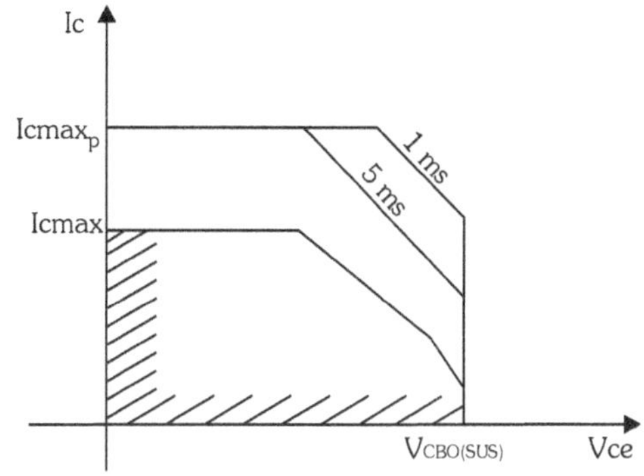

Figura A.13 - Curva FBSOA para corrente pulsada.

Assim, a corrente máxima, que pode ser utilizada, é a corrente de pico máxima $Icmax_p$. A área hachurada na Figura A.13 representa o local de funcionamento ideal para um transistor, utilizado em fontes chaveadas.

O gráfico FBSOA corresponde a um transistor, diretamente, polarizado. Para conhecermos as características do transistor no corte, devemos consultar as curvas RBSOA (Reverse Biased Safe Operating Area), normalmente, fornecidas pelos fabricantes. Essa curva mostra os limites máximos, garantidos pelo fabricante, de tensão e corrente, durante a entrada na região de corte com carga indutiva e polarização reversa entre base e emissor. Vemos na Figura A.14 uma curva típica RBSOA.

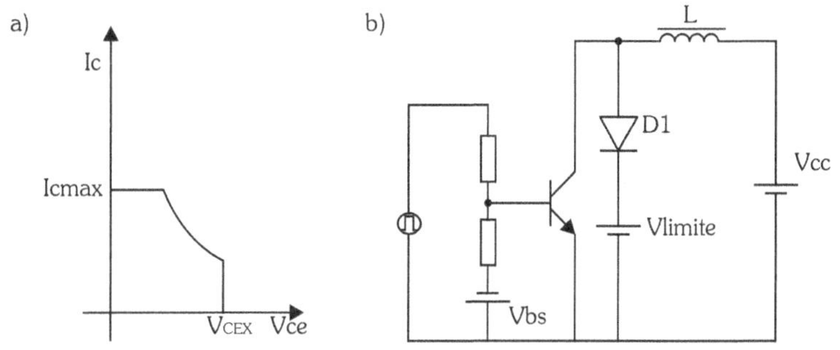

Figura A.14 - Curva RBSOA é circuito para obtenção dos parâmetros limites.

A Figura A.14b mostra o circuito de teste das características especificadas pelos fabricantes. A tensão Vlimite pode ser especificada igual a V_{CEX} e, sendo assim, também deve ser fornecida a tensão reversa de base. O diodo D1 garante que a tensão Vce não ultrapassa Vlimite + Vf.

Alguns fabricantes especificam a energia indutiva máxima, Es/b, que um transistor no corte pode dissipar, sem ocorrer segundo Breakdown. Normalmente, o teste de Es/b é feito em um circuito similar ao da Figura A.14b, retirando a tensão Vlimite e o diodo D1.

Em fontes chaveadas, cuja energia primária é a rede elétrica, para minimizarmos o tamanho do transformador é comum a retificação e filtragem direta da própria rede, sem utilização de transformador redutor de tensão de 60 Hz. Neste caso, as tensões de chaveamento dos transistores são da ordem de 400 volts ou mais (para 220 volts AC) e a escolha correta do transistor, em termos de tensão Vce, é importante.

A.1.2 Características dos Tempos de Chaveamento em Transistores Bipolares

Quando aplicamos um pulso de corrente em um transistor na configuração emissor comum, como na Figura A.15a, com carga resistiva, observamos as formas de onda como nos gráficos das Figuras A.15 b/c.

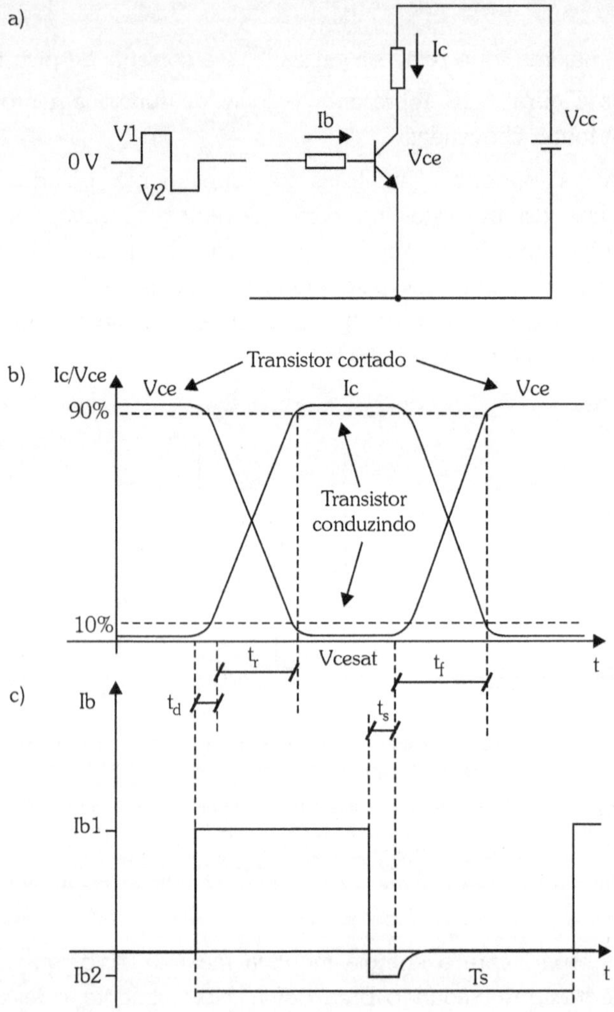

Figura A.15 - Chaveamento de transistor com carga resistiva. a) circuito típico; b) forma de onda de VCE e Ic; c) corrente de base.

sendo:

t_d = tempo de atraso (Delay Time)

t_r = tempo de subida (Rise Time)

t_s = tempo de armazenamento (Storage Time)

t_f = tempo de descida (Fall Time)

Ts = ciclo de repetição da corrente de base

A potência dissipada pelo transistor é:

$$Ponr = \frac{Ic\ Vce\ (t_d + t_r)}{6\ \ Ts} \qquad \text{Eq. A.9}$$

$$Poffr = \frac{Ic\ Vce\ t_f}{6\ \ Ts} \qquad \text{Eq. A.10}$$

sendo Ponr = transição entre corte e saturação (Turn-on)

Poffr = transição entre saturação e corte (Turn-off)

Para cargas resistivas temos:

$$Ps = \frac{Ic\ Vce\ (t_d + t_r + t_f)}{6\ Ts} \qquad \text{Eq. A.11}$$

Assim, para termos baixa perda de potência em um transistor, chaveando uma carga resistiva, devemos escolher transistores com tempos de chaveamento muito menores do que a frequência de repetição (frequência de chaveamento Ts). Isso leva a frequências entre 20 kHz e 50 kHz com os transistores próprios para chaveamento (Switching), atualmente fabricados.

Alguns fabricantes possuem transistores bipolares extremamente rápidos que permitem chaveamento com circuitos de drive de base adequados, da ordem de 200 kHz. Em fontes chaveadas, os transistores possuem carga indutiva em vez de resistiva, ocasionando mudanças consideráveis com relação às Figuras A.15 b/c. Na Figura A.16, vemos o que acontece com um transistor, chaveando uma carga indutiva com limitação de tensão Vce (Clamp) por meio de um diodo.

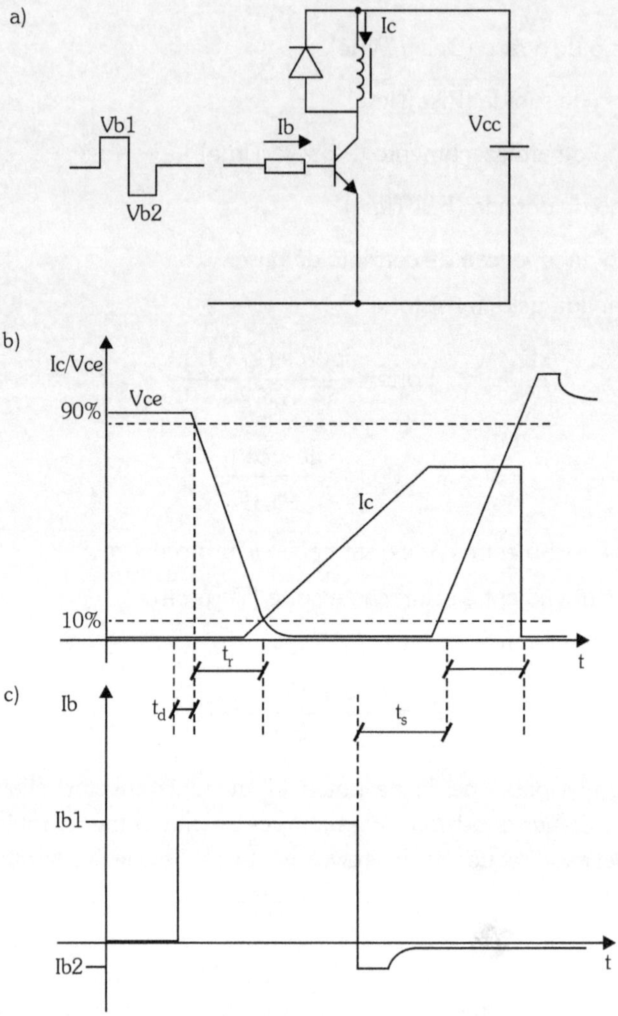

Figura A.16 - Chaveamento de transistor com carga indutiva.
a) Circuito típico; b) Vce e Ic; c) Ib.

Podemos considerar a perda de potência durante Turn-on desprezível, pois estamos supondo o indutor, inicialmente sem corrente, funcionando como um circuito de alta impedância e assim a tensão de coletor chega a Vcesat, sem que haja corrente considerável no coletor. Logo:

$$P_{ONL} \cong 0 \qquad \text{Eq. A.12}$$

Durante o Turn-off, a corrente no indutor é, praticamente, constante até que o diodo passe a conduzir. A potência durante o Turn-off é:

$$P_{ONL} = \frac{Ic\ Vce\ t_f}{2\ Ts} \qquad \text{Eq. A.13}$$

Notamos que a perda de potência com carga indutiva é um pouco maior do que com cargas resistivas, Equação A.11. Os fabricantes fornecem, normalmente, só os tempos medidos com carga resistiva, pois com carga indutiva os tempos de chaveamento são um pouco menores. Alguns fabricantes fornecem o Fall Time para cargas indutivas e nesse caso o chamam de Crossover Time (tc). Assim, a potência dissipada durante o Crossover é dada por:

$$P_{ONL} = \frac{Ic\ Vce\ tc}{2\ Ts} \qquad \text{Eq. A.14}$$

Em circuitos típicos de fontes chaveadas, esses tempos de transição são acrescidos dos tempos de recuperação de diodos, que influem mais durante o Turn-on, ocasionando uma potência não desprezível (como havíamos dito pela Equação A.10). A Figura A.17 a/b mostra a variação típica de t_d, t_r, t_s e t_f com a temperatura e corrente de coletor (para carga resistiva)

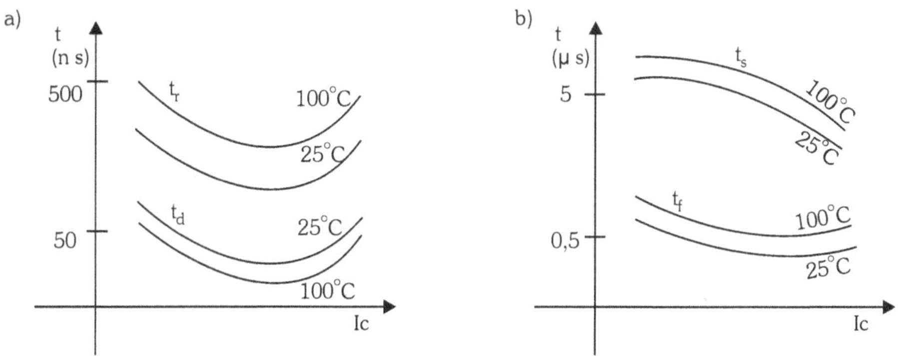

Figura A.17 - Curvas de tr, t_d, t_s e t_f contra Ic e variações de temperatura.

Devemos notar o aumento de t_r, e t_f com a temperatura. O tempo de descida também é influenciado pela polarização de base, durante a transição para a região de corte. Na Figura A.18 a/b, vemos a influência da polarização reversa durante o Turn-off.

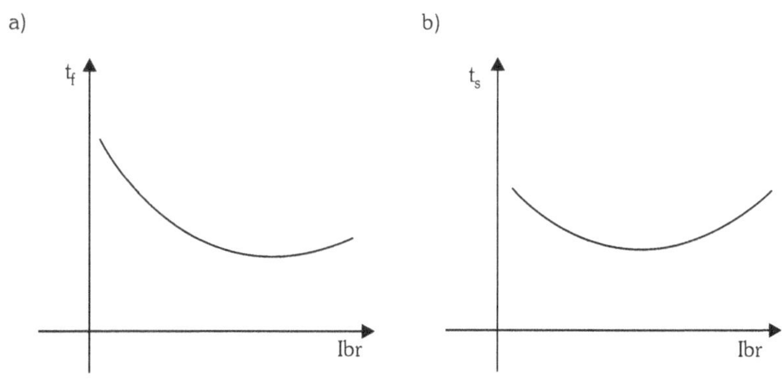

Figura A.18 - Variação de t_f e t_s contra tensão reversa de base.

Com a polarização reversa, podemos minimizar o Fall Time e assim diminuir a potência dissipada durante o Turn-off.

A.1.3 Polarização da Base

Quando desejamos saturar um transistor, devemos aplicar uma corrente de base suficiente para ocasionar a condução de uma corrente de coletor tal, que a tensão Vce seja mínima. Reproduzimos novamente a Figura A.1 na Figura A.19. Sendo:

$$Icmax = \frac{Vcc - Vcesat}{R} \qquad \text{Eq. A.15}$$

e como $Ic = h_{FE}\ Ib$ teremos:

$$Ib = \frac{Vcc - Vcesat}{h_{FE}\ R} \qquad \text{Eq. A.16}$$

Para garantirmos a saturação do transistor, devemos utilizar o menor valor de h_{FE} especificado pelo fabricante, e utilizar a corrente de base Ib maior do que o calculado. Assim:

$$Ib > \frac{Vcc - Vcesat}{h_{FE\,min}\ R} \qquad \text{Eq. A.17}$$

Se a corrente de base for muito maior do que a calculada pela Equação A.17, a junção base-emissor fica com excesso de carga armazenada, o tempo de subida (Rise Time) t_r diminui quando colocamos na base uma corrente bem maior do que a suficiente para saturarmos o transistor. Assim, a condição ideal para saturar um transistor, com rápida resposta, é aplicando um pulso de corrente, como vemos na Figura A.19. Na Figura A.20 vemos um modo de implementar a corrente de base a partir de tensão:

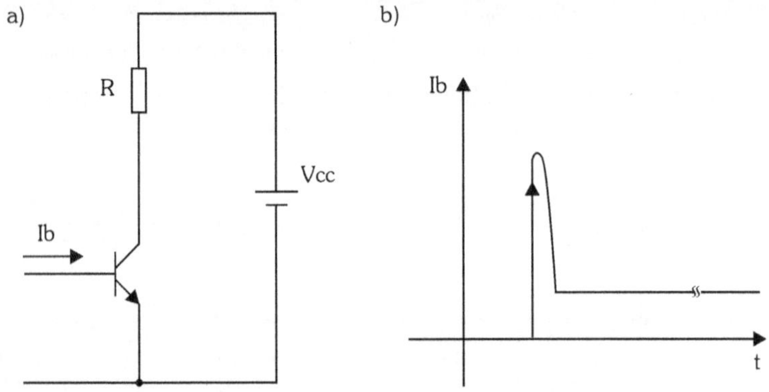

Figura A.19 - Forma de onda de Ib para rápida entrada na saturação.

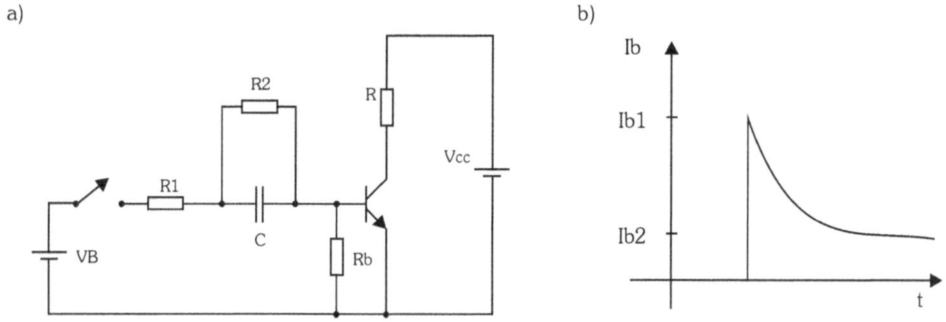

Figura A.20 - Circuito que gera o pulso inicial para a corrente de base.

A Figura A.20a mostra o resistor de base Rb que permite o uso de tensões mais elevadas em Vcc (como vimos no item A.1.1). Supondo o capacitor C inicialmente descarregado, e sem o resistor Rb, ao ligarmos a chave CH1 a corrente que flui pelo resistor é dada por:

$$Ib1 = \frac{VB - Vbesat}{R1} \qquad \text{Eq. A18}$$

Aos poucos, o capacitor se carrega com uma tensão igual à tensão no resistor R2. Isso equivale a dizer que não existe mais influência do capacitor C no circuito e neste caso, a corrente de base passa a ser dada por:

$$Ib2 = \frac{VB - Vbesat}{R1 + R2} \qquad \text{Eq. A.19}$$

Na Figura A.20b vemos o decaimento exponencial da corrente de base devido ao capacitor. As Equações A.18 e A.19 não levam em conta o resistor de base Rb. Por Rb passa uma corrente dada por:

$$Irb = \frac{Vbesat}{Rb} \qquad \text{Eq. A.20}$$

Assim, as Equações A.18 e A.19 são:

$$Ib1 = \frac{VB - Vcesat}{R1} - I_{Rb} \qquad \text{Eq. A.21a}$$

$$Ib2 = \frac{VB - Vcesat}{R1 + R2} - I_{Rb} \qquad \text{Eq. A.21b}$$

O valor do capacitor deve ser tal que seu tempo de atuação e o pico de corrente de base durante o Turn-on ocasionem um pico de corrente de coletor suficiente para colocar o transistor rapidamente na saturação.

Em alguns tipos de fontes chaveadas, alguns diodos ainda estão conduzindo corrente durante o Turn-on, e assim, funcionam como um curto-circuito momentâneo. Na Figura A.21, vemos um exemplo.

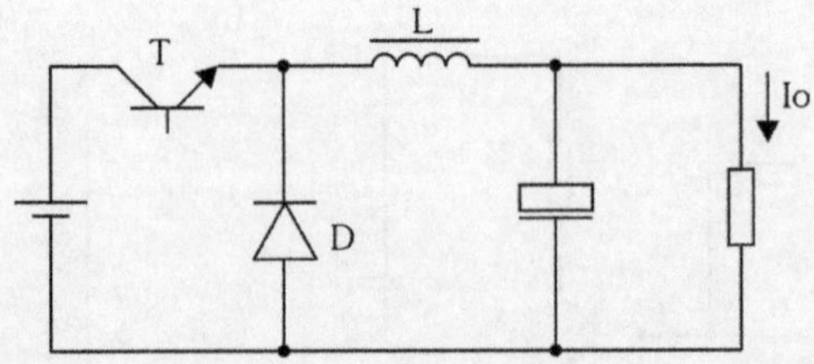

Figura A.21 - Fonte chaveada do tipo Buck.

Nos conversores Buck, o transistor corta e satura em uma frequência bem definida. Durante o corte do transistor, o diodo D é que conduz a corrente de carga Io. Quando o transistor satura, durante o Turn-on, o diodo permanece conduzindo durante um pequeno intervalo de tempo até ficar com tensão reversa. Esse tempo é conhecido por tempo de recuperação do diodo (t_{rr}). Em fontes chaveadas, usamos diodos com tempos de recuperação de 30 ns (ou menos) até 1 μs, dependendo da frequência de chaveamento.

Vimos até agora como devemos colocar um transistor na saturação. Vamos ver como tirá-lo rapidamente e com mínima dissipação de calor. A melhor maneira de minimizar a potência perdida durante o Turn-off é minimizar o tempo de transição da saturação para o corte. Esse tempo será mínimo se o transistor estiver na região ativa, ou seja, não está saturado.

Como desejamos trabalhar com o transistor saturado, parece impossível minimizar o Turn-off, no entanto podemos fazer o transistor trabalhar muito perto da saturação sem, contudo, saturá-lo. Um transistor excessivamente saturado possui muitas cargas armazenadas nas junções e daí sua maior lentidão em perder essas cargas. No circuito da Figura A.22, vemos uma maneira de evitar que o transistor sature sem armazenar muitas cargas.

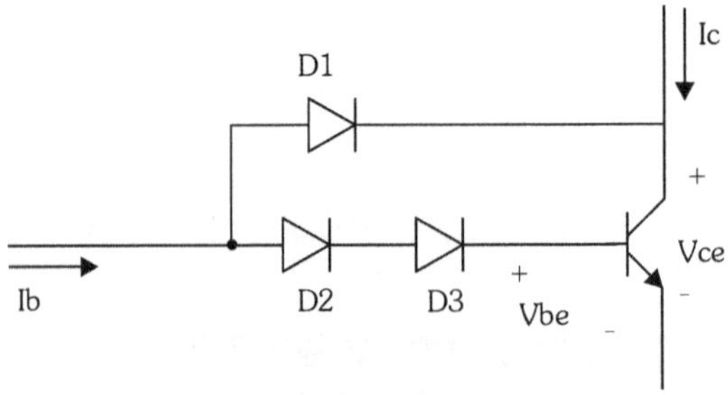

Figura A.22 - Circuito de polarização de base que minimiza t_f e t_s.

Os diodos D1, D2 e D3 obrigam o Vce do transistor a ter tensão tal que:

$$Vce = Vbe + Vf \qquad \text{Eq. A.22}$$

Sendo $$Vf = V_{D1} = V_{D2} = V_{D3}$$

Se a tensão Vce tender a diminuir de valor, o diodo D1 roubará corrente de base e no ponto de estabilidade, o transistor ficará apenas com a corrente de base suficiente para garantir a corrente de coletor. Isso ocorre se a corrente de base Ib for suficiente, ou seja:

$$Ib > \frac{Icmax}{h_{FE}} \qquad \text{Eq. A.23}$$

Pela Figura A.18b vemos que, polarizando reversamente a base, minimizaremos o Fall Time (t_f). Assim, o circuito da Figura A.23 incorpora um diodo D4, que é utilizado para colocar negativo, tanto a tensão Vbe como a corrente de base, quando ligado a V_{B2}. O capacitor C1 melhora o Turn-on e os resistores R1 e R2 limitam a corrente de base durante Turn-on:

$$Ib = \frac{V_{B1} - 2\,Vf - Vbe}{R1 + R2} \qquad \text{Eq. A.24a}$$

$$Ibpico = \frac{V_{B1} - Vbe}{R1} \qquad \text{Eq. A.24b}$$

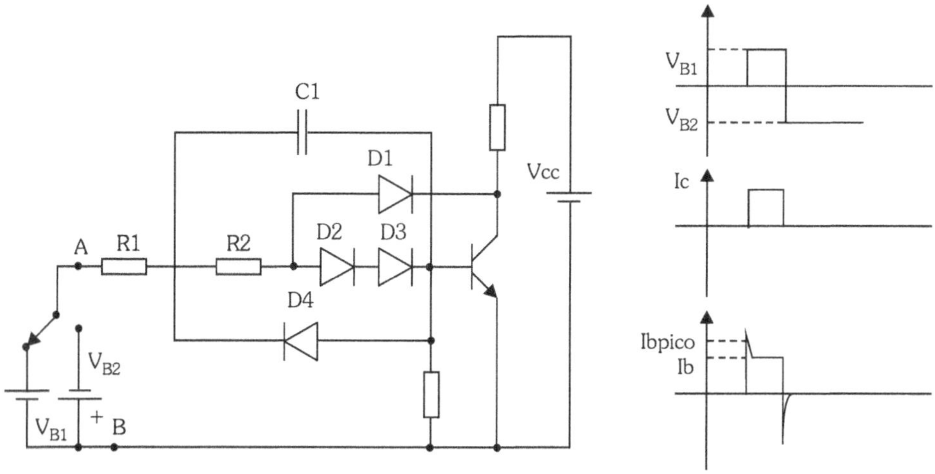

Figura A.23 - Circuito de Drive na base para rápida comutação e suas formas de onda característica.

Normalmente, utilizamos um transformador isolador para gerar a tensão V_{B1}, e aproveitamos sua corrente de desmagnetização para gerar corrente de base reversa, tal como na Figura A.24. Os pontos A e B da Figura A.24 podem ser ligados aos pontos A e B da Figura A.23 (retirando V_{B1} e V_{B2}).

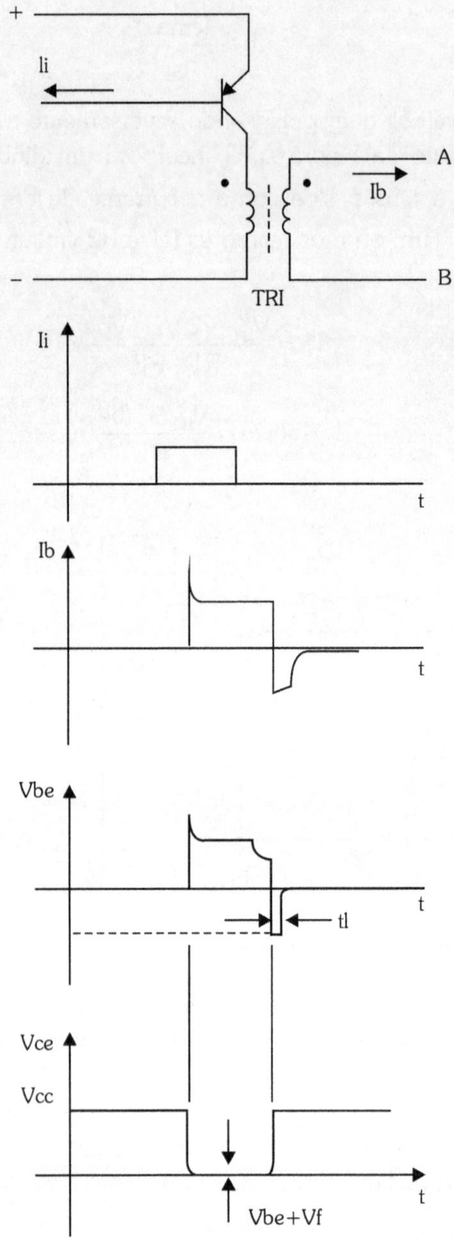

Figura A.24 - Circuito Drive da base com transformador.

O valor típico para t_s fica da ordem de 1 μS ou menos e o Fall Time fica minimizado pela polarização reversa de base. Durante um curto intervalo de tempo t1, a base fica com Vbe na tensão de Breakdown, o que leva a tensão Vce a Vcex, permitindo picos eventuais de tensão elevada (ocasionada, por exemplo, pela indutância de dispersão de um transformador ligado ao coletor).

Quando evitamos a saturação do transistor através do circuito da Figura A.23, também causamos um aumento na tensão Vce para garantir o controle da corrente de base. Esse aumento de tensão pode ser indesejável, se o transistor conduz alta corrente, pois acarreta um aumento de temperatura.

Como o processo básico é colocar na base corrente suficiente para garantir a saturação do transistor, devemos procurar um modo de tornar a corrente de base proporcional à corrente do coletor. Na Figura A.25 temos um circuito típico.

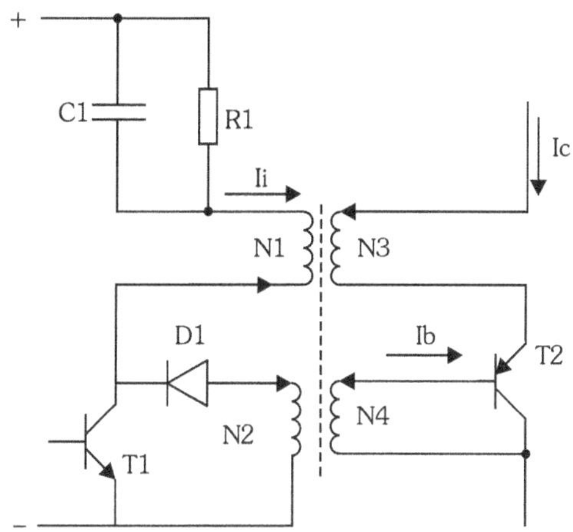

Figura A.25 - Drive de base com corrente de base proporcional à corrente de coletor.

Quando o transistor T1 satura, o enrolamento N1 deve armazenar uma energia igual a

$$E = \frac{1}{2} L\, Ii^2 \qquad \text{Eq. A.25}$$

O capacitor C1 fornece uma carga para corrente reversa de base e deve agir durante um tempo suficiente, para retirar as cargas armazenadas na base de T2 (do ciclo anterior). A energia deve ser armazenada durante o tempo de corte de T2 e, supondo o tempo mínimo Tm para atingir a energia Em, necessária para iniciar a corrente de coletor de T2, obteremos as seguintes equações:

Sabendo-se o h_{FE} de T2 e para máxima corrente de coletor, temos:

$$Ib = Icmax/h_{FE} \qquad \text{Eq. A.26}$$

A energia máxima para iniciar a corrente de coletor é:

$$E = \frac{1}{2} L4\, Ib^2 \qquad \text{Eq. A.27}$$

Sendo $$L4 = N4^2 AL \qquad \text{Eq. A.28}$$

A corrente Ib, fornecida pela energia armazenada no transformador, deve agir por um curto período de tempo, com a forma de onda de Ib fornecida pelo transformador, mostrada na Figura A.26:

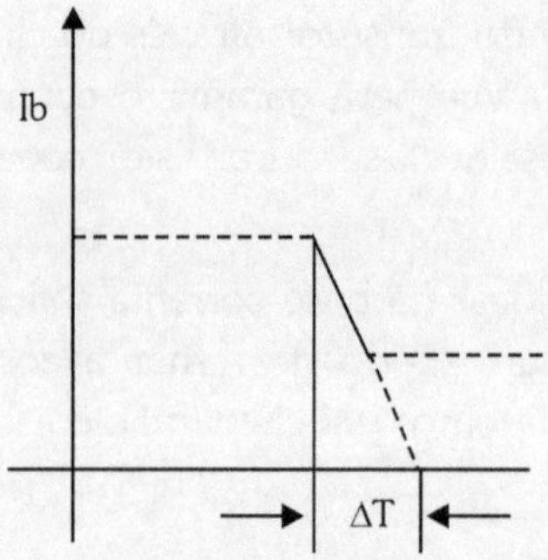

Figura A.26

A corrente Ib mostrada tracejada é a corrente passada para base através da transformação da corrente N3/N4. Assim, L4 deve ter valor dado por:

$$L4 = \frac{Vbe\ \Delta T}{Ib} \qquad \text{Eq. A.29}$$

E, eliminando L4 na Equação A.27, temos:

$$E = \frac{1}{2}\ Vbe\ Ib\ \Delta T \qquad \text{Eq. A.30}$$

Essa energia deve ser armazenada no núcleo pelo enrolamento N1 quando T1 satura. Assim, teremos:

$$L1 = \frac{2\ E\ R1^2}{Vcc^2} \qquad \text{Eq. A.31}$$

A relação de espiras entre N3 e N4 fornece a corrente de base, cuja proporcionalidade com a corrente de coletor é:

$$h_{FE} = \frac{Ic}{Ib} = \frac{N4}{N3} \qquad \text{Eq. A.32}$$

O enrolamento N2 deve possuir relação de espiras com N4 de tal modo que, quando T1 satura, N2 retira a tensão gerada por N4 para polarizar T2. Levando-se em consideração as tensões geradas por N1 e N4, N2 pode ser calculado por:

$$N2 < N1 + N4\frac{Vcc}{Vbe} \qquad \text{Eq. A.33}$$

Nesse circuito, como T2 efetivamente satura, o tempo de armazenamento será considerável, se forem tomados valores de Ic/Ib muito menores do que o h_{FE}, para toda a faixa de variação de Ic. A potência, perdida durante o Turn-off do transistor, deve ser retirada deste por meio de circuitos condutores da corrente, que passa no transistor. Esses circuitos são chamados de Snubber.

Outro circuito, cujo funcionamento mostra-se ideal como polarizador de base, é o mostrado na Figura A.27.

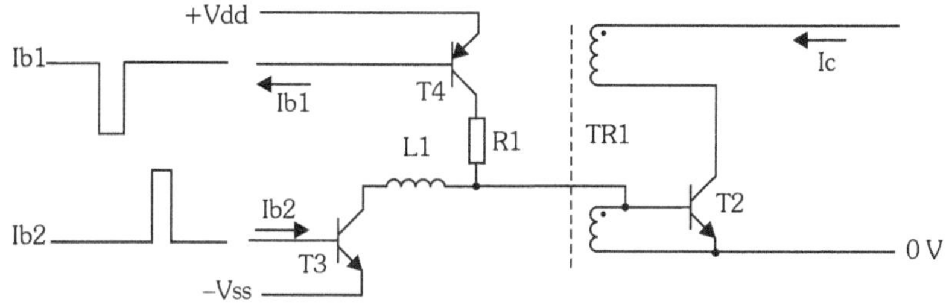

Figura A.27 - Circuito de Drive de base com correntes proporcionais e com pulsos de comando do Turn-on e Turn-off.

Esse circuito funciona com comandos individuais para Ton e Toff do transistor T2. Quando um pulso chega à base de T4, fazendo-o saturar, uma corrente flui por R1, fornecendo assim uma corrente inicial de base para T2. A partir dessa corrente, o transformador TR1 conduzirá, entregando uma corrente na base proporcional a Ic. Quando um pulso chega à base de T3, a corrente de base de T1 é retirada linearmente por meio de L1, fazendo T2 entrar no corte. Esse modo de retirar o transistor do corte aumenta o tempo de armazenamento, no entanto o Fall Time é minimizado. As tensões Vss e Vdd são auxiliares e devem ser referenciadas à tensão de 0 volt.

Um transistor também pode ser polarizado com corrente de base constante. Um circuito típico é mostrado na Figura A.28.

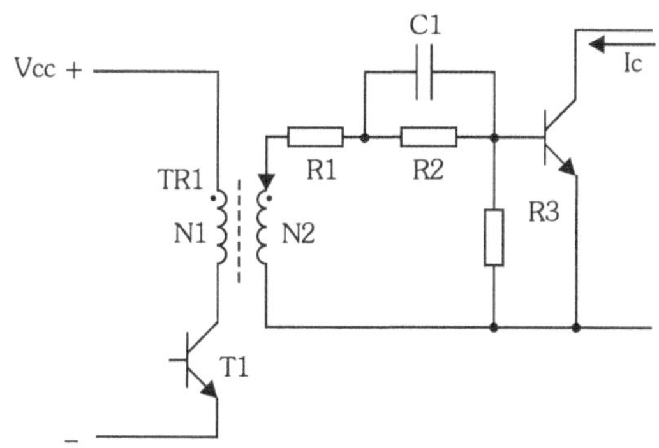

Figura A.28 - Circuito de Drive de base com corrente de base constante.

Quando T1 satura, a tensão Vcc é colocada no primário de TR1. A relação de espiras N2/N1 fornece uma tensão que aparece no secundário e polariza T2 com corrente de base constante dada por (veja a Figura A.29).

$$Ibpico = \frac{\frac{N2}{N1}Vcc - Vbe}{R1} \qquad \text{Eq. A.34}$$

$$Ib = \frac{\frac{N2}{N1}Vcc - Vbe}{R1 + R2} \qquad \text{Eq. 3.35}$$

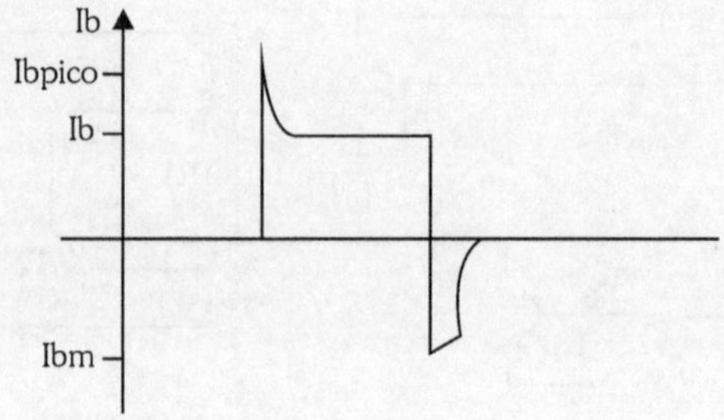

Figura A.29 - Forma de onda da corrente de base dada pelo circuito da Figura A.28.

A corrente negativa Ibm é gerada pela energia armazenada em TR1. Quanto maior a corrente reversa, menor será o tempo de armazenamento ts, mas tf pode ocasionar maiores perdas de potência durante o Turn-off. Entretanto, este circuito é simples e fácil de calcular. A corrente de desmagnetização de TR1 pode ser calculada por:

$$Ibm = \frac{Vcc\ \Delta T}{N1\ AL} \qquad \text{Eq. A.36}$$

sendo AL = fator de indutância do núcleo

N1 = número de espiras do primário

Vcc = alimentação de T1

ΔT = tempo de condução de T1

Deve-se tomar cuidado para não saturar TR1, ou seja (consulte o Apêndice B):

$$\frac{Vcc^2\ B^2}{2\ AL} < \frac{1}{2} N1\ AL \left(\frac{N2}{N1} Ibm \right)^2 \qquad \text{Eq. A.37}$$

Como a corrente de base é constante, variações na corrente de coletor ocasionam excesso de corrente de base que leva, normalmente, a aumentos do tempo de armazenamento (ts).

A.2 MOSFET

A.2.1 Características Gerais

O MOSFET de potência é um semicondutor com capacidade de controle de corrente, por meio de tensão aplicada entre seus terminais (Gate-Source). A Figura A.30 mostra a polarização típica do MOSFET (no exemplo - canal N).

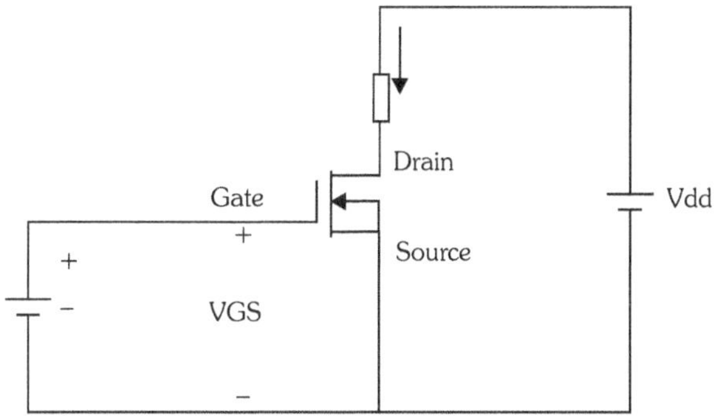

Figura A.30 - Polarização de um MOSFET.

Ao aplicarmos uma tensão entre Gate e Source, uma corrente entre Drain e Source passa a fluir no sentido mostrado na Figura A30. Como o Gate é isolado eletricamente do Source, nenhuma corrente flui pelo Gate (exceto uma pequena corrente de fuga da ordem de nanoamperes). Na Figura A.31, vemos as curvas típicas de corrente de Drain versus tensão Drain-Source (Vds) com variações, de Vgs (Gate-Source).

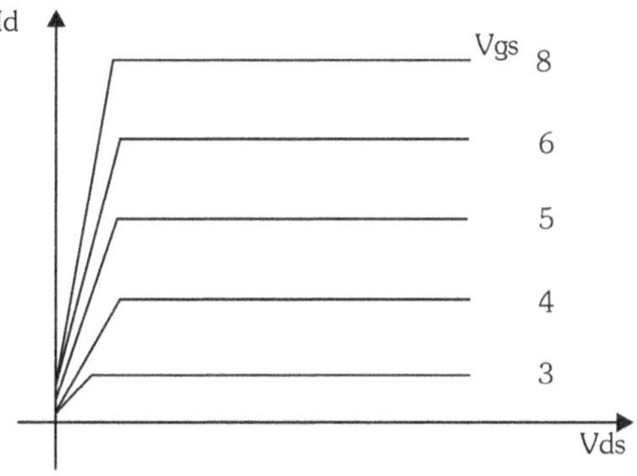

Figura A.31 - Curva Id x Vds em um MOSFET de potência.

Notamos pela Figura A.31 que os MOSFETs também possuem uma região de funcionamento linear (ou ativa) similar à dos transistores bipolares, Figura A.3, mas no caso dos MOSFETs, quem controla a corrente Drain-Source Id é a tensão entre Gate-Source Vgs. Notamos também uma região de funcionamento resistivo. Perto da tensão Vds $\approx$ 0, o MOSFET funciona como um resistor com valor Rds.

O valor de Rds mínimo é muito importante, pois representa a mínima perda de potência, quando o Fet conduz ($P = Rds \; Id^2$) na saturação. Rds mínimo é obtido para uma tensão Vgs tal que o MOSFET conduzirá a corrente Id máxima, especificada pelo fabricante. Como desejamos a mínima perda de potência no MOSFET, ao fazê-lo conduzir, devemos aplicar entre Gate e Source a tensão máxima VGS, suficiente para obtermos mínima tensão entre Vds (mínima Rds). Na Figura A.32, vemos a curva típica para Id x Vgs. Notamos que até uma certa tensão Vgs não temos corrente de Drain apreciável. A partir de certo valor Vgs, a corrente começa a aumentar com aumento de Vgs.

A curva da Figura A.33 representa a função de transferência de um MOSFET e é conhecida por transcondutância (gfs), dada por:

$$gfs = \frac{Id}{Vgs} \qquad \text{Eq. A.38}$$

Na Figura A.33, vemos uma curva típica de gfs x Id.

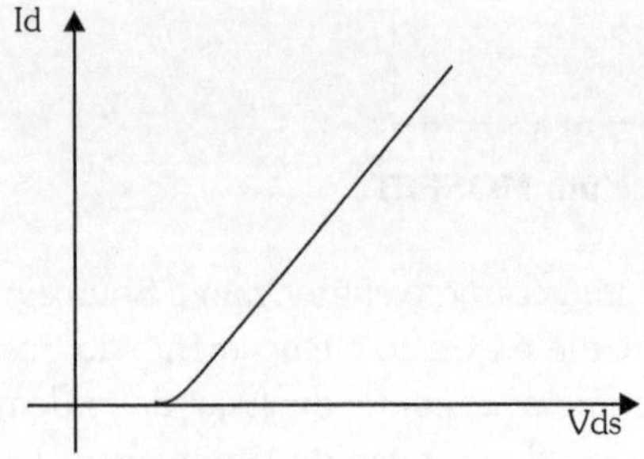

Figura A.32 - Curva Id x Vgs.

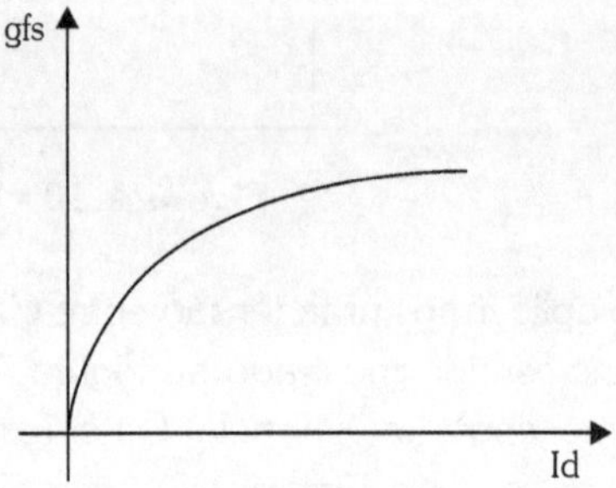

Figura A.33

Como visamos ao aproveitamento do MOSFET como elemento comutador, estamos interessados apenas na região de corte, na região resistiva e na potência máxima.

Do mesmo modo como vimos para transistores bipolares, a área de atuação de um MOSFET pode ser bem definida pela SOA (Safe Operating Area). Para os MOSFETs, não tem sentido a separação entre funcionamento diretamente polarizado (FBSOA) ou reversamente polarizado (RBSOA), assim, utilizarmos somente SOA. As curvas são semelhantes ao dos transistores bipolares.

Notamos que os MOSFETs não possuem o fenômeno do segundo Breakdown, como ocorre com os transistores bipolares, tendo somente como limite a potência máxima, a corrente máxima (Id) e a tensão máxima (Vds). A tensão máxima Vds especificada pelo fabricante não deve ser ultrapassada, pois o MOSFET entra na região de avalanche.

A não ocorrência de segundo Breakdown nos MOSFETs significa uma importante vantagem em relação aos transistores bipolares, pois eleva sua capacidade de corrente à alta tensão (Vds). No modo pulsado, os MOSFETs apresentam quase sempre uma corrente de pico duas vezes superior à corrente no modo contínuo (na curva SOA).

A.2.2 Características dos Tempos de Chaveamento em MOSFET

A utilização de MOSFETs em fontes chaveadas dá-se, normalmente, quando precisamos utilizar alta frequência de chaveamento, o que leva a tomar maiores cuidados quanto à montagem final dos componentes, um em relação ao outro. Se não tomarmos o cuidado de diminuir os comprimentos dos fios, indutâncias parasitas podem influir nos tempos de resposta do circuito, ocasionando maiores perdas de potência. Vamos verificar primeiramente como se comporta um MOSFET sem a influência das indutâncias parasitas.

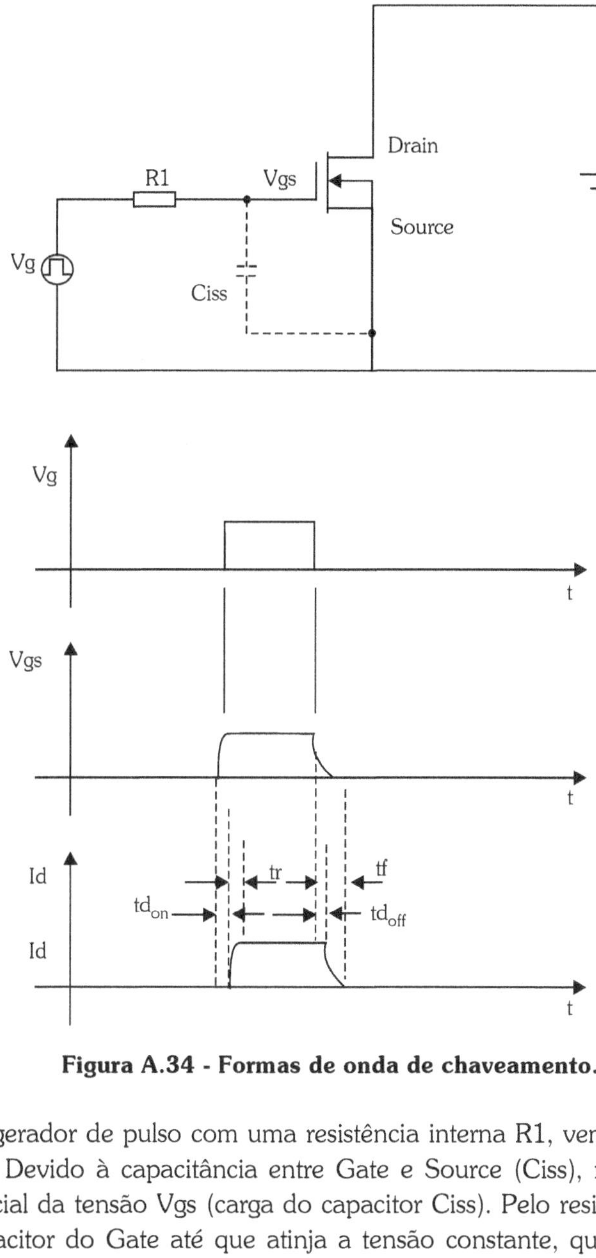

Figura A.34 - Formas de onda de chaveamento.

Supondo o gerador de pulso com uma resistência interna R1, vemos o pulso idealizado na Figura A.34. Devido à capacitância entre Gate e Source (Ciss), no Gate aparece uma subida exponencial da tensão Vgs (carga do capacitor Ciss). Pelo resistor R1 começa a fluir corrente no capacitor do Gate até que atinja a tensão constante, quando a tensão Vgs se estabiliza. O Delay Time (Td_{on}) é ocasionado pela pouca condução do MOSFET para baixas tensões de Gate (Vgs). O Rise Time (Tr) é diretamente proporcional ao produto R1 x Ciss.

Ao colocar a tensão Vg = 0, o capacitor Ciss começa a descarregar, ocasionando a queda da corrente Id após td_{off}, que é o tempo necessário para a tensão Vgs cair até um valor tal, que a corrente comece a ser proporcional a Vgs. A capacitância Ciss é interna ao MOSFET e por isso não existem meios de minimizá-la. Na Figura A.34, estamos supondo que não há variação de tensão Drain-Source. A influência de capacitância entre Drain e Gate é desprezível, mas quando existe uma carga no Drain, como é normal nas fontes chaveadas, duas outras capacitâncias são também importantes, sendo a capacitância entre Drain e Gate Crss e entre Drain e Source Coss. Na Figura A.35, vemos o circuito equivalente para analisarmos os tempos de chaveamentos do MOSFET. O capacitor Crss, que força em sentido contrário à tensão gerada por Vg, faz aumentar o Rise Time (tr) do circuito. Durante o corte do MOSFET, Crss tende a aumentar a tensão no MOSFET ocasionando td_{off} maior.

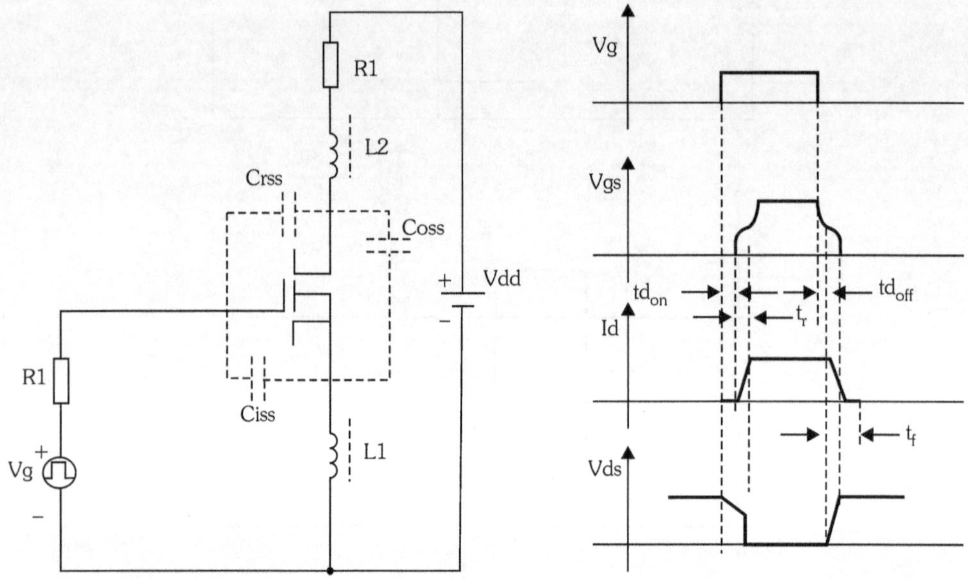

Figura A.35 - Circuito Drain e Source ocasionam aumento no Fall Time (t_f).

Se tivermos uma indutância parasita L1, como mostrado na Figura A.35, quando uma corrente começar a fluir por esse indutor, a tensão nele aumenta com mesmo sentido da tensão Vg, o que pode mascarar o aumento da tensão Vgs e assim aumentando t_r (VL = L di/dt).

A melhor forma de polarizar o Gate de um MOSFET para chaveamento rápido de corrente é utilizar um gerador de pulso com baixa impedância. Os tempos t_f, t_d e t_r fornecidos pelos fabricantes são, normalmente, para cargas resistivas no Drain conforme a Figura A.35.

Outra vantagem dos MOSFETs em relação aos transistores bipolares é a invariância com a temperatura sobre t_f, t_d e t_r. A transcondutância também não sofre sérios efeitos com a temperatura. Sua variação, para uma dada faixa de temperatura, chega a ser quatro vezes menor do que a variação do h_{FE} de um transistor, para a mesma faixa de temperatura. A resistência do MOSFET (Rdon) possui um coeficiente de temperatura positivo de aproximadamente 0,7%/°C, o que permite a utilização de MOSFETs em paralelo, sem o inconveniente de ultrapassar o limite de potência máxima (como pode acontecer com transistores bipolares que necessitam de resistores de emissor em cada transistor para equilibrar a corrente).

Outro parâmetro importante, para a correta polarização do Gate, é a tensão máxima que pode ser aplicada entre Gate e Source (Vgs). Se for ultrapassado o limite dado pelo fabricante (normalmente 20 volts), o MOSFET pode ser danificado irreversivelmente (assim como em todo componente CMOS).

A.2.3 Polarização de Gate

O melhor modo de polarização de um MOSFET para utilização com pulsos é empregando baixa impedância de saída no circuito gerador dos pulsos para o Gate. Um circuito típico está representado na Figura A.36.

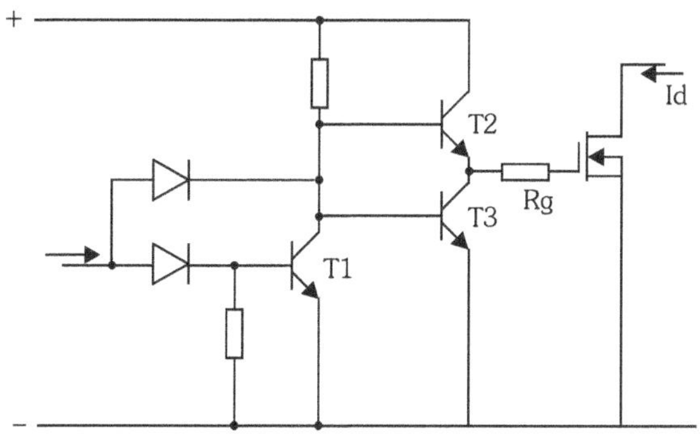

Figura A.36 - Circuito de polarização de Gate de um Fet.

O acionamento do Gate pelo emissor fornece baixa impedância, tornando mínimos os efeitos ocasionados por Crss e Ciss. Os transistores devem possuir grande capacidade de corrente para garantir a carga rápida (e descarga) de Ciss, sem sofrer influência de Crss. O transistor T1 deve incorporar circuitos antissaturação para aumentar sua velocidade. Tanto T1 quanto T2 e T3 devem possuir tempos de atuação melhores ou iguais aos tempos requeridos do MOSFET.

A.3 Diodos Retificadores

Os diodos usados em fontes chaveadas devem possuir, basicamente, duas características fundamentais, sendo baixa tensão direta (Vf) e baixo tempo de recuperação. A tensão direta (Forward Voltage VF) possui influência diretamente na eficiência de uma fonte chaveada, pois conduz a corrente de saída da fonte, e uma queda acentuada de tensão significa alta perda de potência no diodo retificador. A tensão direta típica para diodos Schottky e de 0,5 volt e para diodos de silício rápidos é 1 volt.

Notamos que o diodo que apresenta menor queda de tensão (Vf) é o Schottky, mas como sua tensão reversa é baixa, normalmente só é utilizado para fontes até 10 volts de saída (depende do tipo de conversor). O diodo Schottky deve sempre ser utilizado como retificador de saída em fontes de + 5 volts e alta corrente de saída.

O tempo de recuperação (trr) de um diodo é originado pelas cargas armazenadas na junção e acarreta a condução do diodo em um curto período de tempo, com corrente reversa no diodo.

Quando utilizarmos MOSFET, a escolha do diodo é fundamental para o correto funcionamento do circuito, pois os tempos de chaveamento são bastante reduzidos (tf e tr). Os tempos de recuperação encontrados, quando os diodos funcionam nas fontes chaveadas, podem ser bem diferentes dos fornecidos pelo fabricante, porque as condições de teste e funcionamento são bem diferentes. No entanto, é um parâmetro que pode nos dar ideia comparativa entre vários diodos. A velocidade da corrente que retira a carga armazenada no diodo, possui influência direta sobre o tempo de recuperação (trr) e do pico reverso de corrente.

A.4 IGBT

O IGBT (Insulated Gate Bipolar Transistor) possui características do MOSFET e do transistor bipolar. Sua impedância de entrada é alta (MOSFET) e sua saturação é similar à dos transistores bipolares. Na Figura A.37 vemos a característica Id x Vds para o IGBT.

Os tempos de chaveamento do IGBT atuais são da ordem de 100 nanossegundos, o que permite comutação em frequências da ordem de 150 kHz. Existem IGBT que podem comutar correntes da ordem de 1000 amperes. A tensão máxima do IGBT é cerca de 1000 volts.

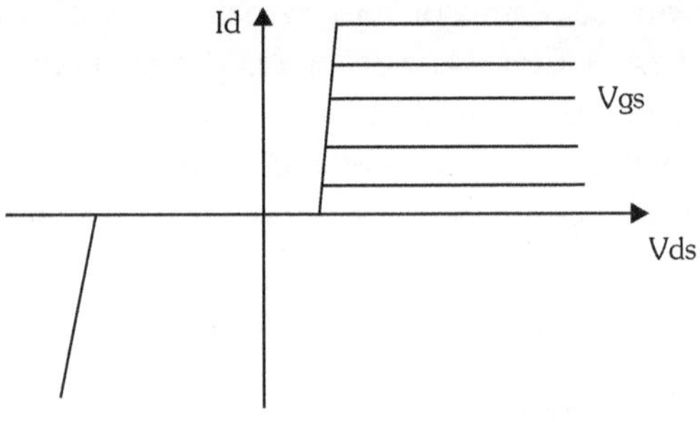

Figura A.37 - Característica v-i do IGBT.

O IGBT possui uma corrente máxima que não deve ser ultrapassada e se isso ocorrer, não conseguiremos colocá-lo novamente na condição de corte retirando sua tensão de Gate. A corrente flui pelo dreno sem controle e pode danificar o componente. Esse fato é conhecido por LatchUp e pode ser explicado vendo-se a Figura A.38. Este é um modelo interno do IGBT e podemos verificar que devido ao resistor Rx, se a corrente que passa por Rx for tal que o transistor T3 conduza (T3 e T2 formam um tiristor), T2 permanece conduzindo e não podemos controlar seu corte por meio de T1. T2 só deixa de conduzir se a corrente de Dreno cair abaixo de um valor tal que T3 deixe de conduzir.

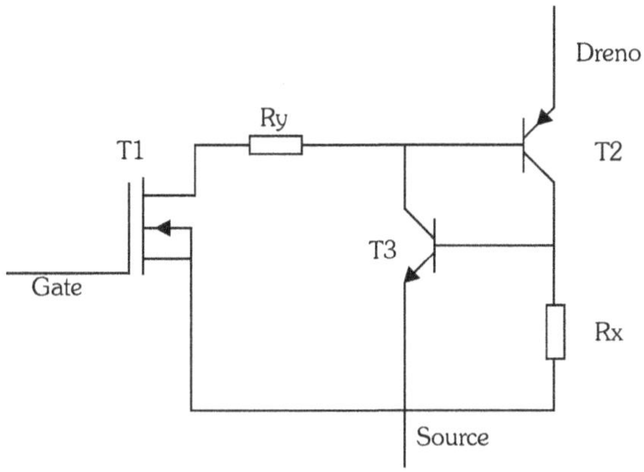

Figura A.38 - Modelo do IGBT.

Anotações

Indutores e Transformadores

O cálculo de indutores e transformadores é fundamental para o correto funcionamento de fontes chaveadas. Neste apêndice, abordamos de maneira simples, mas objetiva, a teoria e os métodos para projetar indutores e transformadores, que se apliquem em fontes chaveadas. Inicialmente vamos recordar alguns conceitos de magnetismo.

B.1 Magnetismo

Ao aplicarmos uma corrente elétrica de intensidade I em um fio condutor de comprimento infinito, teremos em volta deste um fluxo magnético, conforme mostra a Figura B.1.

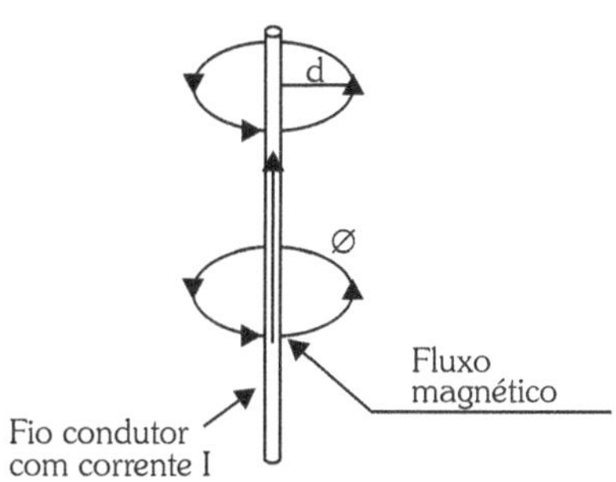

Figura B.1 - Fluxo magnético em torno de um fio, flui uma corrente I.

O fluxo magnético é formado por linhas de força contínuas, ou seja, não possuem início nem fim, assim, são sempre loops fechados. Essas linhas de fluxo magnético, quando passam por uma determinada superfície, podem estar concentradas ou dispersas e, assim, definimos a densidade de fluxo magnético B por:

$$B = \frac{\phi}{S} \qquad \text{Eq. B.1}$$

em que ϕ = quantidade de fluxo magnético que passa pela área S (Weber)

B = densidade de fluxo magnético (Tesla)

A Equação B.1 só é válida para linhas de força perpendiculares à área S. A expressão correta relaciona B e S por meio de uma integral de superfície, da seguinte forma:

$$\varphi = \oint_S \vec{B} \cdot d\vec{s} \quad \text{Eq. B.2}$$

em que B = vetor densidade de campo magnético

ds = vetor com direção normal ao elemento de superfície, com valor igual à área de ds

Podemos visualizar a integral da Equação B.2 pela Figura B.2.

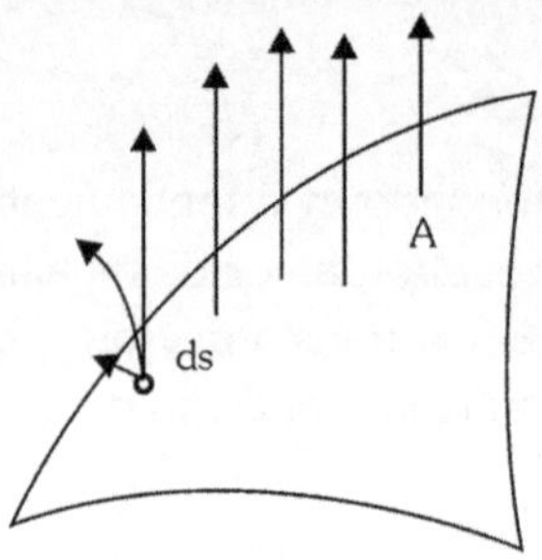

Figura B.2 - Visualização da Equação B.2 - Lei de Gauss.

A direção de B e a corrente I no fio da Figura B.1 estão relacionadas, por convenção, à direção indicada na Figura B.3. Um bom mnemônico para memorizar sua direção é a regra da mão direita, Figura B.3.

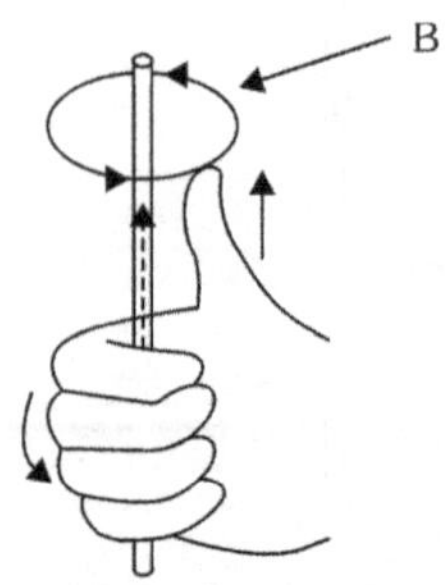

Figura B.3 - Regra da mão direita.

Devido à natureza contínua do fluxo magnético, se imaginarmos qualquer volume fechado, o número de linhas de fluxo magnético que entra no volume fechado é igual ao número de linhas que sai. Matematicamente, podemos escrever que:

$$\oint_S \vec{B} \cdot d\vec{s} = 0 \quad \text{Eq. B.3}$$

ou seja, a integral de superfície de B em uma superfície fechada é igual a zero. Isso confere natureza contínua às linhas de fluxo magnético. Esta equação é conhecida como *lei de Gauss* para campo magnético. Voltando à Figura B.1, a intensidade da densidade de fluxo magnético B a uma distância d do fio é dada por:

$$B = \frac{\mu\, I}{2\,\pi\, d} \qquad \text{Eq. B.4}$$

sendo μ = permeabilidade do meio

I = corrente que passa pelo fio

d = distância d do ponto ao fio

Se agora integrarmos B em um caminho circular de comprimento ℓ (raio d), em volta do fio, obtemos (Figura B.4):

$$\oint B \cdot d\ell = \frac{\mu\, I}{2\,\pi\, d} \oint d\ell = \mu\, I \qquad \text{Eq. B.5}$$

A permeabilidade μ é uma constante que depende do meio em que se encontra o fluxo magnético. Para eliminar μ da Equação B.5, definimos o campo magnético H por:

$$H = \frac{B}{\mu} \qquad \text{Eq. B.6}$$

A Equação B.5 pode, então, ser escrita por:

$$\oint H \cdot d\ell = I \qquad \text{Eq. B.7}$$

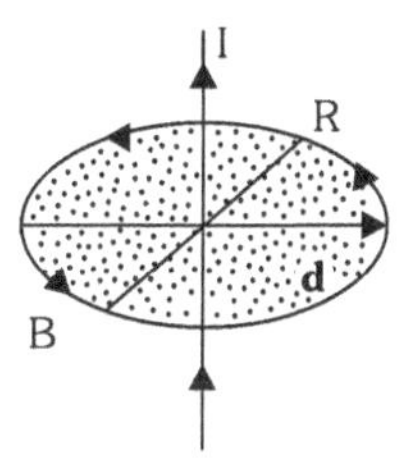

Figura B.4 - Figura para cálculo da Equação B.5.

A Equação B.7 é conhecida por lei de Ampere, e se tivermos N espiras conduzindo corrente I, a equação toma forma mais geral:

$$\oint H \cdot d\ell = N\, I \qquad \text{Eq. B.8}$$

Na Equação B.8, só a corrente interna ao caminho percorrido por dℓ deve ser levada em conta. Vamos supor agora que o fio de comprimento infinito, da Figura B.1, seja enrolado em um tubo cilíndrico, de comprimento ℓ e raio R, com N voltas, Figura B.5. Pode ser mostrado que o campo B, no centro do cilindro, é dado por:

$$B = \frac{\mu N I}{\sqrt{4R^2 + \ell^2}} \qquad \text{Eq. B.9}$$

Esse tipo de construção é chamado solenoide.

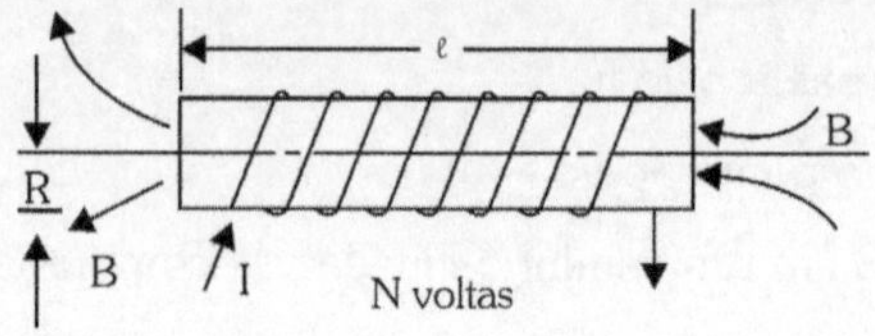

Figura B.5 - Construção de um solenoide.

Também pode ser mostrado que o campo B, nas extremidades do solenoide (no eixo), é dado por:

$$B = \frac{\mu N I}{2\sqrt{R^2 + \ell^2}} \qquad \text{Eq. B.10}$$

Se fizermos L>>R, as Equações B.9 e B.10 reduzem-se respectivamente a:

$$B = \frac{\mu N I}{\ell} \qquad \text{Eq. B.11a}$$

$$B = \frac{1}{2}\frac{\mu N I}{\ell} \qquad \text{Eq. B.11b}$$

Vemos assim, que o campo B nos extremos do solenoide (no eixo) é metade do valor do campo no centro do solenoide As linhas de campo, que estão fora do solenoide, tendem a se espalhar fazendo com que o campo B, dentro do solenoide, seja muito maior do que o campo externo. Um modo de concentrarmos todas as linhas de um campo de um solenoide é colocar suas extremidades unidas, como na Figura B.6. A isso damos o nome de toroide.

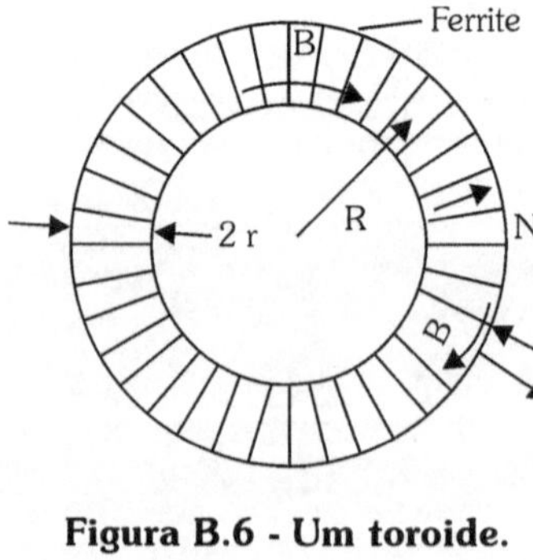

Figura B.6 - Um toroide.

Para um toroide, o campo B interno é dado por (se R>>r, sendo r o raio interno do toroide):

$$B = \frac{\mu N I}{2 \pi R} \quad \text{Eq. B.12}$$

Para o vácuo, μ é constante e igual a

$$\mu_0 = 4.\pi.10^{-7} \ \text{H/m}$$

Se no toroide da Figura B.6 o núcleo for construído com material ferromagnético, vamos notar que, para conseguirmos o mesmo campo B, teremos de diminuir o número de espiras ou a corrente I. Isso ocorre porque em um material ferromagnético, há um aumento de B devido à magnetização do material. Assim, podemos relacionar B, H e M por:

$$B = \mu_0 (H + M) \quad \text{Eq. B.13}$$

sendo M = magnetização do meio

Definimos a permeabilidade relativa (μ_r) do meio por:

$$\mu_r = 1 + \frac{M}{H} \quad \text{Eq. B.14}$$

e assim,

$$\mu = \mu_0 \ \mu_r \quad \text{Eq. B.15}$$

M e H são vetores com mesma direção, para um meio isotrópico como os materiais ferromagnéticos, o ar, o vácuo etc. Para alguns cristais não isotrópicos, M e H não estão na mesma direção e assim μ_r é um vetor.

Com relação à permeabilidade, os materiais podem ser divididos em três tipos, sendo paramagnéticos, diamagnéticos e ferromagnéticos.

Nos materiais diamagnéticos, a permeabilidade relativa é pouco menor do que 1. Nos paramagnéticos, é ligeiramente maior do que 1 e, nos ferromagnéticos, é muito maior do que 1.

A tabela seguinte mostra exemplos de alguns materiais:

Tabela B.1

Material	Tipo	μ_r
Prata	Diamagnético	0,99998
Cobre	Diamagnético	0,999991
Vácuo	Não magnético	1
Ar	Paramagnético	1,0000004
Alumínio	Paramagnético	1,00002
Cobalto	Ferromagnético	250
Ferroxcube	Ferromagnético	250
Ferro	Ferromagnético	5000
Ferrosilício	Ferromagnético	7000
Permaloy	Ferromagnético	100.000

Nos materiais diamagnéticos e paramagnéticos, a permeabilidade é constante e independente da intensidade do campo magnético aplicado. Nos materiais ferromagnéticos, a permeabilidade varia com o material e com a intensidade do campo magnético aplicado. A variação de μ_r para um certo material pode ser vista traçando a curva B x H e como $\mu_r = \dfrac{B}{\mu_0 H}$, obtemos a curva de μ_r x H da Figura B.7b.

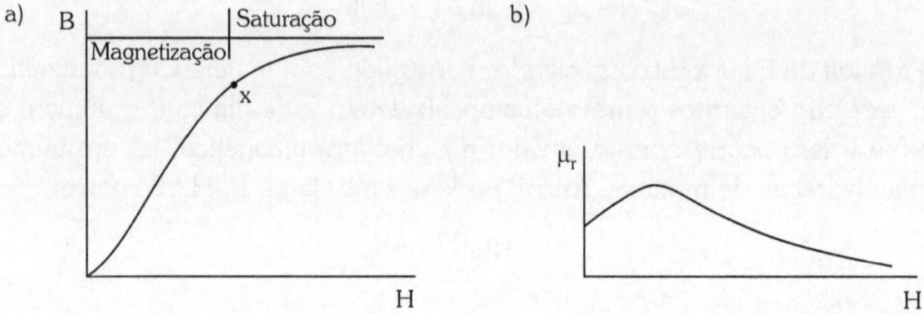

Figura B.7 - Curvas B x H e μ_r x H para um material ferromagnético.

Pela Figura B.7a, vemos que, até o ponto x, a magnetização é feita quase que linearmente e com fácil magnetização do núcleo. A partir do ponto x, aumentos em H não acarretam aumentos significativos em B. Dizemos então que o material está entrando na região de saturação. Na região de saturação, a permeabilidade decresce até μ_0 ($\mu_r = 1$). A curva vista na Figura B.7a é dita curva de magnetização inicial, pois o material está inicialmente com B = 0. Quando aplicamos um campo H que varia nos dois sentidos do eixo, ou seja, o campo aplicado inicialmente possui uma direção e depois inverte de sentido, obtemos a curva da Figura B.8, que é conhecida como Loop de Histerese.

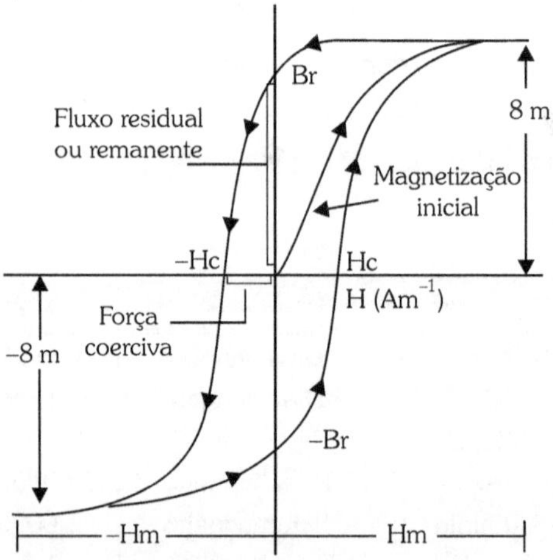

Figura B.8 - Loop de Histerese em um material ferromagnético.

Quando magnetizamos o núcleo até a saturação e depois começamos a diminuir o campo H até zero, notamos que (quando H = 0) a densidade do fluxo magnético B não é zero. Chamamos esse fluxo de residual ou remanente (Br). Para reduzirmos o campo B a zero, temos de aplicar um campo H de polaridade oposta até Hc, Figura B.8. A esse campo Hc é dado o nome de força coerciva. Existem materiais ferromagnéticos que são facilmente magnetizáveis e são conhecidos como núcleos moles. Na Figura B.9, vemos uma comparação entre núcleos moles e duros.

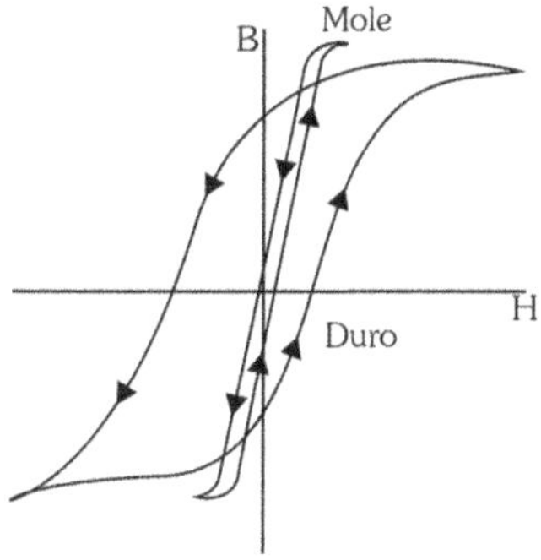

Figura B.9 - Loop de histerese para núcleos moles e duros (comparação).

Ao magnetizarmos um núcleo ferromagnético e retirarmos o campo H, o campo remanente Br significa que o núcleo armazenou energia, pois algum trabalho foi feito para deixá-lo magnetizado. A energia magnética armazenada em um material, quando magnetizado com condições iniciais nulas, é dada por:

$$E = Ve \int_{0}^{B} H \; dB \qquad \text{Eq. B.16}$$

sendo Ve = volume efetivo de material magnético magnetizado

A Figura B.10 mostra que a área hachurada representa a densidade de energia por volume. Quando retornamos H até zero, uma parte de energia fica armazenada no material, como vemos na Figura B.11.

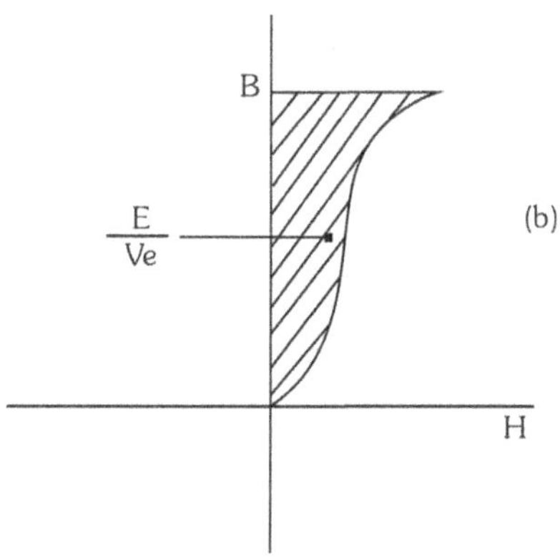

Figura B.10 - Energia armazenada durante magnetização.

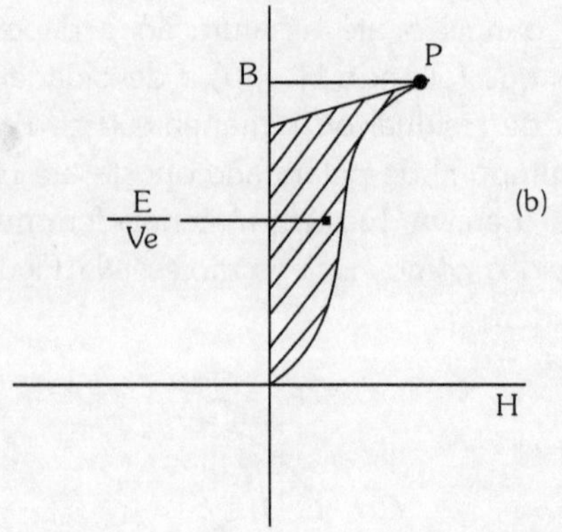

Figura B.11 - Energia armazenada em um material ferromagnético.

Quando o campo H excursiona nos dois quadrantes, a energia no núcleo é igual à área interna na curva de histerese. Obviamente, essa energia é transformada em calor e representa perda de potência. Na Figura B.12, vemos curvas que relacionam a densidade de potência (perdida) por volume (mw/cm³), contra a densidade de fluxo B para várias frequências.

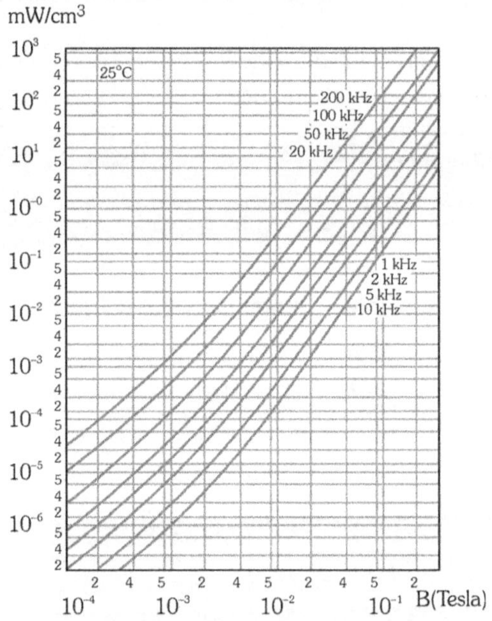

Figura B.12 - Perdas de potência por histerese para material 3C8 (ferrite).

Os materiais usados em transformadores e indutores para fontes chaveadas são, normalmente, ferrites. Esses materiais possuem baixas perdas de potência em altas frequências, baixa condutividade elétrica e, devido à sua estrutura cristalina, a magnetização é aproximadamente um quarto da magnetização obtida com núcleos de ferrossilício, mas são largamente utilizados em transformadores e indutores em altas frequências.

B.2 Indutores

Indutores são dispositivos capazes de armazenar energia magnética. Qualquer dispositivo que produza um campo magnético pela aplicação de uma corrente elétrica é um indutor. Em circuitos elétricos, os indutores são caracterizados por uma indutância L que se relaciona à tensão e corrente neste por:

$$v = L\frac{di}{dt} \qquad \text{Eq. B.17}$$

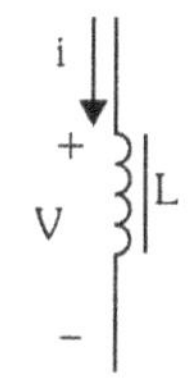

Figura B.13 - Símbolo do indutor.

A indutância é definida por:

$$L = \frac{\phi}{i} \qquad \text{Eq. B.18}$$

sendo ϕ = fluxo magnético gerado pela corrente i

Em um toroide com N espiras, o fluxo é dado por (veja a Figura B.6 e Eq. B.2):

$$\phi = N\,B\,A$$

A indutância de um toroide é:

$$L = \frac{\mu\,N^2\,r}{2R} \qquad \text{Eq. B.19}$$

ou

$$L = \frac{\mu\,N^2\,A}{\ell} \qquad \text{Eq. B.20}$$

sendo A = área transversal do toroide

ℓ = comprimento médio do toroide (caminho magnético)

A Equação B.20 pressupõe que o fluxo magnético está totalmente confinado ao interior do toroide e, com isso, a indutância varia diretamente com a permeabilidade do material do núcleo toroidal. Como $\mu A / \ell$ é constante para um determinado núcleo, é conhecido como fator de indutância AL. Assim:

$$AL = \frac{\mu\,A}{\ell} \qquad \text{Eq. B.21}$$

O AL fornecido pelos fabricantes de ferrites está em nano-henrys por espiras ao quadrado. A indutância pode então ser escrita por:

$$L = AL\, N^2 \qquad \text{Eq. B.22}$$

A Equação B.22 vale não só para toroides como também para qualquer tipo de núcleo de ferrite. Existem vários tipos de núcleos, tais como POTE, Rm, X, C, EI, EE etc. Pela Equação B.21, vemos que o AL depende dos parâmetros físicos do núcleo, ou seja, sua área efetiva (Ae) e caminho magnético efetivo (ℓ). Se definimos para qualquer tipo de núcleo Ae e ℓ , podemos supor que existe um toroide equivalente e cujo AL será idêntico ao desse núcleo com

$$AL = \mu_0\, \mu_r \frac{A}{\ell} \qquad \text{Eq. B.23}$$

Os fabricantes de ferrites fornecem o AL dos diversos tipos de núcleos, bem como o comprimento do caminho magnético efetivo ℓ_e , a área efetiva Ae e o volume efetivo Ve.

Quando um campo H constante e outro alternado de baixa intensidade são aplicados em um núcleo, a permeabilidade é conhecida como reversível (μ_{rev}) e é dada por (veja a Figura B.14):

$$\mu_{rev} = \lim_{\Delta H \to 0} \left[\frac{\Delta B}{\Delta H} \right]_{H=H_1} \qquad \text{Eq. B.24}$$

Pela definição anterior, o μ_{rev} é igual à tangente da curva BxH quando $H = H_1$.

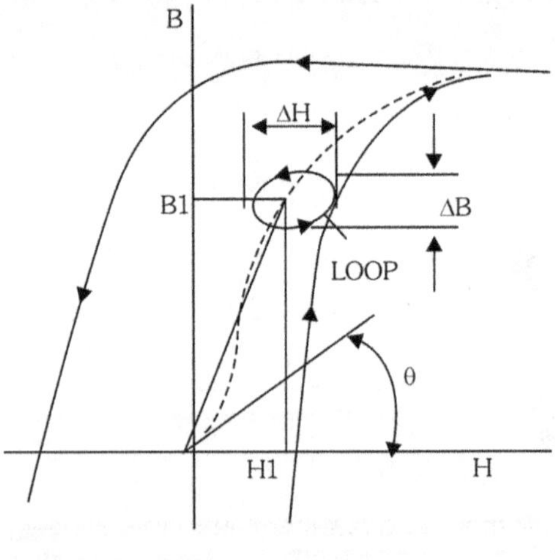

Figura B.14 - Caracterização de μ_{rev} e μ_i.

A permeabilidade reversível, quando medida sem polarização, ou seja, H1 = 0, é conhecida como permeabilidade inicial μ_i e é dada por:

$$\mu_i = \lim_{\Delta H \to 0} \left[\frac{\Delta B}{\Delta H} \right]_{H=0} = \tan g(\theta) \qquad \text{Eq. B.25}$$

Verificamos, então, que a permeabilidade varia com o campo H, Figura B.7b, e como em fontes chaveadas os indutores de filtragem conduzem corrente contínua que pode variar conforme a carga de saída, o valor da indutância será difícil de ser previsto, a menos que tenhamos os valores de μ_{rev} para toda a faixa de variação do campo H. No entanto, existe um modo fácil de conseguir permeabilidade constante em toda faixa de variação de H (de H = 0 até valores próximos da saturação). Com a introdução de um entreferro (Gap), a curva de magnetização se torna uma linha reta até perto da saturação, mas com o inconveniente de causar uma diminuição na permeabilidade, Figura B.15.

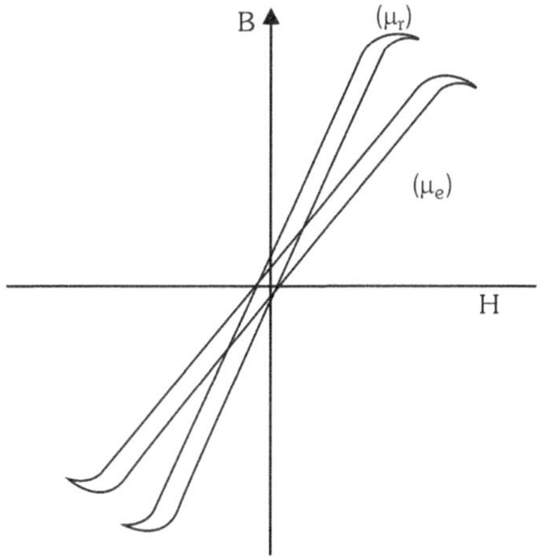

Figura B.15 - Magnetização com e sem entreferro.

Com entreferro, a permeabilidade reversível é constante para todo campo H (até o núcleo entrar na saturação) e conhecida como permeabilidade efetiva (μ_e) e é dada por (inclinação da curva BxH):

$$\mu_e = \frac{\mu_r \ell_e}{\ell_e + \ell_g (\mu_r - 1)} \qquad \text{Eq. B.26}$$

Vemos que, se a permeabilidade relativa do núcleo for 1 (vácuo), não existe efeito de entreferro, pois não existe material ferromagnético. Se μ_r for muito maior que ℓ_e / ℓ_g podemos simplificar a Equação B.26 para:

$$\mu_e \cong \frac{\ell_e}{\ell_g} \qquad \text{Eq. B.27}$$

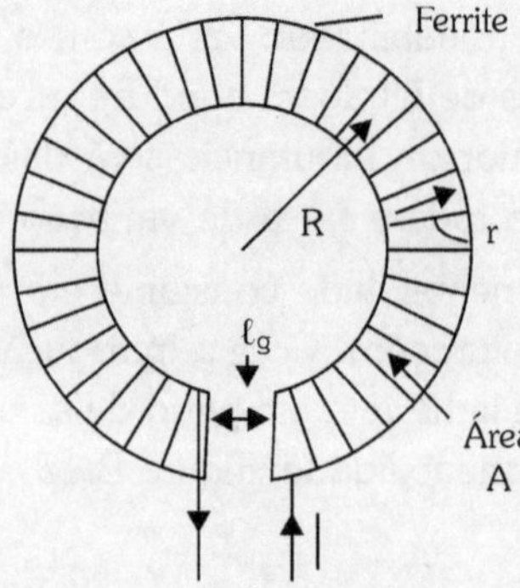

Figura B.16 - Toroide com entreferro.

Aplicando a Equação B.8 ao toroide da Figura B.16, temos:

$$\oint H\, d\ell = N\ I$$

$$H\ \ell_g + H\ \left(\ell_e - \ell_g\right) = N\ I$$

Supondo

$$\ell_e >> \ell_g$$

$$H\ \ell_g + H\ \ell_e = N\ I$$

substituindo

$$H = \frac{B}{\mu}$$

$$\frac{B}{\mu_0}\ell_g + \frac{B}{\mu_0\ \mu_r}\ell_e = N\ I \qquad \text{Eq. B.28}$$

Se o μ_r do material for muito alto (maior que 100, por exemplo), podemos simplificar a Equação B.28 por:

$$\frac{B\ \ell_g}{\mu_0} \cong N\ I \qquad \text{Eq. B.29}$$

Isso mostra que o campo H é o mesmo em todo o toroide, mas a densidade de fluxo está concentrada no ar (entreferro). Assim, existe muito mais energia armazenada no entreferro do que no material magnético. Usando a Equação B.16, obtemos:

$$E = Ve \int_0^B H\ \ dB$$

$$E = \frac{1}{2} Ve\ \ H\ \ B$$

$$H = \frac{B}{\mu_0\ \mu_r}$$

Logo,

$$E = \frac{Ve B}{2\,\mu_0\ \mu_r} \qquad \text{Eq. B.30}$$

Eliminando $\mu_0 \mu_r$ da Equação B.30, por meio da Equação B.23, obtemos:

$$E = \frac{Ae^2 B^2}{2\,AL} \qquad \text{Eq. B.31}$$

O valor da densidade de campo B a ser utilizado na Equação B.31 não deve ser o valor de B na saturação e sim um valor tal que variações de temperatura e o campo Hmax aplicado mantenham μ_e ainda constante, Figura B.15. A variação de Bsat (B na saturação) com a temperatura pode ser vista na Figura B.17 (para material 3C8). Esse material possui poucas perdas em função da frequência e permite utilização com alto Bmax, sendo, então, muito utilizado em transformadores e indutores em fontes chaveadas.

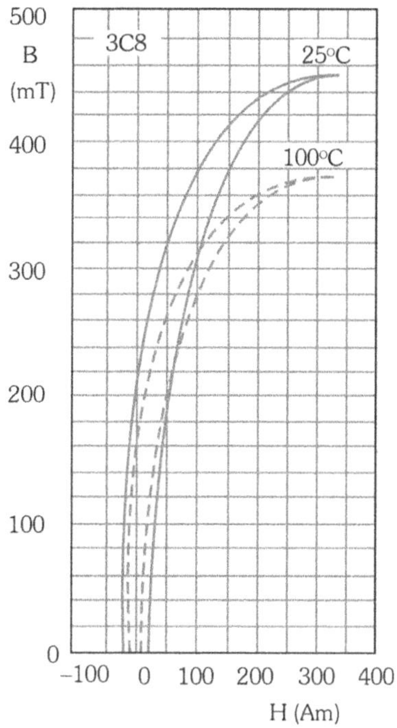

Figura B.17 - Curva de histerese para material 3C8.

Supondo uma temperatura máxima no núcleo de 100°C, o Bmax utilizável deve ser de 200 mT. Se o núcleo utilizar entreferro, esse valor pode ser mais alto devido à inclinação da curva de magnetização. Um valor típico é 350 mT (miliTesla).

Quando passamos uma corrente em um indutor, a energia armazenada é dada por:

$$E = \frac{1}{2} L\, I^2 \qquad \text{Eq. B.32}$$

sendo $I = Idc + Iacpico$

A Equação B.31 só é válida se o núcleo magnético tiver entreferro.

Obviamente, a energia dada por B.32 não pode ser maior do que a energia capaz de ser armazenada no indutor, dada por B.31, e assim, igualando as duas equações, e como $L = AL\ N^2$, obtemos:

$$N = \frac{Ae\ Bmax}{I\ AL} \qquad \text{Eq. B.33}$$

Nesse ponto, vemos que é preciso definir que tipo e que tamanho de núcleo podemos usar para um projeto de indutor, com indutância L e energia E. O tamanho deve ser o mínimo possível. Esses dois parâmetros (L e E) são suficientes para definir um núcleo para o indutor (usados em fontes chaveadas). Eliminando AL da Equação B.33 por meio da Equação B.31 e em seguida eliminando E (energia) por B.32, encontramos:

$$N = \frac{L\,I}{Ae\,B} \qquad \text{Eq. B.34}$$

A Equação B.34 é básica, pois define o menor número de espiras necessárias para obter uma determinada indutância e neste caso, a corrente I é a corrente de pico máxima que passa pelo indutor. O valor de B é o valor máximo que pode ser usado para o núcleo escolhido. Podemos reescrever B.34 da seguinte forma:

$$N\min = \frac{L\ Ipico}{Ae\ Bmax} \qquad \text{Eq. B.35}$$

A densidade de corrente nos fios (J) é um parâmetro usado para dimensionar o aumento de temperatura ocasionada pela corrente nos fios. A corrente Irms que passa pelas N espiras está relacionada à área disponível para enrolar essas N espiras no núcleo. Chamando de Acu a área de cobre total dos fios, podemos escrever que:

$$N\ Irms = Acu\ J \qquad \text{Eq. B.36}$$

A área de cobre Acu, para ser enrolada dentro do núcleo escolhido, deve ser igual (ou menor) à área de janela do núcleo, e assim, fazendo Acu = Ku Aw e substituindo em B.36, obtemos:

$$Nmin\ Irms = Ku\ Aw\ J \qquad \text{Eq. B.37}$$

Eliminando Nmin nas Equações B.35 e B.37, encontramos:

$$Ae\ Aw = \frac{L\ Ipico\ Irms}{Ku\ Bmax\ J} \qquad \text{Eq. B.38}$$

O produto Ae Aw é conhecido por produto das áreas (A_P) e define o tamanho mínimo do núcleo que pode ser utilizado para construção de um indutor com indutância L e que conduz corrente Ipico e Irms. Em conversores CC/CC, as formas de ondas de corrente são triangulares ou trapezoidais, o que significa que para cada tipo de conversor devemos calcular o valor da corrente de pico e da corrente rms para condição de corrente máxima. Vamos supor que o acréscimo de temperatura no indutor se deve exclusivamente às perdas de potência nos fios (devido à sua resistência). Assim, o valor máximo de Bmax estará limitado ao valor próximo da saturação (estamos supondo que não existem perdas de potência relevantes devido ao núcleo magnético).

A densidade de corrente está relacionada ao A_P (Ae Aw) pela seguinte expressão:

$$J = Kj\ A_P^{-X} \quad \text{Eq. B.39}$$

Kj é uma constante empírica que depende do acréscimo de temperatura ΔT e x é uma constante que depende do formato do núcleo utilizado. Na Tabela B.2 vemos tabelados os valores de Kj e x para alguns tipos de núcleos.

Tabela B.2

Núcleo	**$K_J = K_T \Delta T^{0.5}$ ($20°C < \Delta T < 60°C$)**	**x**
POTE	$74{,}78 \cdot \Delta T^{0.5}$	0,17
EE	$63{,}35 \cdot \Delta T^{0.5}$	0,12
X	$56{,}72 \cdot \Delta T^{0.5}$	0,14
RM	$71{,}7 \cdot \Delta T^{0.5}$	0,13
EC	$71{,}7 \cdot \Delta T^{0.5}$	0,13
PQ	$71{,}7 \cdot \Delta T^{0.5}$	0,13

Eliminando J na equação B.38, obtemos:

$$A_P = \left[\frac{L\ \ Ipico\ \ Irms.10^4}{Ku\ \ Kj\ \ Bmax}\right]^{\frac{1}{1-X}} [cm^4] \quad \text{Eq. B.40}$$

O multiplicador 10^4 foi introduzido para fornecer resultado em cm^4. A indutância deve estar em henry, as correntes em amperes e o campo B em tesla. Para o cálculo de Ku devemos levar em conta o carretel em que serão enroladas as espiras e a área perdida com os isolantes. Com a Equação B.40 podemos calcular o tamanho do núcleo necessário para a construção do indutor.

Vamos supor agora que as perdas no núcleo de ferrite não são mais desprezíveis e que se somam às perdas nos fios. Vamos supor também que o acréscimo de temperatura gerado pelas perdas no núcleo é igual ao acréscimo de temperatura gerado pelas perdas de potência nos fios. Assim, se a variação total da temperatura for ΔT, a contribuição ao acréscimo de temperatura será $\Delta T/2$ para cada um. A Equação B.39 pode ser escrita da seguinte forma:

$$J = Kt \left(\frac{\Delta T}{2}\right)^{0.5} A_P^{-X} \quad \text{Eq. B.41}$$

Devemos calcular agora que variação ΔB acarreta a variação de temperatura $\Delta T/2$ no núcleo. Para isso, vamos usar algumas expressões empíricas que permitem, com boa precisão, obter o tamanho mínimo do núcleo. A perda de potência no núcleo devido à variação ΔB do campo magnético é dada por (equação obtida empiricamente em [44]):

$$Pc = \Delta B^{2.4}\left(Kh\,f + Ke\,f^2\right) \qquad \text{Eq. B.42}$$

sendo Kh = coeficiente de perdas por histerese ($\cong 4.10^{-5}$)

Ke = coeficiente de perdas por corrente Eddy ($\cong 4.10^{-10}$)

f = frequência de chaveamento

ΔB = variação pico a pico da densidade de campo B

O acréscimo de temperatura no núcleo devido às perdas no ferrite depende do volume do núcleo Ve e da resistência térmica R_T do núcleo e estão relacionados por:

$$\Delta T = Rt\ \ Ve\ \ Pc \qquad \text{Eq. B.43}$$

O volume do núcleo e a resistência térmica são relacionados com o Ap (empiricamente) por:

$$Rt \cong 23\ \ Ap^{-0,37}\ {}^\circ C/W \qquad \text{Eq. B.44}$$

$$Ve = 5,7\ \ Ap^{0,68}\ \ cm^3 \qquad \text{Eq. B.45}$$

Com as Equações B.42, B.43, B.44 e B.45 podemos calcular ΔB para uma dada variação de temperatura ΔT e encontramos:

$$\Delta B = \frac{\Delta T^{0,417}}{10,18\ \ Ap^{0,129}} \frac{1}{\left(Kh\,f + Ke\,f^2\right)^{0,417}} \qquad \text{Eq. B.46}$$

A Equação B.34 deve ser reescrita, levando em conta que agora temos uma variação de corrente ΔI que gera a variação ΔB do campo, e assim:

$$Nmin = \frac{L\ \ \Delta I}{\Delta B\ \ Ae} \qquad \text{Eq. B.47}$$

Eliminando N com B.47 e B.37, obtemos:

$$Aw\,Ae = A_P = \frac{L\ \ \Delta I\ \ Irms}{Ku\ \ J\ \ \Delta B} \qquad \text{Eq. B.48}$$

Com as Equações B.41 e B.46 eliminamos J e ΔB de B.48 e obtemos:

$$A_P = \left[\frac{L\ \ \Delta I\ \ Irms\ 10^4}{7,2\ \ Ku\ \ Kt}\right]^{\frac{1}{1-x-0,129}} \cdot \Delta T^{\frac{-0,917}{1-x-0,129}} \cdot \left(Kh\,f + Ke\,f^2\right)^{\frac{-1}{1-x-0,129}}\ \ cm^4 \qquad \text{Eq. B.49}$$

Com a Equação B.49 podemos encontrar o tamanho mínimo do núcleo que deve ser usado para construir o indutor. ΔT é a variação total da temperatura no indutor, supondo que metade do acréscimo de temperatura é devido às perdas no núcleo, e a outra metade é devido às perdas no cobre.

O fator de utilização da janela pode ser usado com valor 0,4, como uma boa aproximação. Ku é definido por:

$$Ku = \frac{\sum Ni \, Acu}{Aj} \qquad \text{Eq. B.50}$$

sendo $\sum Ni \, Acu$ = somatório dos produtos entre o número de espiras Ni e a área de ocupação dele

Aj = área total disponível na janela do núcleo

O ΔT é o acréscimo de temperatura esperado no indutor sem ventilação forçada. Na tabela de núcleos, fornecemos o Ap de diversos tipos de núcleos que podem ser utilizados como indutores e transformadores. Para indutores com alta energia, núcleos C de ferrossilício/grão-orientado podem ser viáveis, caso a variação de B não gere altas perdas, provocando aquecimento superior ao previsto. Agora, já podemos projetar um indutor, sendo dados:

1. indutância
2. corrente contínua máxima
3. corrente alternada máxima
4. frequência
5. material do núcleo
6. acréscimo de temperatura

Quanto maior o acréscimo de temperatura, maiores serão as perdas. Acréscimo de temperatura da ordem de 30°C é o aconselhável para componentes magnéticos usados em fontes chaveadas.

B.3 Transformadores

Em 1831, foi demonstrado por Michel Faraday a indução eletromagnética, estabelecendo que a tensão v induzida em N espiras de um indutor é igual à variação do fluxo total que corta essas espiras, em relação ao tempo. Matematicamente, podemos expressá-la por:

$$v = -\frac{d(N\phi)}{dt} \qquad \text{Eq. B.51}$$

sendo: v = variação de tensão em volts

N = número de espiras

ϕ = fluxo magnético

Dessa descoberta resultaram os motores elétricos, geradores de energia elétrica, os transformadores etc.

Os transformadores são componentes que servem para alterar a tensão, corrente ou impedância vistas por uma carga. Um transformador pode ser construído com um toroide de material ferromagnético e dois enrolamentos (N1 e N2 espiras) separados, sendo um dos enrolamentos conectados a um gerador de tensão alternada, como mostra a Figura B.18.

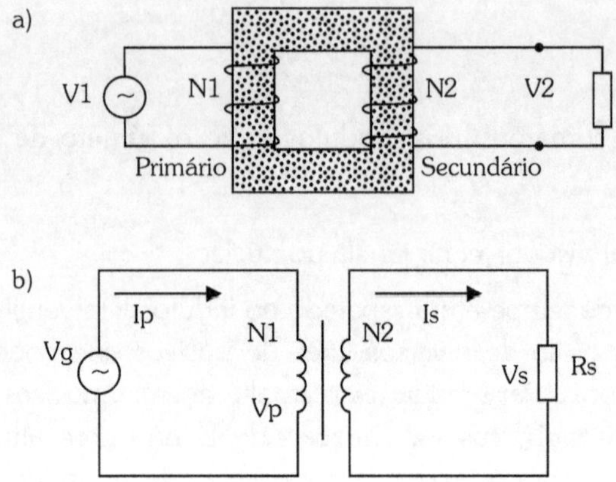

Figura B.18 - Transformador (a) - Circuito equivalente (b).

Vamos supor que a tensão alternada é senoidal, assim, utilizando a Equação B.1, o fluxo ϕ no toroide é:

$$\phi = B\ A = A\ Bm\ sen(w\ t)$$

sendo:

$$B = Bm\ sen(w\ t)$$

$$w = 2\ \pi\ f$$

Pela lei de Faraday

$$V2 = -\frac{d(N\ \phi)}{dt}$$

$$V2 = -N2\,A\frac{dB}{dt}$$

$$V2 = -N2\ A\ Bm\ w\ cos(w\ t)$$

O sinal negativo significa que a tensão possui sentido contrário ao fluxo magnético. O valor RMS da tensão será:

$$\sqrt{2}\ Vrms = 2\ \ \pi\ \ f\ \ A\ \ Bm\ \ N2$$

$$Vrms = 4{,}44\ \ f\ \ A\ \ Bm\ \ N2 \qquad \text{Eq. B.52}$$

Esta expressão relaciona os parâmetros principais para a construção de transformadores. Desta, podemos tirar a relação de tensão entre os enrolamentos primário e secundário. Como o fluxo corta igualmente os dois enrolamentos, teremos:

$$\frac{V1}{N1} = 4,44 \;\; f \;\; A \;\; Bm$$

$$\frac{V2}{N2} = 4,44 \;\; f \;\; A \;\; Bm$$

Assim, $$\frac{V1}{N1} = \frac{V2}{N2} \quad \text{ou} \quad \frac{V1}{V2} = \frac{N1}{N2} \qquad \text{Eq. B.53}$$

Estamos supondo que o transformador não possui perdas no fio e no material do núcleo toroidal (transformador ideal). Suponhamos agora que, pelo resistor Rs, passe uma corrente Is relacionada, pela lei de Ohm por:

$$V2 = Rs \;\; I2$$

Como a potência no resistor deve vir do gerador, no transformador ideal, a potência entregue no primário deve ser igual à potência no resistor do secundário. Assim,

$$P_P = P_S$$

$$V1 \; I1 = V2 \; I2$$

$$\frac{I1}{I2} = \frac{V2}{V1} = \frac{N2}{N1} \qquad \text{Eq. B.54}$$

O resistor equivalente, que colocado no gerador de tensão ocasionaria uma corrente I2, é:

$$R1 = \frac{V1}{I1} = \frac{V2 \; I2}{I1^2} = \frac{I2}{I1}\frac{V2}{I1} = \frac{I2}{I1}\frac{I2 \;\; R2}{I1} = \left(\frac{I2}{I1}\right)^2 R2$$

$$\frac{R1}{R2} = \left(\frac{N2}{N1}\right)^2 \qquad \text{Eq. B.55}$$

Essas são as relações básicas para transformadores ideais. Na prática, devemos levar em consideração as diversas perdas que ocorrem na transferência de energia, tal como a perda por histerese, a perda ocasionada pela corrente Eddy e as perdas nos fios dos enrolamentos.

A perda por histerese é diretamente proporcional à área interna ao loop de histerese. E as perdas por corrente Eddy são ocasionadas pela corrente que flui pelo material ferromagnético, gerada pelo fluxo responsável pela tensão no secundário. Seu efeito é semelhante a várias espiras em curto no interior do transformador. Como a condutividade do ferrite é muito baixa, apenas as perdas por histerese são, normalmente, levadas em consideração.

Em fontes chaveadas, os transformadores são utilizados quando queremos isolar eletricamente a tensão de entrada da tensão de saída e, também, quando desejamos adequar tensões a níveis suficientes para o correto funcionamento da fonte. Normalmente, os transformadores usados em fontes chaveadas transferem pulsos de tensão, que são retificados e filtrados por diodos e indutores respectivamente.

Vamos ver como se comportam transformadores para pulsos de tensão. A Figura B.19 mostra um circuito típico:

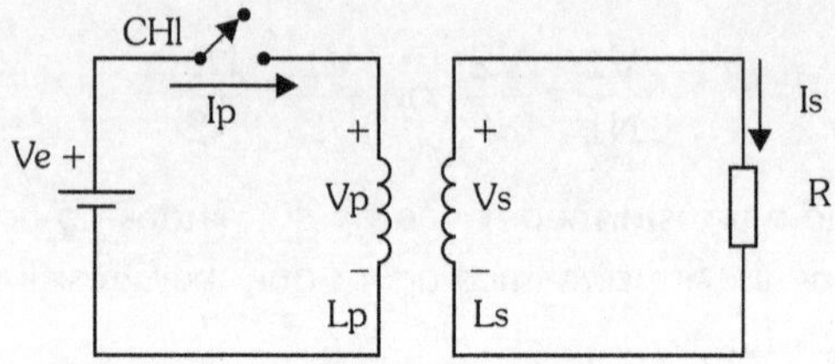

Figura B.19 - Um transformador usado com pulsos de tensão.

Vamos supor que o transformador tenha indutância Lp e relação de espiras entre primários e secundário (n = Np/Ns) igual a n. Vamos desprezar todos os tipos de perdas que possam ocorrer. Ao fecharmos a chave CH1, a tensão de entrada aparece no primário do transformador e teremos:

No secundário $$Vs = \frac{Ve}{n} \qquad \text{Eq. B.56}$$

$$Is = \frac{Ve}{n\ R} \qquad \text{Eq. B.57}$$

No primário $$Vp = Ve \qquad \text{Eq. B.58}$$

$$Ip = \frac{Ve}{n^2\ R} + \frac{1}{Lp}\int_0^t Vp\ dt \qquad \text{Eq. B.59}$$

A integral na Equação B.59 se deve à parte de magnetização do núcleo do transformador e chamaremos de corrente de magnetização Img. A variação de corrente, Equação B.17, no primário, quando a tensão de entrada é constante, é uma rampa, pois

$$Img = \frac{1}{Lp}\int_0^t V_P\ dt = \frac{Ve}{Lp}\int_0^t dt = \frac{Ve}{Lp}t \qquad \text{Eq. B.60}$$

e a Equação B.59 pode ser reescrita:

$$Ip = \frac{Ve}{n^2\ R} + \frac{Ve}{Lp}t$$

Se a chave CH1 ficar fechada por um tempo infinito, a corrente de magnetização dada por B.60 também tenderá a aumentar infinitamente (obviamente, estará limitada à resistência do enrolamento primário). Essa corrente atinge um valor que leva à saturação do núcleo. Assim, o tempo de duração máxima da permanência da chave fechada pode ser dado por (Equações B.34 e B.60):

$$tmax = \frac{Np\ Ae\ Bmax}{Ve} \qquad \text{Eq. B.61}$$

A corrente de magnetização representa energia armazenada no núcleo. Quando a chave é aberta, a energia armazenada no núcleo é transferida para o resistor e aparece em forma de calor. Pode ser mostrado que a tensão no secundário será de forma exponencial decrescente, conforme a Equação B.62, a seguir:

$$Vs = -n\ Img\ R\ e^{-\frac{R}{Lp}(t-t_1)}, \quad t > t1 \qquad \text{Eq. B.62}$$

A tensão negativa significa que a corrente muda de polaridade. A Figura B.20 mostra as formas de onda no transformador. Vamos provar agora que as áreas da curva de tensão (B.20 a ou c) são iguais. Isso significa que, para total desmagnetização do núcleo, as áreas acima e abaixo do eixo do tempo devem ser iguais.

A área acima do eixo dos tempos é:

$$A1 = Ve\ t_1$$

A área abaixo do eixo dos tempos é:

$$A2 = \int_{t_1}^{\infty} n^2 Img\ R\ e^{\frac{n^2R}{L_P}(t_1-t)} dt$$

Resolvendo, encontramos

$$A2 = Img\ L_P$$

E, como em um indutor $V = L\frac{di}{dt}$, obtemos $Ve\,t_1 = Lp\ Img$, e assim A1=A2

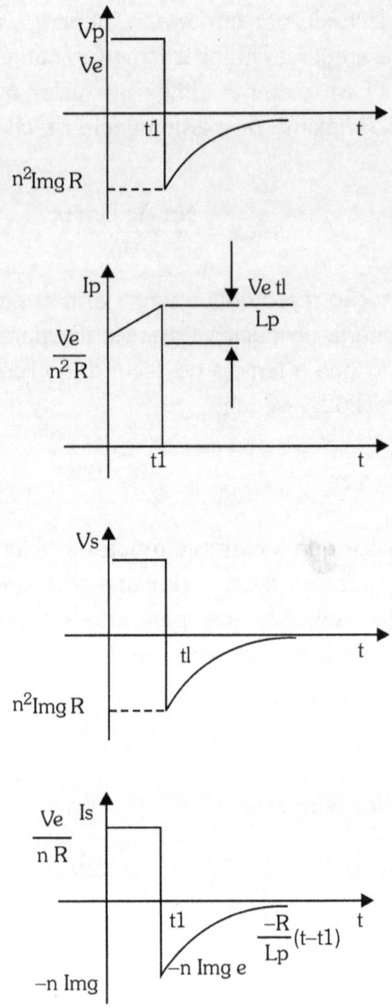

Figura B.20 - Formas de onda do circuito da Figura B.19.

Se estamos pensando em repetir os pulsos com uma certa frequência, é preciso obter um rápido meio de desmagnetizarmos o núcleo ou, certamente, vamos colocá-lo na saturação. A Figura B.21 mostra o modo mais usual de desmagnetização do núcleo.

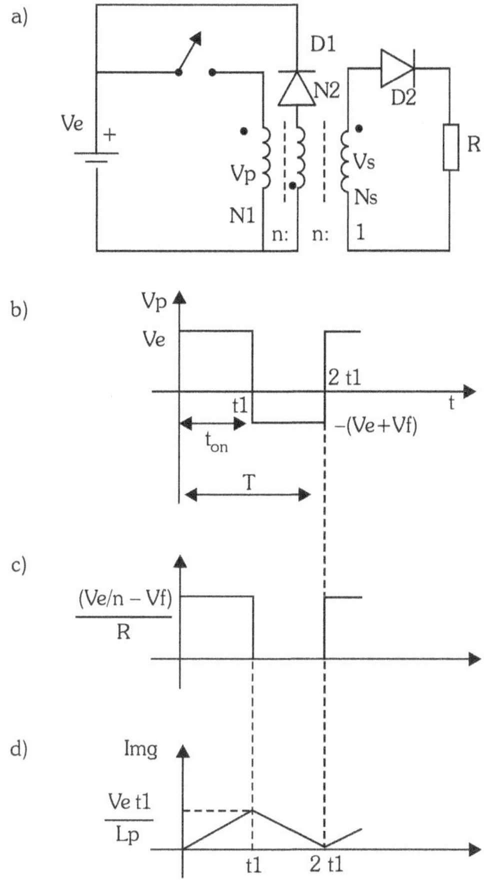

Figura B.21 - Circuito e formas de onda para desmagnetização de um transformador.

O enrolamento N2 é chamado de enrolamento de desmagnetização e, se tiver o mesmo número de espiras do primário (N1=N2), a duração da desmagnetização será igual à duração de magnetização (se no circuito da Figura B.21 Ve >> Vf a tensão direta no diodo). O diodo D2 só permite a passagem da corrente pelo resistor enquanto CH1 estiver fechado. Quando CH1 abre, como a tensão inverte de polaridade, o diodo D2 não conduz, permitindo, assim, a desmagnetização por D1. Com esse circuito, a frequência máxima de repetição de abrir e fechar de CH1 (chaveamento ou comutação) é de:

$$F_S = \frac{1}{2\,t1} \qquad \text{Eq. B.63}$$

Pela Figura B.21c vemos que uma certa potência está sendo transferida para o resistor R enquanto a chave está fechada. O nível de potência a ser transferido se relaciona com o produto das áreas Ap do núcleo da seguinte forma:

A corrente de entrada CC do conversor é dada por:

$$Ie = \frac{Pe}{Ve}$$

A corrente máxima CC de entrada é obtida para tensão mínima de entrada e potência máxima de saída, assim,

$$Iemax = \frac{Pemax}{Vemin}$$

A corrente de entrada CC pode ser relacionada à corrente RMS no enrolamento primário, Ip, do transformador por:

$$Iemax = Ki\ Ip$$

Assim, podemos escrever que:

$$Ip = \frac{Pemax}{Ki\ Vemin}$$

Agora, usando uma equação similar à B.37, obtemos:

$$Np\ Ip = Aw\ J = Ku\ Kp\ Aw\ J \qquad \text{Eq. B.64}$$

sendo: Ku = fator de utilização da área de janela Aw

Kp = fator de utilização da área do enrolamento primário Np

Pelas Equações B.61 e B.64 temos:

$$Ae = \frac{Vemin}{2\ Np\ \ \Delta B\ FS} \qquad \text{Eq. B.65}$$

Podemos calcular o Ap por:

$$Ap = Aw\ Ae = \frac{Pemax}{2\ Ku\ Kp\ Ki\ J\ \Delta B\ Fs} \qquad \text{Eq. B.66}$$

Supondo que as perdas de potência estejam nos fios e que a perda de potência devido à variação da densidade de campo magnético seja desprezível, usando a Equação B.39 para a densidade de corrente nos fios, obtemos:

$$Ap = \left[\frac{Pemax10^4}{2\ Ku\ Kp\ Ki\ Kt\ \Delta T^{0,5}\ \Delta B\ Fs}\right]^{\frac{1}{1-x}} [cm^4] \qquad \text{Eq. B.67}$$

Uma equação similar para o caso em que o acréscimo de temperatura depende das perdas de potência nos fios e no núcleo magnético pode ser deduzida e encontramos:

$$Ap = \left[\frac{7,2\ Pemax10^4}{Ku\ Kp\ Ki\ Kt\ Fs}\right]^{\frac{1}{0,871-x}} \cdot \frac{\left(Kh\ Fs + He\ Fs^2\right)^{\frac{0,417}{0,871-x}}}{\Delta T^{\frac{0,917}{0,871-x}}} [cm^4] \qquad \text{Eq. B.68}$$

O valor usual para as constantes Ku, Ki e Kp está tabelado a seguir:

Tabela B.3

	Ki	Kp	Ku
Forward	0,71	0,5	0,4
Meia ponte/Ponte completa	1	0,41	0,4
Push-Pull	1,41	0,25	0,4

B.4 Acoplamentos Magnéticos

Vamos voltar ao estudo do fluxo magnético dentro de um toroide. A Figura B.22 mostra o toroide e sua secção transversal de área Ae. Por simplicidade, estamos supondo formato retangular de Ae. A densidade de campo magnético B possui distribuição não uniforme dentro do toroide e pela Equação B.12 vemos que a densidade de campo é maior perto da orla inferior do toroide (R = R1) e diminui de valor até a orla superior (R = R2). O fluxo magnético pode ser calculado pelas Equações B.2 e B.12 e encontramos:

$$\varphi = \int_{R1}^{R2} \frac{\mu \ N1 \ i}{2 \ \pi \ R} h \ dR$$

$$\varphi = \frac{\mu \ N1 \ i \ h}{2 \ \pi} \int_{R1}^{R2} \frac{1}{R} dR$$

$$\phi = \frac{\mu \, N1 \, i \, h}{2 \, \pi} \ln\left(\frac{R2}{R1}\right) \qquad \text{Eq. B.69}$$

Vamos buscar um modo de simplificar a Equação B.69. Vamos supor que a distribuição da densidade de campo B dentro do toroide é agora uniforme. Assim, podemos calcular o fluxo dentro do toroide por:

$$\phi = B \ Ae = \frac{\mu \, N1 \, i}{2 \, \pi \left(\frac{R1 + R2}{2}\right)} h \frac{R2 - R1}{2}$$

$$\phi = \frac{\mu \, N1 \, i \, h}{2 \, \pi} \cdot \frac{2(R2 - R1)}{(R2 + R1)} \qquad \text{Eq. B.70}$$

A Equação B.70 é uma aproximação da Equação B.69, se R2 – R1 for muito menor que R1. Como exemplo, vamos supor R1 = 5 cm e R2 = 6 cm. Assim,

$$\ln\left(\frac{6}{5}\right) = 0{,}18232$$

$$2\frac{6-5}{6+5} = 0{,}1818$$

O erro relativo encontrado é de apenas 0,27%.

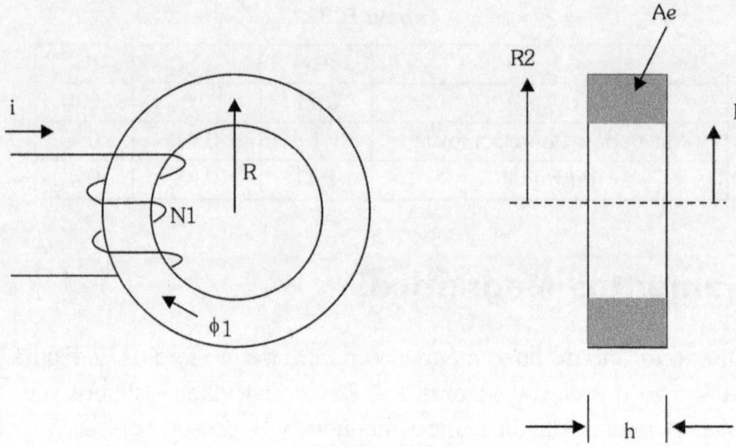

Figura B.22

A Equação B.70 pode se reescrita da seguinte forma:

$$\phi = N1\, i \cdot \frac{\mu\, h\,(R2 - R1)}{2\,\pi \left(\dfrac{R1 + R2}{2} \right)} = N1\, i \frac{\mu\, A}{\ell} \qquad \text{Eq. B.71}$$

Vamos definir a relutância de um caminho magnético por:

$$\Re = \frac{\ell}{\mu A} \qquad \text{Eq. B.72}$$

Sendo ℓ = comprimento do caminho magnético

A = área transversal do caminho magnético

μ = permeabilidade do material composto pelo caminho magnético ($\mu = \mu_0\, \mu_r$)

A Equação B.71 pode ser então escrita da seguinte forma:

$$\phi = \frac{N1\, i}{\Re} \qquad \text{Eq. B.73}$$

O produto N1 i é conhecido por força magnetomotiva (mmf) que é simbolizado por $\Im$. A Equação B.73 é análoga à equação que relaciona a corrente e tensão em um circuito resistivo (lei de Ohm), ou seja:

$$i = \frac{v}{R}$$

Esta analogia facilita a solução de problemas magnéticos relacionados com núcleos com formas e geometria complicadas. A solução restringir-se-á à solução de circuito elétrico resistivo similar.

Pela lei de Faraday temos que:

$$v = N1\frac{d\phi}{dt} = N1\frac{d}{dt}\left(\frac{i}{\Re}\right) = \frac{N1^2}{\Re}\frac{di}{dt}$$

Deduzimos então que a indutância do enrolamento com N1 espiras é dada por ($v = L\frac{di}{dt}$):

$$L = \frac{N1^2}{\Re} \qquad \text{Eq. B.74}$$

Exemplo B.1

Calcule a indutância do enrolamento do indutor montado, como visto na Figura B.23, e o fluxo na perna ℓ_3. Suponha μ_r alto o suficiente para que não haja fluxo disperso.

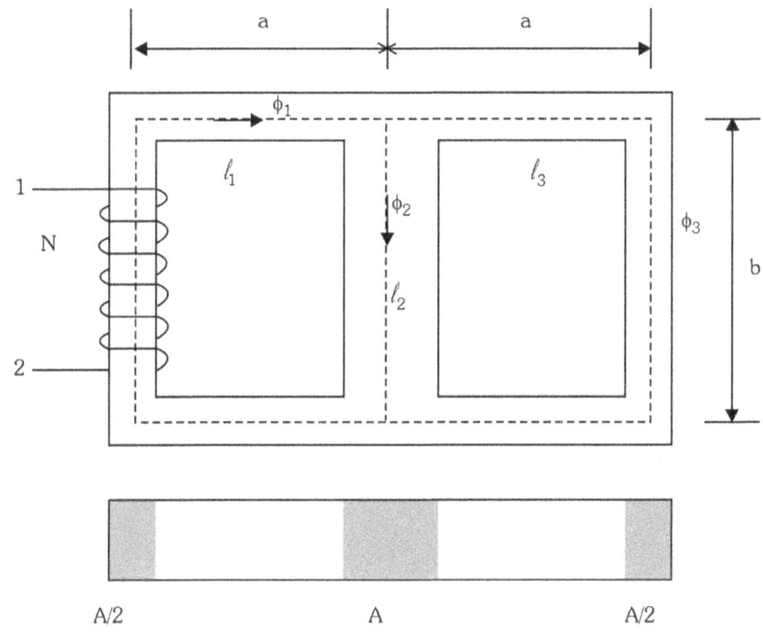

Figura B.23

A relutância de cada caminho magnético é dada por: ($\ell_1 = 2a + b$, $\ell_2 = b$, $\ell_3 = 2a + b$)

$$\Re_1 = \frac{2a+b}{\mu\left(\frac{A}{2}\right)} \qquad \Re_2 = \frac{b}{\mu A} \qquad \Re_3 = \frac{2a+b}{\mu\left(\frac{A}{2}\right)}$$

sendo A = área da perna central

O circuito elétrico análogo é:

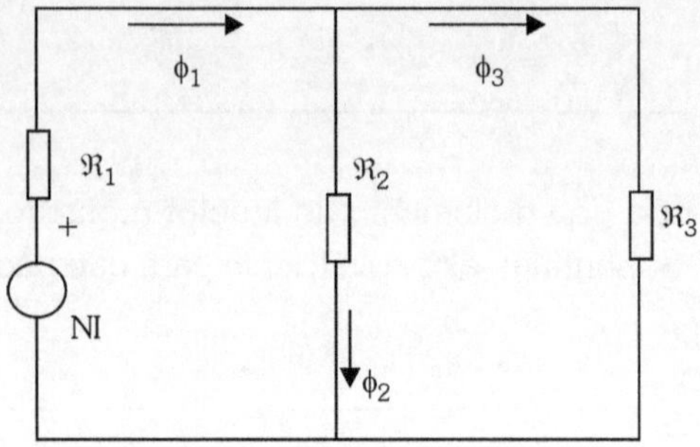

Figura B.24

Então, a relutância equivalente vista por NI é:

$$\Re = \Re_1 + \frac{\Re_2 \Re_3}{\Re_2 + \Re_3} \quad \therefore \quad \Re = \frac{2}{\mu A} \cdot \frac{4a^2 + 7ab + 3,5b^2}{1,5b + 2a}$$

e assim a indutância será:

$$L12 = \frac{N2}{\Re}$$

O fluxo ϕ_3 é dado por

$$\phi_3 = \frac{\Re_2}{\Re_2 + \Re_3}\phi_1 = \frac{\Re_2}{\Re_2 + \Re_3}\frac{N\,I}{\Re}$$

Vamos colocar um outro enrolamento com N2 espiras no toroide da Figura B.22 que redesenhamos na Figura B.25a. Ligada a N2 colocamos uma carga resistiva Rs. A tensão induzida no secundário é v_2 que gera uma corrente i_2, que causa um fluxo ϕ_2 em sentido contrário a ϕ_1 (lei de Faraday - Equação B.51). O fluxo $\phi = \phi_1 - \phi_2$ passa pelos dois enrolamentos. O modelo magnético com relutância é visto na Figura B.25b.

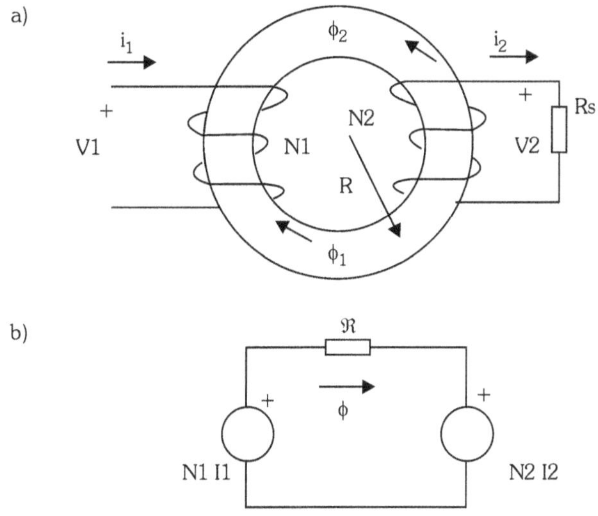

Figura B.25

Podemos escrever então que:

$$N1\,I1 - \Re\phi - N2\,I2 = 0 \qquad \text{Eq. B.75}$$

Para um transformador ideal, a permeabilidade μ pode ser considerada infinita e assim, $\Re = 0$, o que resulta em N1 I1=N2 I2, Equação B.54.

A indutância do enrolamento N1 é dada por $L1 = N1^2 / \Re$ e como estamos supondo $\Re = 0$, concluímos que a indutância em um transformador ideal é infinita. O circuito resultante que representa o transformador ideal é visto na Figura B.26.

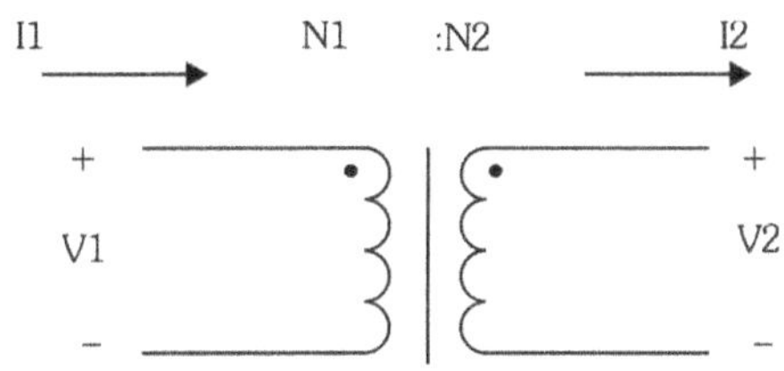

Figura B.26 - Transformador ideal.

Vamos supor agora que a permeabilidade é finita e assim o fluxo é dado pela Equação B.75.

$$\phi = \frac{N1}{\Re} I1 - \frac{N2}{\Re} I2$$

Pela lei de Faraday, a tensão no primário é dada por:

$$v_1 = N1\frac{d\phi}{dt} = \frac{N1^2}{\Re}\frac{d}{dt}\left(I1 - \frac{N2}{N1}I2\right) = Lm\frac{di_m}{dt}$$

Concluímos que uma indutância Lm aparece no primário do transformador e causa a circulação de uma corrente i_m que chamaremos de corrente magnetizante, sendo,

$$Lm = \frac{N1^2}{\Re} \quad e \quad i_m = I1 - \frac{N2}{N1}I2$$

O modelo do transformador passa a ser o mostrado na Figura B.27.

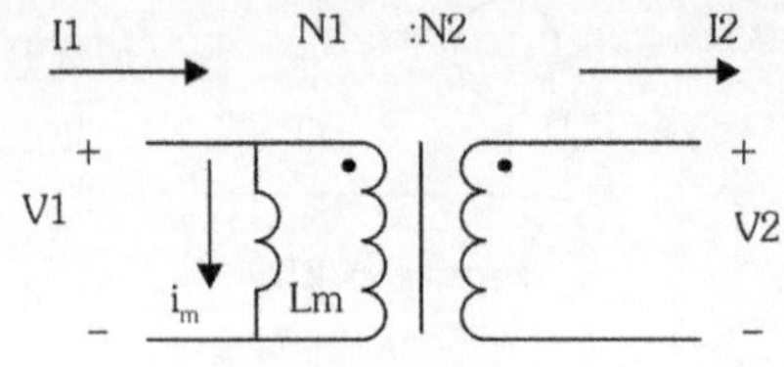

Figura B.27

Em um transformador não ideal, além da relutância ser finita, nem todo fluxo magnético gerado pelo enrolamento primário passa pelo enrolamento secundário. Esse fluxo disperso origina uma relutância de dispersão, como pode ser vista na Figura B.28b. O fluxo em ϕ_{d1} e ϕ_{d2} representa energia perdida (ou armazenada no espaço externo ao núcleo) e concluímos que existe uma indutância que chamaremos de indutância de dispersão Ld1 e Ld2 como vista no circuito equivalente do transformador na Figura B.29a.

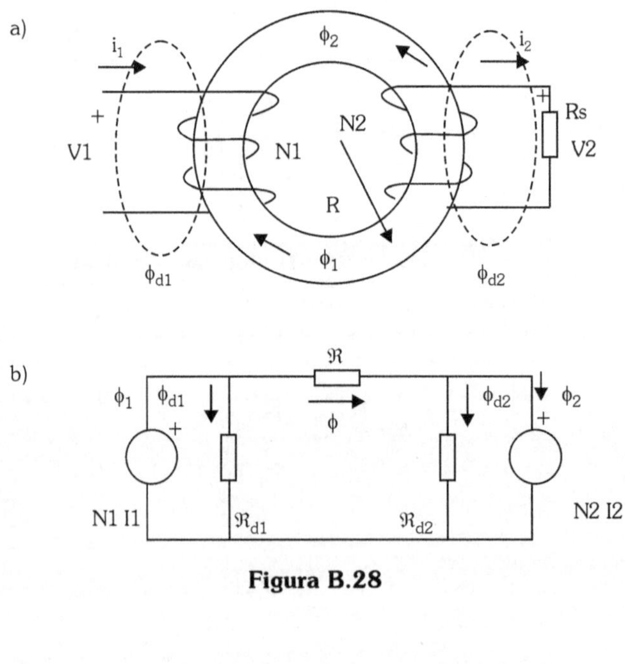

Figura B.28

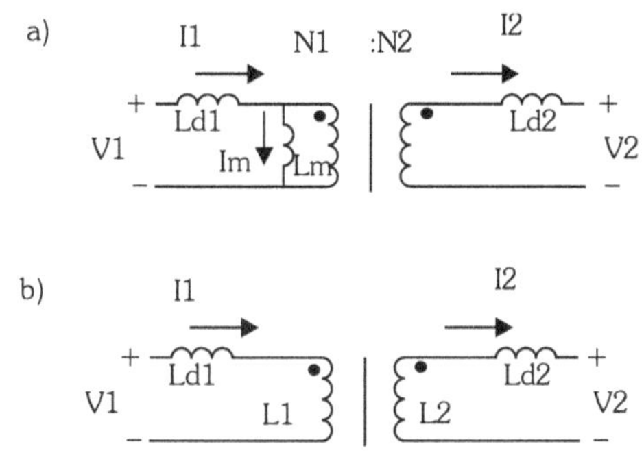

Figura B.29

A indutância vista em v_1 com o secundário em aberto é Ld1 + Lm e a indutância vista em v_2 é Ld2 + $(N2/N1)^2$Lm. Na Figura B.29b substituímos Lm por L1, retiramos o transformador ideal e substituímos pelo indutor L2, cuja indutância é dada por $(N2/N1)^2$Lm. O acoplamento entre L1 e L2 é suposto ideal, já que as perdas de fluxo estão representadas pelas indutâncias de dispersão. O acoplamento magnético k entre dois indutores é definido como sendo a razão entre os fluxos em cada indutor. Supondo que o fluxo ϕ_1 é o gerado por N1 e o fluxo ϕ_2 é o fluxo resultante em N2, o acoplamento entre N1 e N2 resulta:

$$k_{12} = \frac{\phi_2}{\phi_1} \qquad \text{Eq. B.76}$$

Com o modelo da relutância visto na Figura B.29b, podemos calcular facilmente o acoplamento magnético para o transformador. Com o secundário em aberto, I2 = 0 e o gerador N2 I2 é um curto e assim o fluxo em N2 I2 é:

$$\phi_2 = \frac{\Re_{d1}}{\Re_{d1} + \Re}\phi_1$$

Logo, o acoplamento magnético entre N1 e N2 é:

$$k_{12} = \frac{\phi_2}{\phi_1} = \frac{\Re_{d1}}{\Re_{d1} + \Re}$$

Devido à simetria do núcleo, pode ser provado que $k_{12} = k_{21} = k$ (supondo o gerador, neste caso, em N2). Como o valor da relutância de dispersão em um transformador real é sempre finito, o valor de k sempre será menor que 1. Com o acoplamento k, podemos representar o transformador com as seguintes modificações:

$$L11 = L1 + Ld1$$
$$L22 = L2 + Ld2 \qquad \text{Eq. B.77}$$
$$M = k\sqrt{L11\,L22}$$

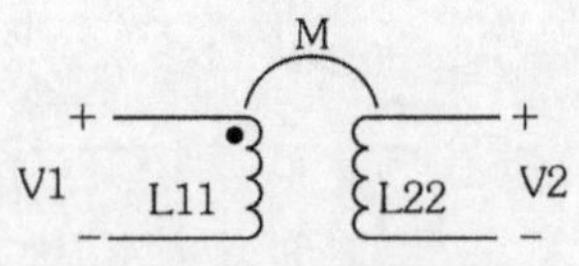

Figura B.30

A indutância M é chamada de indutância mútua entre os indutores L11 e L22. Essas indutâncias são suficientes para caracterizar completamente um acoplamento indutivo. As equações do fluxo, tensões e correntes podem ser escritas da seguinte forma:

$$\phi_1 = L11\ i_1 + M\ i_2$$

$$\phi_2 = M\ i2 + L22\ i_2$$

$$v_1 = L11\ \dot{i}_1 + M\ \dot{i}_2$$

$$v_2 = M\ \dot{i}_1 + L22\ \dot{i}_2$$

que em forma matricial

$$\begin{bmatrix} \phi_1 \\ \phi_2 \end{bmatrix} = \begin{bmatrix} L11 & M \\ M & L22 \end{bmatrix} \begin{bmatrix} i_1 \\ i_2 \end{bmatrix}$$

$$\begin{bmatrix} v_1 \\ v_2 \end{bmatrix} = \begin{bmatrix} L11 & M \\ M & L22 \end{bmatrix} \begin{bmatrix} \dot{i}_1 \\ \dot{i}_2 \end{bmatrix} \qquad \text{Eq. B.78}$$

ou

$$\phi = L\ i$$

$$v = L\ \dot{i}$$

Vamos supor que introduzimos um entreferro de comprimento ℓ no toroide da Figura B.22, que é reproduzida na Figura B.31a. Vemos também o circuito com a relutância do núcleo ($\Re_c$) e do entreferro ($\Re_l$). O fluxo magnético pode ser escrito por:

$$\varphi = \frac{N\ I}{\Re_\ell + \Re_c}$$

Sendo $\Re_\ell = \dfrac{\ell}{\mu_0 Ae}$ e $\Re_c = \dfrac{2\,\pi\,R - \ell}{\mu_0\ \mu_r\ Ae} = \dfrac{\ell_c}{\mu_0\ \mu_r\ Ae}$

A relutância do caminho magnético é

$$\Re_\ell + \Re_c = \frac{1}{\mu_0\ Ae}\left(\ell + \frac{\ell_c}{\mu_r}\right)$$

Se $\mu_r >> \ell_c/\ell$, a relutância se resume a

$$\Re_\ell + \Re_c \cong \frac{\ell}{\mu_0 Ae} = \Re_\ell$$

Ou seja, a relutância de um caminho magnético contendo entreferro e um núcleo com material de permeabilidade alta ($\mu_r >> 1$) é igual à relutância do entreferro. Tipicamente, o μ_r dos materiais magnéticos é da ordem de 2000.

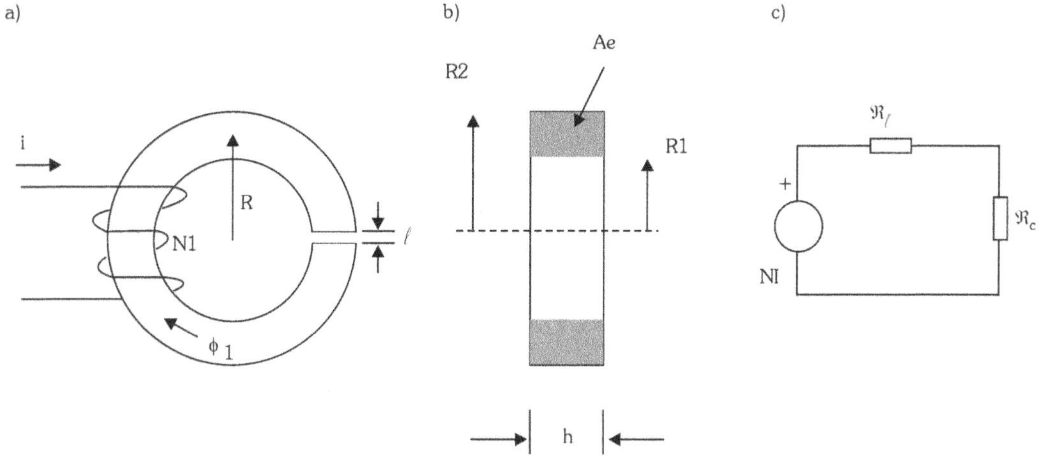

Figura B.31 - Toroide com entreferro (gap).

B.5 Efeito Skin

Quando aplicamos uma corrente contínua em um fio condutor, a corrente se distribui, uniformemente, pela área transversal do fio. Mas, ao aplicarmos uma corrente alternada, a corrente tende a fluir pela orla interna do fio. Quanto maior a frequência, menor será a profundidade de condução da corrente, Figura B.32. Este fato é conhecido por efeito Skin.

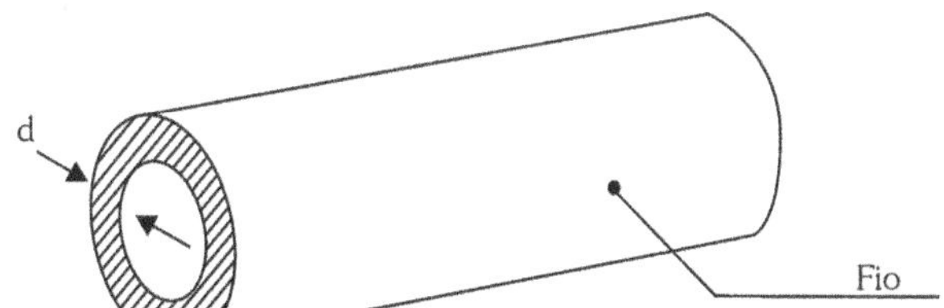

Figura B.32 - Profundidade de condução de corrente (efeito Skin).

Na Figura B.33 vemos o gráfico entre a profundidade de condução elétrica contra frequência.

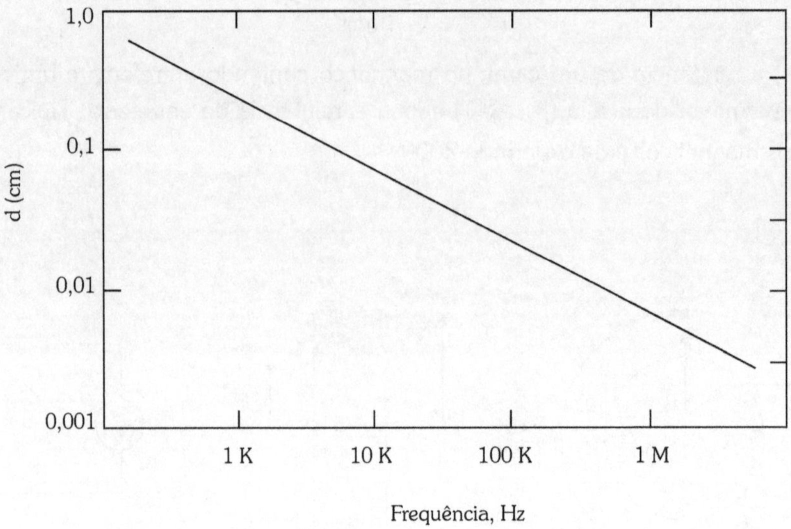

Figura B.33 - Curva de profundidade de corrente versus frequência.

Assim, não podemos utilizar qualquer bitola de fio, se estamos trabalhando com correntes em alta frequência.

A curva foi plotada para ondas senoidais. Ao usarmos onda quadrada, devemos usar fio com diâmetro menor do que o encontrado devido aos harmônicos que compõem as ondas quadradas.

Tabela B.4 - Dados de núcleo de ferrite.

Tipo	Designação	Ap (cm^4)	CEM (cm)	l_e (cm)	A_e (cm^2)	A_s (cm^2)
Pote	9x5	0,0065	1,85	1,25	0,101	3,18
	11x7	0,0152	2,20	1,55	0,162	4,20
	18x11	0,0393	2,80	1,98	0,251	6,77
	22x13	0,114	3,56	2,58	0,433	10,99
	26x16	0,246	4,40	3,15	0,634	16,31
	30x19	0,498	5,20	3,76	0,939	23,0
	36x22	1,01	6,00	4,52	1,37	31,9
	42x29	2,01	7,30	5,32	2,02	44,2
	47x28	4,81	8,60	6,86	2,65	67,4
		5,62	9,30	7,25	3,12	76,0
RM	6	0,047	3,0	2,67	0,313	7,3
	7	0,086	3,5	2,68	0,400	9,9
	8	0,156	4,2	3,51	0,520	13,3
	10	0,340	5,2	4,20	0,830	19,7
	12	1,02	6,1	5,69	1,40	34,1
	14	1,90	7,1	7,10	1,78	46,6
X	22	0,330	4,9	3,80	0,66	19,2
	25	0,480	5,5	4,15	0,73	24,5
	30	1,43	6,4	5,50	1,12	40,9
	35	2,85	7,7	6,73	1,64	56,3
PQ	20/16	0,27	4,4	3,74	0,61	14,2
	26/20	0,65	5,6	4,63	1,13	23,6
	26/25	0,91	5,6	5,55	1,13	27,8
	32/20	1,10	6,71	5,55	1,42	29,5
	32/30	2,06	6,71	7,46	1,42	40,1
	35/35	3,48	7,52	8,79	1,62	51,8
	40/40	6,40	8,39	10,20	2,01	65,6
EE	20/10/5	0,48	3,8	4,28	0,312	28,6
	30/15/7	0,71	5,6	6,69	0,597	34,8
	30/15/14	1,43	6,7	6,69	1,20	43,2
	42/21/15	4,66	9,3	9,7	1,82	89,1
	42/21/20	6,14	10,5	9,7	2,40	97,5
	55/28/21	13,3	11,6	12,3	3,54	150
	65/33/26	57,2	15,0	14,7	10,6	312
EC	35	1,36	5,0	7,74	0,843	43,5
	41	2,68	6,0	8,80	1,25	59,0
	52	5,71	7,3	10,3	1,83	91,0
	70	19,2	9,5	14,1	2,83	170

Tabela B.5 - Tabela de fios.

AWG	Diâmetro cobre cm	Área cobre cm^2	Diâmetro c/isol. cm^2	Área com isol. cm^2	Ohms/CM 20ºC	Ohms/CM 100ºC
10	.259	.5,2620	.273	.058572	.000033	.000044
11	.231	.4,1729	.244	.046738	.000041	.000055
12	.205	.3,3092	.218	.037309	.000052	.000070
13	.183	.2,6243	.195	.029793	.000066	.000088
14	.163	.2,0811	.174	.023800	.000083	.000111
15	.145	.1,6504	.156	.019021	.000104	.000140
16	.129	.1,3088	.139	.0105207	.000132	.000176
17	.115	.1,0379	.124	.012164	.000166	.000222
18	.102	.0,8231	.111	.009735	.000209	.000280
19	.091	.0,6527	.100	.007794	.000264	.000353
20	.081	.0,5176	.089	.006244	.000333	.000445
21	.072	.0,4105	.080	.005004	.000420	.000561
22	.064	.0,3255	.071	.004013	.000530	.000708
23	.057	.0,2582	.064	.003221	.000668	.000892
24	.051	.0,2047	.057	.002586	.000842	.001125
25	.045	.0,1624	.051	.002078	.001062	.001419
26	.040	.0,1287	.046	.001671	.001339	.001789
27	.036	.0,1021	.041	.001344	.001689	.002256
28	.032	.0,0810	.037	.001083	.002129	.002845
29	.029	.0,0642	.033	.000872	.002685	.003587
30	.025	.0,0509	.030	.000704	.003386	.004523
31	.023	.0,0404	.027	.000568	.004269	.005704
32	.020	.0,0320	.024	.000459	.005384	.007192
33	.018	.0,0254	.022	.000371	.006789	.009070
34	.016	.0,0201	.020	.000300	.008560	.011437
35	.014	.0,0160	.018	.000243	.010795	.014422
36	.013	.0,0127	.016	.000197	.013612	.018186
37	.011	.0,0100	.014	.000160	.017165	.022932
38	.010	.0,0080	.013	.000130	.021644	.028917
39	.009	.0,0063	.012	.000106	.027293	.036464
40	.008	.0,0050	.010	.000086	.034417	.045981
41	.007	.0,0040	.009	.000070	.043399	.057982

Bibliografia

[1] MIDDLEBROOK, R. D. **Power Eletronics:** An Emerging Discipline Proceedings of the IEEE international Symposium on Circuits and Systems. Chicago: April 27-29, IL, 1981.

[2] ______. **Power Eletronics:** *Topologies, Modelling, and Measurement*. Proceedings of the IEEE international Symposium on Circuits and Systems. Chicago: April 27-29, IL, 1981.

[3] CHRYSSIS, G. **High-Frequency Switching Power Supplies, Theory & Design**. Mc Graw Hill.

[4] MITCHELL, D. M. **DC-DC Switching Regulator Analysis.** McGraw Hill.

[5] TYMERSKI, R.; VORPÉRIAN, V. **Generation and Classification of PWM DC-to-DC Converters IEEE Transaction on Aerospace and ElectronicSystems**. Vol. 24, N. 6, November 1988.

[6] MAKSIMOVIC, D.; CUK, S. **General Properties and Synthesis of PWMDC-to-DC Converters.**

[7] MIDDLEBROOK, R. D., CUK, S. **A General Unified Approach to Modelling Switching:** *Converter Power Stages Proceedings of the IEEE Power Electronics Specialists Conference.* June 8-10, 1976, Cleveland, OH.

[8] MIDDLEBROOK, R. D., CUK, Slobodan. **Modelling and Analysis Methods for DC- toDCSwitching Converters Proceedings of the IEEE International Semiconductor Power Converter Conference.** March 28-31, 1977, Lake Buena Vista, FL.

[9] POLIVKA, W. M., CHETTY, P. R. K., MIDDLEBROOK, R. D. **State-Space Average Modellingof Converters With Parasitics and Storage-Time Modulation Proceedings of the IEEE Power Electronics Specialists Conference**. Atlanta: June 16-20, 1980, GA.

[10] CUK, S.; MIDDLEBROOK, R. D. **A General Unified Approach to Modelling Switching DC- to-DC Converters in Discontinuous Conduction Mode Proceedings of the IEEE Power Electronics Specialists Conference.** Palo Alto: June 14-16, 1977, CA.

[11] VORPÉRIAN, V. **Simplified Analysis of PWM Converters Using Model of PWM Switch - Part I:** *Continuous Conduction Mode IEEE Transaction on Aerospace and Electronic Systems.* Vol. 26, N. 3, May 1990.

[12] _______. **Simplified Analysis of PWM Converters Using Model of PWM Switch - Part II:** *Discontinuous Conduction Mode IEEE Transaction on Aerospace and Electronic Systems.* Vol. 26, N. 3, May 1990.

[13] TYMERSKI, Richard. **Frequency Analysis of Time-Interval-Modulated Switched Networks - IEEE Transaction on Power Electronics**. April, 1991.

[14] TYMERSKI, R. **Application of the Time Varying Transfer Function for Exact Small-Signal Analysis Conf. Rec., IEEE Power Electronics Specialists.** 1991.

[15] CHUN, T. R.; GYU, B. J.; GYU, H. C. **Pratical Switch Based State- Space Modeling of DC- DC Converters With All Parasitics Transaction on Power Electronics,** Vol. 6, N. 4, October 1991.

[16] MAKSIMOVIC, D.; CUK, S. **A Unified Analysis of PWM Converters in Discontinuous Modes IEEE Transaction on Power Electronics,** Vol. 6, N. 3, July 1991.

[17] SANDERS, S. R.; VERGHESE, G. C. **Synthesis of Averaged Circuit Models for Switched Power Converters IEEE Transaction on Circuits and Systems.** Vol. 38, N. 8, August 1991.

[18] DIJK, E. V.; SPRUIJT, H. J. N.; DERMONT, M. O'S., KLAASSENS, J. B. **PWM-Switch Modeling of DC-DC Converters IEEE Transactions on Power Electronics.** Vol. 10, N. 6, November 1995.

[19] SABLE, D. M.; RIDLEY, R. B. **Use of Leading-Edge Modulation to Transform Boost and Flyback Converters into Minimum-Phase-Zero Systems IEEE Transaction on Power Electronics.** Vol. 6, N. 4, October 1991.

[20] CALDERONI, L.; PINOLA, L.; VAROLI, V. **Optimal Feed-Forward Compensation for PWM Converters IEEE.** 1990.

[21] TSE C. K.; ADAMS, K. M. **A Nonlinear Large-Signal Feed-Forward Feedback Control for Two - State DC-DC Converters IEEE.** 1991.

[22] TYMERSKI, R.; DUWANG, L. **State-Space Models for Current Programmed Pulsewidth - Modulated Converters IEEE Transaction on Power Electronics.** Vol. 8, N. 3, July 1993.

[23] RIDLEY, Raymond B. **A New Continuous-Time Model for Current-Mode Control IEEE Transaction on Power Electronics.** Vol. 6, N. 2, April 1991.

[24] VORPÉRIAN, V. **Analysis of Current-Mode Controlled PWM Converters Using The Model of The Current-Controlled PWM Switch PCIM** Philadelphia: 1990, October 23-25, PA.

[25] MITCHELL, D. M.; SCHONEMAN, G. K. **On The Selection of Control - Law Coefficients for Multiloop PWM Switching Regulators IEEE Transaction on Power Electronics,** Vol. 4, N. 2, April 1989.

[26] SHI-PING HSU, B. A.; MIDDLEBROOK R. D. **Modelling and Analysis of Switching DC-to-DC Converters in Constant-Frequency Current-Programmed Mode Proceedings of the IEEE Power Electronics Specialists Conference.** San Diego: June 18-22, 1979, CA.

[27] SCHNEIDER, L. M. **Noise Sorce Equivalent Circuit Model for Off-Line Converter and its Use in Input Filter Design Proceedings of Powercon 10.**

[28] KENDALL, C. M.; SCHMID, A. A. **Characteristics and Control of EMI in a Switching Regulator Power converter Proceedings of Powercon 10.**

[29] MIDDLEBROOK, R. D. **Input Filter Considerations in Design and application of Switching Reulators Proceedings of the IEEE Industry Applications Society Annual Meeting,** Chicago: October 11-14, 1976, IL.

[30] ________. **Design Techniques for Preventing Input-Filter Oscilations in Swithed - Mode Regulators Proceedings of Powercon 5.**

[31] MITCHELL, D. M. **Pulsewidth Modulator Phase Shift IEEE Transaction on Aerospace and Electronic Systems,** Vol. AES-16, N. 3, May 1980.

[32] MIDDLEBROOK, R. D. **Predicting Modulator Phase Lag in PWM Converter Feedback Loops Proceedings of Powercon 8.**

[33] BYUNGCHO C. B. H. C. **Intermediate Line Filter Design to Meet Both Impedance Compatibility and EMI Specifications IEEE Transaction on Power Electronics**. Vol. 10, N. 5, September 1995.

[34] OGATA, K. **Modern Control Engineering Prentice-Hall.**

[35] BROGAN, W. L. **Moder Control Theory Prentice-Hall.**

[36] BENJAMIN, C. K. **Automatic Control Systems Prentice-Hall.**

[37] WOOD, J. R. **Taking Account of Output Resistence and Crossover Frequency in Closed Loop Design Proceedings of Powercon 10.**

[38] VENABLE, H. D. **The K Factor; a New Mathematical Tool For Stability and Synthesis Proceedings of Powercon 10.**

[39] BASS, R. M.; KREIN, P. T. **State-Plane Animation of Power Electronic Systems:** *A Tool for Understanding Feedback Control and Stability.*

[40] MONTEITH Jr., D. O.; SALCEDO, D. **Modeling Feed-Forward PWM Circuits Using The Nonlinear Function Capabilities of SPICE 2 Proceedings of Powercon 10.**

[41] RASHID, M. H. **Power Electronics, Circuits, Devices, and Applications Prentice Hall.**

[42] MOHAN, N.; UNDERLAND, T. M.; ROBBINS, W. P. **Power Electronics:** *Converters, Applications and Design.* John Wiley & Sons.

[43] MCLYMAN, C. W. T. **Transformer and Inductor Design Handbook Marcel Dekker.** inc

[44] WITULSKI, A. F. **Introduction to Modeling of Transformers and Coupled Inductors IEEE Transaction on Power Electronics.** Vol 10, N. 3, May 1995.

[45] LUDWIG, G. W.; El-HAMAMSY, S. A. **Coupled Inductance and Reluctance Models of Magnetic Components IEEE Transaction on Power Electronics.** Vol. 6, N. 2, April, 1991.

[46] EL-HAMAMSY, S. A.; CHANG, E. I. **Magnetics Modeling For Computer-Aided Design of Power Electronics Circuits IEEE.** 1990.

[47] CUK, S.; ZHANG, Z. **Coupled-Inductor Analysis and Design IEEE**. 1988.

[48] CUK, S. **Integrated Magnetics Versus Conventional Power Filtering IEEE**. 1988.

Índice Remissivo

A

B

C

D

E

F

G

I

L

M

O

P

R

S

T

Elementos de Lógica Programável com VHDL e DSP - Teoria e Prática

Autores: Cesar da Costa, Leonardo Mesquita e Eduardo Pinheiro
Código: 3127 • 296 páginas • Formato: 20,5 x 27,5 cm • ISBN: 978-85-365-0312-7 • EAN: 9788536503127

De forma didática a obra apresenta os conceitos básicos para saber projetar e configurar sistemas digitais simples e complexos com processamento de sinais DSP (Digital Signal Processing), dispositivos lógicos programáveis (PLDs - Programmable Logic Device), como FPGA (Field Programmable Gate Array), CPLD (Complex Programmable Logic Device) e lógica programável com VHDL (VHSIC Hardware Description Language).
Aborda aspectos teóricos, tipos de dispositivos lógicos programáveis, arquiteturas, metodologias de projetos de circuitos digitais, ferramentas de software EDA (Electronic Digital Automation), linguagens de descrição de hardware utilizadas em projetos com lógica programável, circuitos sequenciais, contadores e registradores, simulação de circuitos e testes com os softwares Quartus II v.9 e Quartus II v.10/ModelSim v.10, projetos de sistemas sequenciais, processamento digital de sinais e muito mais.
Em modelagens, testes e simulações dos projetos com DSP foram usados Matlab 7.9, Simulink 7.4, DSP Builder v.10, Quartus II v.10 e o ModelSim v.10 na simulação do arquivo gerado em VHDL.
Para exemplificar a parte prática, foi utilizado o kit de desenvolvimento DE2 (Development and Education Board), que usa o FPGA EP2C35F672C6 da família Cyclone II.
Indicado a estudantes da área de eletrônica digital, seja no contexto de graduação, licenciatura, tecnologia ou cursos de pós-graduação, e profissionais do ramo.

Eletrônica Digital - Teoria e Laboratório

Autores: Paulo Alves Garcia e José Sidnei Colombo Martini
Código: 109X • 184 páginas • Formato: 17 x 24 cm • ISBN: 978-85-365-0109-3 • EAN: 9788536501093

Este livro é um guia para o aprendizado da eletrônica digital básica no laboratório. É direcionado aos alunos e professores dos cursos de Engenharia e Tecnologia Elétrica e de Computação, priorizando a sua interação com o laboratório, aliado ao embasamento teórico necessário para a realização da parte experimental. Apresenta dez experiências com abordagem teórica, prática e exercícios. Aborda famílias lógicas TTL e CMOS, circuitos combinacionais e aritméticos, multiplexadores e demultiplexadores, flip-flops, registradores e contadores, circuitos sequenciais síncronos, memórias e suas aplicações, e finalmente conversores digital/analógico e analógico/digital.

Eletricidade Aplicada em Corrente Contínua - Teoria e Exercícios

Autor: Eduardo Cruz
Código: 0840 • 264 páginas • Formato: 17 x 24 cm • ISBN: 978-85-365-0084-3 • EAN: 9788536500843

Esta é uma edição reestruturada do livro Eletricidade - Circuitos em Corrente Contínua e foi adaptada para atender ao componente curricular de eletricidade nos cursos de Eletrônica, Eletrotécnica, Eletroeletrônica, Telecomunicações, Mecatrônica e Automação Industrial.
Com linguagem didática, exercícios resolvidos e propostos e textos em inglês técnico, o livro relaciona conceitos teóricos e aplicações práticas, e sempre que possível, utiliza especificações reais de diversos dispositivos, como resistor, potenciômetro, capacitor, indutor e relé.
Aborda os princípios de eletrostática e de eletrodinâmica, resistência elétrica, potência e energia elétricas, leis de Kirchhoff, associação de resistores, análise de circuitos resistivos, teoremas da Superposição, de Thévenin e de Norton, análise de circuitos pelo método de Maxwell, especificações e aplicações do capacitor e do indutor.

Utilizando Eletrônica com AO, SCR, TRIAC, UJT, PUT, CI 555, LDR, LED, FET e IGBT

Autores: Rômulo Oliveira Albuquerque e Antonio Carlos Seabra
Código: 2465 • 208 páginas • Formato: 17 x 24 cm • ISBN: 978-85-365-0246-5 • EAN: 9788536502465

Este livro é destinado a estudantes e profissionais das áreas de eletrônica, automação industrial, mecatrônica, eletroeletrônica e aficionados da área. Descreve o amplificador operacional, dispositivo de larga aplicação em todos os campos da eletrônica, apresenta o CI 555 e o componente UJT, os tiristores e suas aplicações, os principais dispositivos optoeletrônicos, além de dois componentes importantes na eletrônica industrial de potência: o IGBT e o FET, e traz alguns exercícios resolvidos e propostos com solução. É importante conhecer diodos, transistores e leis de circuito para acompanhar o estudo do livro.

Sistemas Analógicos - Circuitos com Diodos e Transistores

Autor: Otávio Markus
Código: 6906 • 392 páginas • Formato: 17 x 24 cm • ISBN: 978-85-7194-690-3 • EAN: 9788571946903

Em módulos, o livro trata dos vários tipos de diodos e transistores bipolares. Para cada dispositivo são apresentadas as especificações técnicas fornecidas pelos manuais de fabricantes, ensinando o aluno a consultá-las e interpretá-las. Contém muitas aplicações práticas, estimulando a análise e o desenvolvimento de projetos, incluindo uma fonte de alimentação variável e um amplificador de áudio. Desenvolvido de forma a atender, pedagogicamente, aos cursos técnicos modulares de Eletrônica, Eletrotécnica, Eletroeletrônica, Informática Industrial, Telecomunicações e Mecatrônica, a sua estrutura é formada por teoria seguida de fichas de exercícios de aplicação imediata, facilitando o aprendizado. Cada módulo possui, ainda, um conjunto de atividades complementares, incluindo os fundamentos físicos e matemáticos necessários, exercícios propostos, inglês técnico e temas transversais.

Elementos de Eletrônica Digital

Autores: Francisco Gabriel Capuano e Ivan Valeije Idoeta
Código: 0193 • 544 páginas • Formato: 16 x 23 cm • ISBN: 978-85-7194-019-2 • EAN: 9788571940192

Esta atualização do livro Elementos de Eletrônica Digital objetiva principalmente atender às recentes inovações tecnológicas dessa área. Conserva uma abordagem didática, simples e objetiva e a apresentação dos conceitos adequada à atual realidade de ensino. Descreve sistemas de numeração, funções e portas lógicas, álgebra de Boole e simplificação de circuitos lógicos, circuitos combinacionais, flip-flop, registradores e contadores, conversores, famílias de circuitos lógicos. Possui exercícios resolvidos e propostos reformulados e suas respostas.

Eletrônica Aplicada

Autores: Eduardo Cesar Alves Cruz e Salomão Choueri Jr.
Código: 1505 • 304 páginas • Formato: 17 x 24 cm • ISBN: 978-85-365-0150-5 • EAN: 9788536501505

Aborda diversos dispositivos eletrônicos como diodos (retificador, LED, Zener e Schockley), transistores (bipolar, JFET, MOSFET e UJT), tiristores (SCR, TRIAC, DIAC, SUS e SBS), termistores (NTC e PTC), optoeletrônicos (LDR, fototransistor e optoacoplador) e circuitos integrados lineares (amplificador operacional, temporizador, regulador de tensão e amplificador de áudio).
Analisa e desenvolve projetos de fontes de alimentação, amplificadores, multivibradores, aplicações de amplificador operacional e circuitos de acionamento, de controle de potência e de sensores.
Destinado a profissionais, estudantes e professores de cursos técnicos, tecnológicos e de engenharia da área industrial.

Projetos de Circuitos Digitais com FPGA

Autor: Cesar da Costa
Código: 2397 • 208 páginas • Formato: 17 x 24 cm • ISBN: 978-85-365-0239-7 • EAN: 9788536502397

Esta obra apresenta e discute os princípios e as técnicas de projeto de circuitos digitais com dispositivos de lógica programável FPGA. Mostra o emprego de novas ferramentas computacionais no desenvolvimento de projetos por meio de exemplos e casos práticos do dia a dia do projetista de circuitos digitais.
Abrange teoria básica da eletrônica digital, ambiente de software EDA, laboratório de circuitos digitais com FPGA e revisão de controladores digitais. Traz procedimentos que ilustram a utilização de lógica programável em sistemas digitais com base em CLP e aplicações práticas.
Destina-se a estudantes, professores, técnicos, autodidatas e profissionais da área.
Para acompanhamento da parte prática do livro são necessários os softwares Quartus II Web Edition, versão 9.0, do fabricante Altera Co. (www.altera.com) e o kit de desenvolvimento FPT1 da empresa Leap Electronic Co. (www.leap.com.tw).

Laboratório de Eletricidade e Eletrônica

Autores: Francisco Gabriel Capuano e Maria Aparecida M. Marino
Código: 0169 • 312 páginas • Formato: 17 x 24 cm • ISBN: 978-85-7194-016-1 • EAN: 9788571940161

Abrange teoria, projetos e experiências que se adaptam facilmente aos laboratórios já existentes. Detalha equipamentos como Multitest, osciloscópio e experiências com uso da lei de Ohm, geradores, teoremas, pontes, regime DC e AC em capacitores e indutores, ceifadores, Zener, transistores, amplificadores, fontes etc.

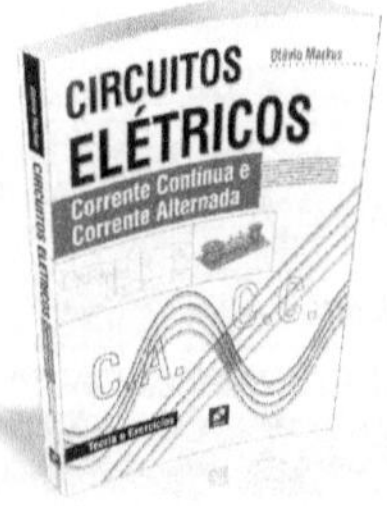

Circuitos Elétricos - Corrente Contínua e Corrente Alternada - Teoria e Exercícios

Autor: Otávio Markus
Código: 7686 • 304 páginas • Formato: 20,5 x 27,5 cm • ISBN: 978-85-7194-768-9 • EAN: 9788571947689

Este livro envolve os principais conceitos de eletricidade e métodos de análise de circuitos elétricos passivos, isto é, implementados a partir de resistores, indutores e capacitores, e operando em CC e CA.
Os capítulos são estruturados de forma que os seus tópicos e exercícios propostos comentados facilitem o planejamento do processo ensino-aprendizagem.
Foi elaborado para atender a diversos cursos de engenharia e técnicos da área elétrica que adotam um plano de ensino estruturado.

Máquinas Elétricas - Teoria e Ensaios - Edição Revisada

Autor: Geraldo Carvalho
Código: 126X • 264 páginas • Formato: 17 x 24 cm • ISBN: 978-85-365-0126-0 • EAN: 9788536501260

De forma simples e direta, esta obra apresenta a teoria de funcionamento, características, a execução de ensaios e análises em máquinas elétricas, proporcionando aos estudantes, profissionais e aficionados de eletrotécnica, eletroeletrônica e eletrônica uma fonte de informações práticas a respeito das máquinas mais empregadas na indústria atual, tais como transformadores, motores e geradores.
Destaca de modo especial os motores de passo e servomotores, além de apresentar uma lista de exercícios de fixação e ensaios para facilitar o aprendizado.
Nesta quarta edição, a apresentação de alguns temas e equações foi melhorada, com referência a normas, alguns comentários e maior profundidade, conforme sugestões.

Energia Elétrica para Sistemas Automáticos da Produção

Autor: Alexandre Capelli
Código: 1543 • 320 páginas • Formato: 17 x 24 cm • ISBN: 978-85-365-0154-3 • EAN: 9788536501543

Atualmente, muitos são os desafios para obtenção de eficiência energética. Impactos ambientais, legislações mais rígidas, custos, falta de investimentos em infraestrutura levam os profissionais da indústria de manufatura à busca constante de melhor aproveitamento da energia elétrica utilizada no parque fabril. A proposta desta publicação é ajudar a alcançar este objetivo.
Detalha o cenário energético brasileiro, sistemas de geração, transmissão e distribuição de energia elétrica, correção do fator de potência, qualidade da energia elétrica, aterramento elétrico segundo a NBR 5410, interferência eletromagnética nos sistemas automáticos de produção e eficiência energética. Por meio de casos reais em campo propõe soluções práticas para os problemas mais comuns da energia elétrica na automação industrial.

Gerenciamento de Energia
Ações Administrativas e Técnicas de Uso Adequado da Energia Elétrica

Autores: Benjamim Ferreira de Barros, Reinaldo Borelli e Ricardo Luis Gedra
Código: 3110 • 176 páginas • Formato: 17 x 24 cm • ISBN: 978-85-365-0311-0 • EAN: 9788536503110

Apresenta a estudantes e profissionais os aspectos essenciais para gerenciar instalações elétricas de forma eficiente e com baixo custo.
Aborda aspectos administrativos, como as faturas de energia elétrica em baixa e alta tensão. O conhecimento das regras do mercado livre de energia elétrica possibilita analisar a conveniência de um consumidor migrar para esse ambiente de contratação. Esclarece aspectos técnicos, dúvidas relacionadas com o fator de potência, a eficiência energética e a certificação ambiental de edificações. Descreve ainda os conceitos gerais do setor elétrico e os principais números da matriz energética brasileira.

Distúrbios da Energia Elétrica

Autor: Edson Martinho
Código: 2311 • 144 páginas • Formato: 17 x 24 cm • ISBN: 978-85-365-0231-1 • EAN: 9788536502311

O objetivo do livro é fornecer uma visão dos diversos distúrbios que a energia elétrica pode produzir ou sofrer e dos impactos que eles causam, bem como mostrar conceituação do fenômeno, equacionamento, efeitos, algumas soluções e formas de tratar cada um dos assuntos com exemplos práticos e linguagem acessível. Traz também as principais considerações e órgãos que regulamentam as práticas e o monitoramento da qualidade de energia.
Conteúdo indispensável a estudantes, profissionais da área e todos que buscam conhecimentos atualizados sobre qualidade de energia.

Cabine Primária - Subestações de Alta Tensão de Consumidor - Edição Revisada e Atualizada

Autores: Benjamim Ferreira de Barros e Ricardo Luis Gedra
Código: 2618 • 192 páginas • Formato: 17 x 24 cm • ISBN: 978-85-365-0261-8 • EAN: 9788536502618

Traz informações necessárias aos profissionais que atuam em projeto, construção, manutenção e operação de cabine primária. Mostra as etapas de funcionamento do sistema elétrico do Brasil, as subestações de consumidores, o pedido de ligação de uma subestação de consumidor, com detalhes da construção, testes, tarifação e cobrança da conta de energia de alta tensão, além dos equipamentos utilizados nas subestações de alta tensão de consumidor.
Enfoca a proteção das instalações elétricas e aspectos de segurança, destacando os requisitos da NR-10. Aborda planejamento, operação e manutenção de uma subestação.
A segunda edição inclui alterações decorrentes de atualizações de normas. Contempla a nova Resolução 414, de 09/09/10, da ANEEL, em substituição à Resolução 456. A Resolução 505 da ANEEL foi substituída pelo Módulo 8 do Procedimento de Distribuição (PRODIST). Os dados do Balanço Energético Nacional também foram atualizados com as informações mais recentes do documento emitido em 2010 com dados de 2009.

Acionamentos Elétricos

Autor: Claiton Moro Franchi
Código: 1499 • 256 páginas • Formato: 17 x 24 cm • ISBN: 978-85-365-0149-9 • EAN: 9788536501499

Destinado a técnicos, tecnólogos e engenheiros que atuam nas áreas de automação, mecatrônica e eletrotécnica, além de profissionais que desejam manter-se atualizados.
Aborda motores elétricos de indução monofásicos, trifásicos e síncronos, assim como conceitos relativos à potência e fator de potência. Apresenta descrição dos dispositivos utilizados em chaves de partida e comando: contatores, fusíveis, disjuntores, relés de sobrecarga, inversores de frequência e soft-starters.
Traz um conjunto de exercícios para fixação do conteúdo, dois apêndices com os principais diagramas elétricos utilizados na prática e a descrição da simbologia adotada por normas nacionais e internacionais.

Inversores de Frequência - Teoria e Aplicações

Autor: Claiton Moro Franchi
Código: 2106 • 192 páginas • Formato: 17 x 24 cm • ISBN: 978-85-365-0210-6 • EAN: 9788536502106

Técnicos, tecnólogos e engenheiros que atuam nas áreas de automação, mecatrônica e eletrotécnica, além de profissionais que desejam manter-se atualizados, podem beneficiar-se deste livro.
Com uma linguagem clara e objetiva abrange os conceitos básicos dos inversores de frequência, seus princípios de funcionamento, controles escalar e vetorial, características de instalação, aplicações e uma descrição detalhada dos seus parâmetros.
Exercícios são propostos ao final de cada capítulo para facilitar a compreensão e a fixação dos assuntos abordados. Fornece um apêndice que mostra os transdutores de velocidade, fundamentais para o controle de velocidade com inversores de frequência.

Instalações Elétricas - Princípios e Aplicações

Autor: Norberto Nery
Código: 3028 • 368 páginas • Formato: 17,5 x 24,5 cm • ISBN: 978-85-365-0302-8 • EAN: 9788536503028

Princípios e aplicações das instalações elétricas são fornecidos neste livro prático, cuja linguagem é clara e objetiva. Destinado a estudantes e a profissionais da área que desejam aperfeiçoar conhecimentos.
Apresenta os aspectos essenciais das instalações e do fornecimento de energia elétrica, os critérios e o dimensionamento dos equipamentos de uma instalação predial, introdução à luminotécnica, instalação de motores elétricos de indução, sistema de proteção contra descargas atmosféricas em estruturas, além de orientações gerais sobre fornecimento de energia elétrica em média tensão, sua forma de tarifação e detalhes sobre cabeamento estruturado.

Instalações Elétricas - Fundamentos, Prática e Projetos em Instalações Residenciais e Comerciais

Autores: Eduardo Cesar Alves Cruz e Larry Aparecido Aniceto
Código: 3318 • 432 páginas • Formato: 20,5 x 27,5 cm • ISBN: 978-85-365-0331-8 • EAN: 9788536503318

Ricamente ilustrado, com linguagem objetiva e explicações passo a passo, este livro aborda conceitos de eletricidade, geração, transmissão e distribuição de energia elétrica, normas e resoluções sobre instalações elétricas, segurança em eletricidade, simbologia, circuitos terminais básicos e especiais, instalação de rede de eletrodutos, de condutores, dispositivos e equipamentos, quadros de distribuição, luminotécnica, previsão de carga, demanda e dimensionamento do padrão de entrada e de condutores, dispositivos de eletrodutos, sistemas de aterramento e de proteção contra descargas elétricas atmosféricas e muito mais.

Iluminação - Teoria e Projeto

Autor: Délio Pereira Guerrini
Código: 1802 • 136 páginas • Formato: 17 x 24 cm • ISBN: 978-85-365-0180-2 • EAN: 9788536501802

Voltada aos profissionais das áreas de engenharia e arquitetura e aos alunos de cursos técnicos e superiores, esta publicação destaca os temas essenciais da iluminação com uma linguagem simples e objetiva.
Conceitua luz e espectro eletromagnético, visão e iluminação. Traz uma abordagem da cor, incluindo sua temperatura e o índice de reprodução e define a física da luz. Apresenta as fontes artificiais da luz com as últimas inovações, como LEDs e indução magnética, além de diagramas fotométricos.
A iluminação pública garante a segurança do tráfego e do pedestre, já a iluminação por projetores destina-se a edifícios, monumentos, obras de arte, campos desportivos, entre outros locais, sendo ambas estudadas no livro. Trata inclusive da iluminação a partir de lâmpadas de quartzo halógenas e fornece exemplos para aprimorar o aprendizado.